教育部人文社会科学重点研究基地黄河文明
与可持续发展研究中心

黄河文明省部共建协同创新中心

马克思主义理论研究和建设工程重大项目"黄河流域生态保护与高质量发展战略研究"（2020MSJ017）

国家社会科学基金项目"黄河流域高质量发展的内涵、测度与对策研究"（20BJL104）

国家发展和改革委员会地区经济司研究课题"黄河流域产业发展趋势及下一步高质量发展对策建议"

文化和旅游部政策法规司研究课题"黄河文化的内涵与时代价值"

河南省高等学校智库研究项目"郑州打造黄河流域生态保护和高质量发展核心示范区的路径与对策"（2021-ZKYJ-05）

河南大学黄河文明与可持续发展研究中心、黄河文明省部共建协同创新中心自设重大项目"黄河保护与发展系列报告"

Yellow River Protection and Development Report

黄河保护与发展报告

黄河流域生态保护和高质量发展战略研究

苗长虹 艾少伟 赵建吉 邵田田 等◎著

科 学 出 版 社

北 京

内 容 简 介

本书围绕黄河流域生态保护治理、黄河流域经济高质量发展、黄河文化保护传承弘扬等国家急需研究的重大命题，全面系统地梳理了黄河生态、经济、文化等方面的基础数据资料，综合运用资料整理、统计分析、莫兰指数、空间自相关模型、空间误差模型、空间滞后模型、空间面板模型、土地利用动态度模型、指标构建及综合评价、数据包络分析、耦合度模型、地理探测器等多种方法进行分析，提出了黄河流域生态保护和高质量发展的总体战略构想、发展战略定位、流域范围界定、空间组织策略、跨界合作模式、体制机制创新等战略性和前瞻性研究成果，可为黄河流域各城市的战略发展决策提供支撑。

本书可供生态学、地理学、经济学等专业师生使用，也可供对黄河发展感兴趣的读者参考。

图书在版编目（CIP）数据

黄河保护与发展报告：黄河流域生态保护和高质量发展战略研究 / 苗长虹等著. —北京：科学出版社，2021.12

ISBN 978-7-03-069756-1

Ⅰ.①黄…　Ⅱ.①苗…　Ⅲ.①黄河流域–生态环境保护–研究　Ⅳ.①X321.2

中国版本图书馆 CIP 数据核字（2021）第186558号

责任编辑：杨婵娟　李嘉佳 / 责任校对：刘　芳
责任印制：徐晓晨 / 封面设计：有道文化

科 学 出 版 社 出版
北京东黄城根北街 16 号
邮政编码：100717
http://www.sciencep.com
北京捷迅佳彩印刷有限公司 印刷
科学出版社发行　各地新华书店经销

*

2021年12月第 一 版　开本：720×1000　1/16
2021年12月第一次印刷　印张：23 1/2
字数：385 000
定价：198.00元
（如有印装质量问题，我社负责调换）

前　言

　　黄河流域在全国经济社会发展和生态文明建设格局中具有举足轻重的战略地位。黄河如何保护，黄河流域怎样实现高质量发展，如何让黄河成为造福人民的幸福河，事关国家未来发展的大局，事关中华民族伟大复兴的千秋大计。

　　2019 年 9 月 18 日，习近平总书记在郑州主持召开黄河流域生态保护和高质量发展座谈会，会上明确提出黄河流域生态保护和高质量发展是重大国家战略，指出了加强生态环境保护，保障黄河长治久安，推进水资源节约集约利用，推动黄河流域高质量发展，保护、传承、弘扬黄河文化五个目标任务。2020 年 8 月 31 日，习近平总书记主持召开的中共中央政治局会议审议了《黄河流域生态保护和高质量发展规划纲要》，会议指出，黄河是中华民族的母亲河，要把黄河流域生态保护和高质量发展作为事关中华民族伟大复兴的千秋大计，贯彻新发展理念，遵循自然规律和客观规律，统筹推进山水林田湖草沙综合治理、系统治理、源头治理，改善黄河流域生态环境，优化水资源配置，促进全流域高质量发展，改善人民群众生活，保护传承弘扬黄河文化，让黄河成为造福人民的幸福河。会议强调，要因地制宜、分类施策、尊重规律，改善黄河流域生态环境。要大力推进黄河水资源集约节约利用，把水资源作为最大的刚性约束，以节约用水扩大发展空间。要着眼长远减少黄河水旱灾害，加强科学研究，完善防灾减灾体系，提高应对各类灾害能力。要采取有效举措推动黄河流域高质量发展，加快新旧动能转换，建设特色优势现代产业体系，优化城市发展格局，推进乡村振兴。要大力保护和弘扬黄河文化，延续历史文脉，挖掘时代价值，坚定文化自信。要以"抓铁有痕、踏石留印"的作风推动各项工作落实，加强统筹协调，落实沿黄各省区和有关部门主体责任，加快制定具体规划、实施方案和政策体系，努力在"十四五"期间取得明显进展。

黄河流域生态保护和高质量发展国家战略如何实施，如何在生态保护修复、经济高质量发展及黄河文化保护传承弘扬等方面精准施策，急需社会各界，尤其是高校及科研机构进行专业化的综合研究。

黄河文明与可持续发展研究中心、黄河文明省部共建协同创新中心，作为国家级的科研平台，多年来始终围绕"黄河学"学科建设，聚焦"黄河文明传承与转型""沿黄地区制度变迁与经济发展""黄河生态与可持续发展"三大特色研究方向开展研究，积累了丰硕的研究成果。以国家重大战略提出为契机，我们整合研究力量，形成《黄河保护与发展报告》，积极为推动黄河流域生态保护和高质量发展贡献智慧和方略。

本书主要集聚黄河流域生态、经济、文化系统开展深入研究。主要观点如下。

第一，本书在总体战略构想中突出聚焦"让黄河成为造福人民的幸福河"这一总体目标，提出构建流域水生态文明示范区、流域多民族团结进步共同繁荣示范区两个国家层面的示范区，统筹推进美丽生态带、活力经济带和魅力文化带三大支撑带建设，坚持生态、民生、科教和民族贫困地区优先的战略思路。本书第三章提出的五大战略中，黄河流域生态环境保护与治理战略，需注重构建黄河生态带的生态基础；黄河水沙关系协调战略，应关注黄河水沙特征的变化，在认识水沙变化影响因素的基础上提出水沙协调战略；黄河水资源节约集约利用战略，应着力改善水资源粗放管理的局面，减少水污染，严格实行用水控制；黄河流域经济高质量发展战略，要突出因地制宜、实施创新驱动发展战略、加强区域分工合作等；黄河文化保护传承战略，要重点阐释黄河文化的历史地位与时代价值。根据自然流域、空间单元完整性和关联性原则，本书把青海、四川、甘肃、宁夏、内蒙古、山西、陕西、河南和山东九省区的82个市（州、盟）界定为黄河流域的空间范围。本书从打造西安－郑州－济南国家级黄河创新走廊、建设培育"两横三纵"发展轴带、依托中心城市建设一批都市圈等角度提出了黄河流域空间组织的重要策略。同时，本书指出，黄河流域的联动发展，需要推动跨省区、跨城市和都市圈内部的合作。

第二，黄河流域生态系统类型复杂多样，具有重要的生态服务价值，但水资源短缺，生态系统环境脆弱，急需加强生态管控和"三生空间"（生产、生活、生态空间）的协调。黄河流域水资源短缺，伴随着水资源浪费和污染，2019年黄河利津站以上区域水资源总量为751.23亿米^3，仅占2019年全国水资源总量的2.59%。草地、耕地和森林是黄河流域最重要的生态系统（占黄河流域87%），但在沿黄省区分布不均。从时间变化来看，草地、森林、水体和湿地、人工表面以及其他生态系统均呈现增加趋势，而耕地及荒漠生态系统则呈现减少趋势。2000～2015年，流域省区生态系统服务价值增长明显，2015年流域省区生态系统服务价值达43 120.95亿元。黄河水生态的特点，与黄土高原的集中分布和沿黄省区的土壤理化性质有紧密的关联。由于"依能倚重"的经济结构，黄河流域的大气污染也不容忽视。在黄河流域的"三生空间"结构中，生产和生活空间不断挤压着生态空间，"三生空间"不协调的问题也十分突出，急需加强生态空间的管控。在深入分析黄河源区沼泽湿地退化与水源涵养、中游水土保持和污染治理问题、下游滩区综合提升和三角洲生态修复等问题的基础上，本书提出了黄河流域生态系统因地制宜和分类施策的保护和治理的思路举措。

第三，黄河流域高质量发展需因地制宜构建现代产业体系，推进农业现代化、新型工业化、现代服务业发展，推动资源型城市转型，注重新型城镇化与生态环境的耦合协调，明确沿黄地区中原城市群、山东半岛城市群等城市群定位及高质量发展战略方向，强化中心城市和城市群的支撑作用，关注乡村振兴，不断完善流域综合交通体系。黄河流域重化工业化特征明显，产业同构现象突出，创新能力较低，其新型工业化与制造业高质量发展的重点是稳步推进制造业转型升级，发展壮大新兴产业，建设产业创新体系，建立区域产业协作机制，推动信息化与工业化深度融合，提高工业生产的绿色化水平。黄河流域资源型城市的转型效率较低，还有较大提升空间，需提高投入要素的使用效率，提高人力资本、科技创新、文化制度等要素的贡献率，改变经济增长模式。黄河流域新型城镇化与生态环境的耦合度和协调度分析表明，上中下游地区需采取差异化的策略推动新型城镇化与生态环境的耦合发展。黄河流域各城市群高质量发展的战略方向是：山东半岛城市群，要推进资源共享，优化城市软环境；中原城市群，应加快融合发展，增强核心圈辐射能力；关中平原城市群，要注重统筹协调，发挥创新优势；晋中城市群，要树立环保意识，实现绿色可持续发展；呼包鄂榆城市群，要发挥地域特色，培育优势特色产业；宁夏沿黄城市群，需整合内部资源，构建上游内陆开放带；兰西城市群，要重视基础支撑，落实可持续发展原则。本书提出，黄河流域要依托城市群和主要交通干线打造黄河发展轴，依托国家中心城市培育黄河创新走廊，深化城市群的协同发展和都市圈的内部合作。

第四，本书重点梳理了黄河流域的历史文化资源现状及特征，对黄河文化的历史地位及时代价值进行了深入阐释，对国家和沿黄省区黄河文化传承保护及文旅融合政策进行了解读。黄河文化是中华文明的"根脉"。中华文明历史表明，黄河流域在中华民族形成过程中发挥着关键的凝聚作用，黄河文化是中华文明最重要的直根系。黄河文化是中华民族"魂"之所附。黄河流域孕育的制度文化和精神文化，深刻影响着中华民族的民族心理与性格。黄河文化蕴含着"天人合一"自然伦理观、"同根同源"的民族心理和"大一统、大融合"的主流意识以及包容开放的气质，具有重要的时代价值。国家制定《国家级非物质文化遗产保护与管理暂行办法》《中华人民共和国文物保护法》《关于加强文物保护利用改革的若干意见》等相关政策文件，明确提出了加强黄河文化遗产保护和传承优秀历史文化遗产的战略部署，对实施黄河流域生态保护和高质量发展国家重大战略具有重要意义。同时，国家提出要加强黄河文化资源整合，依托线性的江、河、山等自然文化廊道和交通通道，串联重点旅游城市和特色旅游功能区，打造黄河华夏文明旅游带这一国家精品旅游带，加强黄河文化旅游宣传，积极开展国际交流。为了推动黄河文化传承保护和打造国家精品旅游带，沿黄九省区开展了各具特色的政策实践，如青海省深挖内涵加强黄河文化保护传承弘扬，注重打造省级黄河生态文化旅游带；甘肃省聚焦黄河文化传承保护，大力发展全域旅游，连续举办黄河文化旅游节、文化旅游产业博览会；宁夏回族自治区全力释放黄河文化新能量，注重文化旅游融合发展，构建大文化大旅游新格局；四川省突出保护，维护黄河文化历史文脉，积极培育"黄河上游大草原"生态旅游经济圈；内蒙古自治区彰显多元文化传承形式，充分挖掘黄河文化资源，积极构建"黄河文化旅游节"品牌；陕西省积极主动融入国家战略，创新传承和创造性弘扬陕西黄河文化，明确将黄河旅游带和丝绸之路风情体验旅游走廊、大秦岭人文生态旅游度假圈打造成"三大旅游高地"；山西省积极谋划黄河文化旅游板块，着力打造"中国根·黄河魂"文化品牌，立足"黄河乾坤湾"做文章；河南省着力打造黄河文化独特标识，打造富有河南地域特色的黄河文化旅游产品和精品线路，促进黄河旅游主题产品的深度开发，不断提高中原文化的知名度和影响力；山东省突出特色，打造"黄河入海"文化旅游品牌，充分利用黄河文化、河海交汇等特色资源，着力打造沿黄文旅产业走廊。另外，为更好地推进黄河文化的保护和传承，本书对黄河流域的主要文化资源进行了整理。研究发现，黄河流域的文化资源在全国占有重要地位。物质文化遗产和非物质文化遗产资源数量庞大且类型多元，但黄河文化资源在空间上高度集聚，区域发展极不平衡。黄河文化的挖掘不够，多数文化遗产尚未得到充分重视和整理，文化遗产保护体系缺乏，保护规划不到位。黄河流域文化旅游融合发展水平较低，文旅产业产业化程度较低，文化旅游基础设施滞后，黄河上中下游文化旅游发展不均衡，这些问题已经成为黄河文化保护传承的重要障碍。本书提出要阐述黄河文化的内涵，突出黄河文化作为中华文明"根"的地位和"魂"的作用，从民族认同、民族精神、文化自信的角度认识黄河文化蕴含的时代价值，据此提出黄河文化保护传承弘扬的战略重点，即创新性构建具有中国特色的黄河文化价值体系，对黄河流域历史文化资源和文化遗产进行活化保护，系统性整合利用黄河流域的各类文化资源，修复性保护黄河流域历史文化名城、名镇、名村，融合性发展黄河流域具有地域特色的文旅产业，链条式开发黄河文化的特色产品，国际化推进黄河文化的传播。

本书具有以下特点。

第一，注重黄河流域基础资料的整理和研判。本书比较全面系统地整理了黄河生态、经济、文化等不同维度的基础数据资料，注重分析数据的时间尺度和区域尺度，在此基础上对黄河流域生态保护和高质量发展战略进行研判。

第二，突出黄河生态、经济、文化的多维度综合性研究。黄河流域生态保护和高质量发展，是一个综合性的重大战略工程，涉及自然科学、社会科学、工程科学等诸多学科，也涉及水沙治理、水资源配置、生态环境保护、区域经济发展、文化遗产传承保护等诸多领域。本书依托黄河文明与可持续发展研究中心、黄河文明省部共建协调创新中心两个国家级研究基地，充分利用多学科综合优势，从黄河生态、经济、文化三个维度进行研究，既展现了专门科研机构的优势，也体现了研究的高度综合性。

第三，注重多种研究方法的综合集成。由于黄河生态、经济、文化研究的多维度、多尺度性和高度综合性，本书综合运用了资料整理、统计分析、空间自相关模型、空间误差模型、空间滞后模型、空间面板模型、土地利用动态度模型、指标构建及综合评价、数据包络分析（data envelopment analysis，DEA）、耦合度模型、地理探测器等多种研究方法，针对相应的问题进行分析，研究结论比较可靠，具有较强的科学性。

第四，强调黄河流域研究的战略性和前瞻性。本书围绕黄河流域生态保护治理、黄河流域经济高质量发展、黄河文化保护传承弘扬等国家急需研究的重大命题，提出了黄河流域生态保护和高质量发展的总体战略构想、发展战略定位、流域范围界定、空间组织策略、跨界合作模式、体制机制创新等战略性和前瞻性研究成果。

本书的研究和写作提纲拟定、统稿与修改，由苗长虹、艾少伟、赵建吉、邵田田完成。第一章由赵建吉完成；第二章由苗长虹、赵建吉、艾少伟完成；第三章由苗长虹、赵建吉、艾少伟、邵田田完成；第四章由邵田田完成；第五章由邵田田完成；第六章由杨东阳完成；第七章由郭晓明完成；第八章由陈铁楠完成；第九章由刘勇完成；第十章由李江苏完成；第十一章由方伟伟、邵田田完成；第十二章由李二玲、崔之珍、李亚婷完成；第十三章由陈玉龙完成；

第十四章由赵建吉、胡志强完成；第十五章由陈肖飞完成；第十六章由孙威、王晓楠完成；第十七章由赵建吉、刘岩、朱亚坤、秦胜利、王艳华、苗长虹完成；第十八章由马海涛、徐楦钫完成；第十九章由李江苏完成；第二十章由喻忠磊、艾少伟完成；第二十一章由喻忠磊、艾少伟完成；第二十二章由赵宏波、魏甲晨完成；第二十三章由赵宏波、魏甲晨、吴朋飞完成；第二十四章由别乾龙、艾少伟完成；第二十五章由艾少伟、苗长虹完成。

目前，国家已经编制出台《黄河流域生态保护和高质量发展战略规划纲要》，沿黄各省区也在制定黄河流域生态保护和高质量发展战略的实施意见。在这个关键时点上，《黄河保护与发展报告》瞄准国家急需，聚焦重大命题，依托高端平台，汇聚各方力量，开展综合研究，以坚实可靠的科学依据和精准前瞻的战略研判，致力于为国家重大战略贡献集体智慧和可行性方案。

本书的研究和撰写得到了马克思主义理论研究和建设工程重大项目"黄河流域生态保护与高质量发展战略研究"（项目编号：2020MSJ017），国家社会科学基金项目"黄河流域高质量发展的内涵、测度与对策研究"（项目编号：20BJL104），国家发展和改革委员会地区经济司研究课题"黄河流域产业发展趋势及下一步高质量发展对策建议"，文化和旅游部政策法规司研究课题"黄河文化的内涵与时代价值"，河南省高等学校智库研究项目"郑州打造黄河流域生态保护和高质量发展核心示范区的路径与对策"（项目编号：2021-ZKYJ-05），以及河南大学黄河文明与可持续发展研究中心、黄河文明省部共建协同创新中心自设重大项目"黄河保护与发展系列报告"等的联合资助。在此，我们对有关资助机构深表感谢！

苗长虹　艾少伟　赵建吉　邵田田
2021 年 5 月 30 日

目　录

第一章
黄河流域范围界定

黄河发源于青海省巴颜喀拉山北麓的约古宗列盆地，流经青海、四川、甘肃、宁夏、内蒙古、山西、陕西、河南、山东九省区，在山东省东营市垦利区注入渤海，干流全长约 5464 千米，落差 4480 米。黄河流域位于东经 96°～119°、北纬 32°～42°，东西长约 1900 千米，南北宽约 1100 千米。流域面积 79.5 万千米^2（包括内流区面积 4.2 万千米^2）。内蒙古托克托县河口镇以上为黄河上游，河道长 3472 千米，流域面积 42.8 万千米^2；河口镇至河南荥阳桃花峪为中游，河道长 1206 千米，流域面积 34.4 万千米^2；桃花峪以下为下游，河道长 786 千米，流域面积只有 2.3 万千米^2。

第一节　整体区划

流域是一种特殊类型的区域，是一个具有双重意义的范畴或概念。从自然意义上看，流域是一种特殊的自然区域，是以河流为核心、由分水线包围的区域，是一个从源头到河口的完整、独立、自成系统的水文单元；从经济意义上看，流域是一种特殊的经济区域，是组织和管理国民经济，进行以水资源开发为核心的综合开发的特殊经济系统，是经济区域系统的重要组成部分。江河对人类活动的巨大内聚力，使得流域成为一种古老的经济区域。随着人类经济活动向纵深拓展，人类经济活动对河流及其资源的依赖性增强，对自然意义上的河流流域的经济影响范围越来越大,经济意义上的河流流域正在突破或已经突破自然意义上的河流流域的界限,黄河流域也是如此。因此,黄河流域的范围可以从自然意义和经济意义两个方面来进行界定。

黄河流经青海、四川、甘肃、宁夏、内蒙古、山西、陕西、河南和山东九省区,但并不是这9个省(自治区)的城市都属于黄河流域的范围,如黄河在四川省仅流经阿坝藏族羌族自治州、甘孜藏族自治州。本章对黄河流域的空间范围进行了界定,界定时遵循三条原则:第一,以自然黄河流域范围为基础;第二,尽可能保持黄河流域空间单元的完整性;第三,考虑地区社会经济发展与黄河的关联性。根据上述三条原则,本章界定的黄河流域包括两类地区(市、州、盟)。第一类地区指黄河流经的地区,即自然黄河流域所涉及的地区;第二类地区是黄河流经地区以外的黄河扩展区和关联区,这类地区虽然不是自然黄河流域所涉及的地区,但其社会经济发展深受黄河的影响,这类地区是重要的黄河支流流经地区或与黄河流域具有较强社会经济文化联系的地区。本章中的黄河流域涉及的青海、四川、甘肃、宁夏、内蒙古、山西、陕西、河南和山东这9个省级行政区,总共包括115个市(州、盟)。本章界定的黄河流域主要包括9个省(自治区)的82个市(州、盟),其中,黄河直接流经城市48个,重要扩展城市和关联城市34个(表1-1)。为保持重要生态系统的完整性、资源配置的合理性、文化保护传承弘扬的关联性,在进行生态、经济、文化等领域的具体研究时,本书根据实际情况调整黄河流域范围,延伸兼顾联系紧密的区域。

表1-1 黄河流域规划区空间范围

省区	黄河流域城市	
	直接流经城市	重要扩展城市和关联城市
青海	海东市、海西蒙古族藏族自治州、玉树藏族自治州、果洛藏族自治州、海南藏族自治州、海北藏族自治州、黄南藏族自治州	西宁市
四川	阿坝藏族羌族自治州、甘孜藏族自治州	
甘肃	兰州市、白银市、临夏回族自治州、甘南藏族自治州	武威市、定西市、天水市、庆阳市、平凉市、嘉峪关市、酒泉市、张掖市、金昌市
宁夏	银川市、石嘴山市、吴忠市、中卫市	固原市

省区	黄河流域城市	
	直接流经城市	重要扩展城市和关联城市
内蒙古	呼和浩特市、包头市、乌海市、鄂尔多斯市、巴彦淖尔市、阿拉善盟、乌兰察布市	锡林郭勒盟
山西	忻州市、吕梁市、临汾市、运城市	朔州市、太原市、晋中市、长治市、晋城市、阳泉市
陕西	延安市、榆林市、渭南市	西安市、宝鸡市、咸阳市、铜川市、商洛市
河南	郑州市、开封市、洛阳市、新乡市、焦作市、濮阳市、三门峡市、济源市	安阳市、鹤壁市、许昌市、漯河市、平顶山市、商丘市、周口市
山东	济南市、淄博市、东营市、泰安市、滨州市、德州市、聊城市、济宁市、菏泽市	潍坊市、青岛市、烟台市、威海市
总计	48	34

第二节 干 流 省 区

一、青海（全境）

青海省地势总体呈西高东低、南北高中部低的态势。西部地势高峻，向东倾斜，呈梯形下降。东部地区为青藏高原向黄土高原过渡地带，地形复杂，地貌多样。青海省地貌复杂多样，4/5 以上的地区为高原，东部多山，西部为高原和盆地，兼具青藏高原、内陆干旱盆地和黄土高原三种地形地貌，属高原大陆性气候，地跨黄河、长江、澜沧江、黑河四大水系。青海省总面积 72.23 万千米²，辖 2 个地级市、6 个自治州，均属于黄河流域的地域范围。其中，海西蒙古族藏族自治州、玉树藏族自治州、果洛藏族自治州、海南藏族自治州、黄南藏族自治州这 5 个自治州，均属于三江源自然保护区范围（三江源自然保护区海拔 3450 ～ 6621 米，总面积 15.23 万千米²，占青海省总面积的 21.15%，覆盖青海省玉树、果洛 2 个藏族自治州全境，黄南、海南 2 个藏族自治州的泽库、河南、兴海、同德 4 个县及海西蒙古族藏族自治州格尔木市的唐古拉乡）。海东市、海北藏族自治州是黄河直接流经地区。黄河虽然没有流经西宁市，但是黄河上游重要支流、被称作青海的"母亲河"的湟水河流经西宁市区，河湟谷地集中了青海省近 52% 的耕地和 70% 以上的工矿企业[①]。

二、四川

四川省境内黄河干流河道长 174 千米，涉及阿坝藏族羌族自治州的阿坝县、红原县、若尔盖县、松潘县，共计 165 千米，以及甘孜藏族自治州的石渠县 9 千米。四川省境内黄河流域面积 1.87 万千米²，只占全流域的 2.4%，却贡献了黄河干流枯水期 40% 的水量、丰水期 26% 的水量。

三、甘肃

黄河流域包含了甘肃省的兰州市、白银市、临夏回族自治州、甘南藏族自治州、武威市、定西市、天水市、庆阳市、平凉市、嘉峪关市、酒泉市、张掖市、金昌市这 13 个市（州）。其中，黄河直接流经甘肃省的兰州市、白银市、临夏回族自治州、甘南藏族自治州这 4 个市（州）。黑河流域是黄河流域重要的水源涵养区和补给区，黑河流域管理局也是黄河水利委员会的派出机构，黑河流域的重要城市嘉峪关市、酒泉市、张掖市被划入黄河流域范围。金昌市是黄河流域主要受水区，其干旱少雨、生态环境脆弱、水资源严重匮乏，是全国 110 个重点缺水城市之一和 13 个资源型缺水城市之一，人均水资源量约为全国平均水平的一半。金昌市正在实施"引大济西"工程，从青海省境内的大通河提水至硫磺沟，穿越祁连山冷龙岭进入金昌西大河水库。西大河是甘肃省河西走廊石羊河水系支流，隶属于黄河水利委员会黑河流域管理局。酒泉市、张掖市、武威市、金昌市、嘉峪关市也是河西走廊的重要城市，其中，金昌市与其他 4 个城市具有较为紧密的经济、社会、文化联系。此外，武威市是黄河重要支流湟水的正源；定西市和天水市是黄河重要支流渭河的主要流域范围；庆阳市和平凉市是黄河重要支流泾河的主要流

---

① 张敏.青海：生态立省 保护"中华水塔". http://www.chinanews.com/gn/2019/07-18/8898810.shtml [2019-07-18].

域范围。

四、宁夏（全境）

黄河流域包含了银川市、石嘴山市、吴忠市、中卫市、固原市等宁夏回族自治区的全部城市。其中，黄河直接流经银川市、石嘴山市、吴忠市、中卫市这4个城市，固原市则是黄河宁夏段最大支流清水河的发源地。

五、内蒙古

黄河流域包含了内蒙古自治区的呼和浩特市、包头市、乌海市、鄂尔多斯市、巴彦淖尔市、阿拉善盟、乌兰察布市、锡林郭勒盟这8个市（盟）。其中，黄河直接流经呼和浩特市、包头市、乌海市、鄂尔多斯市、巴彦淖尔市、阿拉善盟、乌兰察布市这7个市（盟）。锡林郭勒盟则是黄河流域重要的生态关联区。

六、陕西

黄河流域包含了陕西省的延安市、榆林市、渭南市、西安市、宝鸡市、咸阳市、铜川市、商洛市这8个城市。其中，黄河直接流经渭南市、延安市、榆林市这3个城市。西安市、宝鸡市、咸阳市、铜川市则是渭河流域的中心城市，渭河是黄河最大支流，渭河平原是陕西省人口、城市最密集的地区，也是陕西省经济最发达的地区。商洛市的洛南县，则是黄河右岸重要支流洛河的发源地。

七、山西

黄河流域包含了山西省的忻州市、吕梁市、临汾市、运城市、朔州市、太原市、晋中市、长治市、晋城市、阳泉市这9个城市。其中，黄河直接流经忻州市、吕梁市、临汾市、运城市这4个城市。朔州市拥有的黄河流域水系的流域面积为 2953 千米^2，占全市辖区面积的 27.7%，发源于朔州市的沧头河是黄河一级支流，境内全长 96 千米，流域面积 2036 千米^2。太原市、晋中市则是汾河流域（汾河是黄河第二大支流）的重要城市。长治市、晋城市则是沁河流域（沁河是黄河一级支流）的重要城市，也是黄河流域中原文化的重要影响区。阳泉市境内西部地区有 22 千米^2 属于黄河流域，考虑到黄河流域的整体性，将其纳入规划范围。

八、河南

黄河流域包含了河南省的郑州市、开封市、洛阳市、新乡市、焦作市、濮阳市、三门峡市、济源市、安阳市、鹤壁市、许昌市、漯河市、平顶山市、商丘市、周口市这 15 个城市。其中，黄河直接流经三门峡市、洛阳市、济源市、焦作市、新乡市、郑州市、开封市、濮阳市这 8 个城市。安阳市地跨海河、黄河两大流域，以古黄河大堤（金堤）为界，以南地区属于黄河水系，属于黄河流域的面积有 1711 千米^2，占全市面积的 23%。安阳是中国八大古都之一，是早期华夏文明的中心之一，殷都（当时属黄河流域）遗存的大量甲骨文开创了中国有文字记载的先河。鹤壁市地处太行山东麓向华北平原的过渡地带，部分地区属于黄河流域；鹤壁市与安阳市、濮阳市共同形成河南北部安鹤濮经济区；鹤壁市与安阳市的经济联系和文化认同较强，是从原安阳地区调整出去的地级市。许昌市是郑州大都市区的重要组成部分。漯河市是我国许慎文化的重要发祥地、中华汉字文化名城，也是从原许昌市调整出去的地级市，与现许昌市的经济文化联系较强。平顶山市是伊洛河流域（伊洛河是黄河一级支流）的重要城市，与周口市、许昌市、漯河市等城市在河南省中南部地区具有较强的内在经济联系和文化认同。周口市为伏羲故都、老子故里，有"华夏先驱、九州圣迹"的美誉，被中华伏羲文化研究会誉为"中华文化发祥的重地"。商丘市拥有两段黄河故道，南段为金朝末年金哀宗时期至明朝弘治时期的黄河古道；北段为明朝弘治时期至清朝咸丰时期的黄河古道。此外，商丘市人均占有水资源量不足全国平均水平的 1/8，也不足全省平均水平 1/3，引黄工程是商丘市社会经济发展的生命线，三义寨引黄灌区覆盖了商丘市 9 个县（市、区）中的 7 个县（区），是黄河重要的影响区。

九、山东

　　黄河流域包含了山东省的济南市、淄博市、东营市、泰安市、滨州市、德州市、聊城市、济宁市、菏泽市、潍坊市、青岛市、烟台市、威海市这13个城市。其中，黄河直接流经济南市、淄博市、东营市、泰安市、滨州市、德州市、聊城市、济宁市、菏泽市这9个城市。淄博市是齐文化的核心城市，青岛市、烟台市、威海市则是黄河流域重大水利工程——"引黄济青"的受水区。

第二章
总体战略构想

　　2019 年 9 月 18 日，习近平总书记在郑州主持召开黄河流域生态保护和高质量发展座谈会，会上明确提出，黄河流域生态保护和高质量发展是重大国家战略。党的十八大以来，中央在实施西部大开发、东北老工业基地振兴、中部地区崛起、东部地区率先发展、区域协调发展战略的基础上，相继推出了京津冀协同发展、长江经济带发展、长三角高质量一体化、粤港澳大湾区建设等重大区域战略，对解决特定区域的重大问题提供了国家层面的顶层设计和战略支撑。黄河是中华民族的母亲河，黄河流域自古以来就是国家流域治理的重点和难点，也是国家经济和文化发展的重心。我国经济进入新常态以来，区域经济发展在存在东西差异的基础上又呈现出南北分化的新态势。在经济增长"南高北低、南强北弱"的新形势下，黄河流域与长江流域和华南地区相比，面临着生态环境脆弱、经济增长下行的更大压力，急需在国家层面对全流域及沿线地区的生态环境保护和经济高质量发展进行战略谋划和顶层设计，以破解新时代流域生态环境保护与经济持续发展所面对的诸多难题。因此，构建与长江经济带和京津冀协同发展并行、能够支撑黄河流域东中西互动和高质量发展的生态、经济、文化轴带，加快推进黄河流域生态保护与高质量发展，既是有效完善新时代我国区域发展战略的客观需要，也是黄河流域在中华民族伟大复兴历史进程中紧紧跟上时代步伐的急迫需要。

　　中华文明源远流长、博大精深，是人类历史上唯一绵延 5000 多年至今未曾中断的灿烂文明。"黄河文化是中华文明的重要组成部分，是中华民族的根和魂"①。在新时代，黄河流域作为我国重要的生态屏障和重要的经济地带，作为乡村振兴的重点难点区域，其生态环境保护和高质量发展事关国家现代化建设全局，事关中华民族伟大复兴和永续发展。作为中华民族的母亲河，黄河流域凝聚了中华文化精髓，见证了中华文明发展史和我国不同历史时期的政治、经济、社会、军事、文化变迁，绘就了绚烂缤纷的历史图卷，是展示中华文明和增强文化自信的无法替代的载体。中华文明的历史辉煌，黄河文明居于核心地位；中华民族的伟大复兴，离不开黄河流域的核心支撑。

推进黄河流域生态保护和高质量发展，亟须把全流域、上下联动和协调推进生态、文化和经济一体化建设作为重要的战略支撑。黄河流域是我国重要的生态屏障和生态脆弱区、我国重要的农牧业生产基地和能源基地，也是我国区域经济发展极不平衡的区域。可以说，黄河流域面临着绿色转型发展、新旧动能转换、缩小区域发展差异和增强发展的可持续性等诸多亟须解决的重大问题。对于黄河的认识，不仅要强调黄河的自然河流本身及其具有的重要生态功能，还要突出黄河所孕育的文明形态及其所展现的文化价值，更要强调黄河所流经区域的经济社会发展及受黄河影响所产生的区域差异。基于此，要实现黄河流域生态保护和高质量发展，就必须对黄河生态、文化和经济进行一体化的统筹考虑。一方面，需强调黄河流域生态保育修复和国家生态安全功能，夯实黄河流域经济高质量发展的生态基础；另一方面，要强化黄河流域资源及产业优势，突出沿黄地区及北方地区的经济高质量发展和跨区域协调发展，同时也应注重彰显黄河文化对于延续历史文脉和提升文化自信的价值，注重黄河文明的传承创新和中华民族共同体意识的构筑。

把黄河流域生态保护和高质量发展作为国家战略，要加强顶层设计和统筹谋划，重点加强"两区"（流域水生态文明示范区、流域多民族团结进步共同繁荣示范区）和"三带"（美丽生态带、活力经济带、魅力文化带）建设。要在全流域、上下游协同治理上下功夫；要在科学调控水沙关系、人水关系上下功夫；要在因地制宜、全流域联动上下功夫；要在流域生态经济文化一体化统筹推进上下功夫，让上下游、干支流、左右岸、多民族成为黄河流域生态保护和高质量发展的坚实支撑。

① 习近平. 在黄河流域生态保护和高质量发展座谈会上的讲话［J］. 求是, 2019,（20）: 4-11。

第一节 聚焦"幸福河"这一总目标

黄河流域生态保护和高质量发展的一个总目标是"让黄河成为造福人民的幸福河"。具体而言,要坚持"绿水青山就是金山银山"的理念;坚持生态优先、绿色发展,把黄河打造成岸绿景美的生态河;坚持以水而定、量水而行,因地制宜、分类施策,上下游、干支流、左右岸统筹谋划,共同抓好大保护,协同推进大治理,把黄河打造成岁岁安澜的平安河;坚持把全力保障和改善民生作为加强黄河治理保护、实现高质量发展的出发点和落脚点,不断增强人民群众的获得感,把黄河打造成为分享改革成果的民生河;坚持保护传承弘扬黄河文化,深入挖掘黄河文化蕴含的时代价值,把黄河打造成为传承历史的文脉河。

第二节 构建两个国家层面的示范区

一、建设流域水生态文明示范区

水生态文明建设是黄河流域发展所面临的首要问题。良好的生态环境是人和社会持续发展的根本基础,建设生态文明是关系人民福祉、关乎民族未来的长远大计。对于生态系统十分脆弱的黄河流域来说,水生态文明建设是支撑全流域生态文明建设的根基。水资源短缺、水沙关系不协调等突出问题,是黄河流域水生态文明建设的难点。

在缓解水资源供需矛盾方面,大力推进农业节水。2017年黄河总取水量为519.16亿米³,已经接近全年水资源总量572.91亿米³,水资源开发利用程度很高。其中,农田灌溉年引水量占总用水量的75%以上,但灌溉技术落后,用水管理粗放,大水漫灌仍不少见。因此,在黄河水资源开发利用总量已逼近"天花板"的形势下,首先,必须打破把水当作无限供给资源的固有认识,充分研判黄河流域水资源承载力，突出水资源承载力具有不可抗拒物理极限的特征，把水资源作为刚性约束条件，严守用水总量控制、用水效率控制和水功能区限制纳污"三条红线"，做到以水定城，以水定地，以水定人，以水定产。其次，从农业结构、作物品种、耕作技术、灌溉技术、节水体制等方面大力推进农业节水，着力发展节水技术、节水工业和节水城市，不断提高用水效率和效益，加快建设节水型社会。

在强化黄河沿岸的安全方面，要紧紧抓住水沙关系调节这个"牛鼻子"，进一步完善水沙调控体系，对黄河洪水、泥沙和径流进行综合有效调控，满足维持黄河健康生命和社会经济发展的用水要求，强化治水、治沙、治滩的综合推进和山水林田湖草沙的综合治理；在水沙监测方面，尽快建立完善的黄河上中下游水沙监测体系和河道、水库冲淤监测体系，达到全面监测水沙运行的目标，建立主要来水观测站和来沙的监测网站。上中下游地区黄河的泥沙治理工作是一个有机的、紧密结合的系统，在工作中要根据不断变化的水情和沙情，对洪水和泥沙进行统筹考虑，要在保障防洪安全的前提下，对泥沙做出有效的处理。重点加强各种水利枢纽工程的综合调节，充分发挥干支流水库、堤防、河道整治工程等在减少下游河道淤积、调水调沙、调控洪水、水源供给等方面的作用，强化黄河沿线的防汛安全、水资源管理和污染防治，实现防洪减灾、确保安全的目标。同时，需提高对水沙演变规律的认识，加强水沙调控关键技术研究，这是编制水沙调控方案和协调水沙关系调度实施的技术保障，强化理论研究对技术研发的支撑作用，实现"水－沙－床"和"点－线－面"的有机统一，使塑造和维持一定规模的基本输水、输沙通道成为可能。

二、建设流域多民族团结进步共同繁荣示范区

黄河流域涉及九省区，自然条件悬殊，少数民族众多，自古以来就是多民族融合的核心地带。流域内各族人民你来我往，频繁互动，在经历多次民族大融合后，逐渐形成了以华夏为凝聚核心、"五方之民"共天下的交融格局。在历史长河中，农耕文明的勤劳质朴、崇礼亲仁，草原文明的热烈奔放、勇猛刚健，海洋文明的海纳百川、敢拼会赢，源源不断注入中华民族的特质和

禀赋中，共同熔铸了以爱国主义为核心的伟大民族精神。黄河流域占地面积极广，分布着汉族和回族、藏族、蒙古族、东乡族、土族、撒拉族、保安族、满族等少数民族，但宁夏回族自治区、内蒙古自治区及少数民族人口较为集中的地区城镇化率、人均 GDP 等大多低于全国平均水平，这些地区也是全面脱贫攻坚任务完成后防止返贫的重点地区。要以巩固脱贫攻坚成果、解决好流域人民群众特别是少数民族群众关心的防洪安全、饮水安全、生态安全等问题为重点，加快少数民族和其他民族地区发展，着力提高较落后地区的基础设施建设和公共服务水平，推进基本公共服务均等化，提高把"绿水青山"转变为"金山银山"的能力，铸牢黄河流域多民族多元一体的中华民族共同体意识，创新推动民族团结进步事业。

第三节　统筹推进生态经济文化支撑带建设

一、建设美丽生态带

黄河流域横跨青藏高原、内蒙古高原、黄土高原和华北平原四个地貌单元，地势西高东低，多年平均气温和降水量均由东南部向西北部递减，以草甸／草原、栽培植物为主，荒漠和其他类型地貌占比较大。流域内水资源相对匮乏且分布不均，水的含沙量高，水环境质量差，生态脆弱，土壤污染侵蚀严重，水土流失严重，自然灾害频发，滩区问题突出，严重威胁黄河流域高质量发展。因此，加强生态环境保护，建设黄河生态带，是夯实黄河流域高质量发展的重要基础。

建设美丽生态带，牢记黄河生态系统是一个有机整体，要树牢黄河流域生态保护"一盘棋"的思想，充分考虑上中下游的差异与所面临的主要生态环境问题，因地制宜采取相应的保护治理措施。对于上游的河源区、河谷区、河套平原区和鄂尔多斯高原区，应以水源涵养为重点，增强上游河川径流的稳定性，注重高原植被和水源涵养林的保护，维持湖泊湿地的面积和生物的多样性，推进内蒙古、青海开展环境综合治理与可持续发展的试点；对于中游的黄土高原、汾渭盆地和太行山区，加大生态环境保护和修复工程建设，推进退耕还林还草、退牧还草等促进植被的恢复和保护，科学合理优化淤地坝、梯田、林草的措施布局，结合修建淤地坝和治沟骨干工程等措施，最大限度地减缓水土流失、拦减泥沙、减少河道淤积，发挥河道生态功能，同时，加强汾河、渭河等污染较重支流的治理，促进中游生态环境建设；对于下游的冲积平原、鲁中丘陵和黄河三角洲，实施河道整治工程来稳定河道，通过完善排水系统和推广节水灌溉技术进行土地盐碱化治理，提高下游冲积平原的土地质量，改善黄河滩区脆弱的生态环境，大力发展现代农业，推进乡村振兴，实现农业高质量发展，同时，需加强对河口三角洲湿地的保护，为河口地区的生物多样性的维持和提高提供保障。

二、建设活力经济带

一是要根据流域内不同区域的资源环境承载能力、现有开发密度和发展潜力，明确主体功能定位和发展方向，合理调控和引导人类活动，调整产业布局，完善相应的财政、土地、人口政策。二是要把实施乡村振兴战略摆在优先位置，推动农业高质量发展，构建现代农业产业体系、生产体系和经营体系，实现农业提质增效目标。三是要依托主要交通干线和城市群，积极培育黄河流域的经济增长轴线和核心区。强化以陇海－兰新、黄河沿岸为主的轴线建设，加大城市群等重要区域的建设力度，提高人口与产业的集聚能力，发挥对整个黄河流域的辐射带动作用。四是打造对外开放的新高地。深化黄河流域参与共建"一带一路"，打造郑州、西安等内陆开放型经济高地，积极推进中国（河南）自由贸易试验区、中国（陕西）自由贸易试验区建设，加强与沿海沿边口岸合作，实现通关一体化。五是要大力推进制造业的高质量发展，提高创新水平。积极稳妥化解过剩产能、坚决淘汰落后产能，加强技术改造和创新，推动传统产业优化升级，构建现代产业体系；以新一代信息技术、高端装备、新能源新材料等为重点，打造先进制造业集群和战略新兴产业发展策源地。同时，要大力提升科技创新水平，强化微观企业的创新主体地位，引导各类创新要素向企业集聚，使企业成为创新决策、研发投入、科研攻关、成果转化的主体；区域层面要加快建设山东半岛国家自主创新示范区、郑洛新国家自主创新示范区、

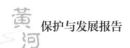

西安国家自主创新示范区、兰白国家自主创新示范区，深入推进创新型城市建设，支持创建国家级高新区。

三、建设魅力文化带

强化黄河文化价值体系的整合提升，构建具有中国特色、中国风格、中国气派的黄河文化体系；挖掘文化资源，积极打造黄河品牌，整合黄河流域的古都名城资源、文化遗址遗存、传统村落等物质文化遗产和信仰崇拜、故事传说、文献资料等非物质文化遗产，创新性开展对文物保护单位的适度利用工作，注重城乡历史文化资源的活化，夯实黄河文化带构建的土壤；传承优秀农耕文化，强化民俗传统保护，传承弘扬红色文化，讲好红色故事，培养文化自信；加强黄河流域文旅产业融合，加快发展乡村旅游，实施特色文化产业培育工程，充分利用历史文化、民居文化、饮食文化、民俗风情、手工技艺等进行创意开发，推出一批高质量、有特色的旅游产品，培育一批具有文化性、体验性、趣味性的旅游项目，提高文化资源的品质；整合社会各方力量，彰显本地特色文化，引导当地居民参与地域文化的保护和传承，发挥乡贤群体的作用，构建政府引导、居民参与、专家指导的合作机制，使文化建设与文化旅游产业、民生改善、环境整治相结合；加强黄河文化建设，创新黄河文化发展理念，坚持在保护中开发，在开发中保护，维持黄河健康，积极推动黄河文化参与"一带一路"建设及文化交流合作，打造黄河文化廊道。

第四节　坚持生态、民生、科教和民族
贫困地区优先

一、生态优先

黄河上游局部地区生态系统退化、水源涵养功能降低，长期以来以农业生产、能源开发为主的经济社会发展方式与流域资源环境特点和承载能力不

相适应，导致上游地区生态系统十分脆弱，三江源地区的冰川面积持续减少，源区多年冻土存在退化趋势。草地退化不断加剧，中度以上退化面积占比已过半。中游黄土高原植被覆盖度低，土壤抗蚀性差，降雨集中，水土流失严重。2018 年动态监测结果显示，黄土高原地区水土流失面积为 21.37 万千米^2。下游黄河三角洲湿地与生态系统退化，中上游地区工农业用水量大大增加，导致进入河口地区的水资源量急剧减少；黄河下游泥沙淤积、导流堤建设等造成河流渠道化，黄河河口出现了河道断流、淡水生境破碎、面积萎缩等现象。要尊重自然规律，坚持"绿水青山就是金山银山"的基本理念；坚持生态优先、绿色发展，将黄河生态系统作为一个有机整体，充分考虑上中下游的差异；坚持山水林田湖草沙的综合治理、系统治理、源头治理，把生态环境保护摆在压倒性的位置。

二、民生优先

"让黄河成为造福人民的幸福河"，要坚持民生优先，把保障和改善民生作为黄河流域生态保护和高质量发展的出发点和落脚点。2013 ~ 2018 年，黄河流域只有内蒙古和山东的居民人均可支配收入超过了全国平均水平，其他省区的居民人均可支配收入均低于全国平均水平，表明黄河流域整体居民收入较低。从医疗资源的分布情况看，沿黄九省区每千人口卫生技术人员与全国平均水平差距不大，青海、宁夏、内蒙古、陕西、山东这五省区的每千人口卫生技术人员均超过了全国平均水平，四川、甘肃、山西、河南这四省区的每千人口卫生技术人员低于全国平均水平。从每千人口医疗卫生机构床位情况看，青海、四川、甘肃、内蒙古、陕西、河南、山东这七省区均高于全国平均水平，宁夏和山西均低于全国平均水平。要完善黄河流域公共服务设施，提高公共服务水平，逐步缩小城乡公共服务差距。完善医疗卫生设施与体系，按照"保基本、强基层、建机制"的基本要求，增加财政收入，推动农村医疗卫生设施建设，深化医疗卫生体制改革，建立健全医疗卫生制度，加快推进黄河流域医疗卫生事业发展。不断完善基层农村教育设施，满足居民基本教育需求。完善和健全养老、失业、医疗等社会保障机制，落实城镇居民最低生活保障，探索建立农村养老、医疗保险和最低生活保障制度。完善多种分配制度，建立相对合理的工资增长机制，缩小贫富差距，减少城乡收入差距，增强黄河流域人民的获得感与幸福感。

三、教育科技优先

　　教育是民族振兴、社会进步的重要基石，科学技术则是推动现代生产力发展的重要力量。黄河流域的教育科技水平还比较低，与全国平均水平相比还有不小的差距。从每十万人口各级学校平均在校生数量情况看，在小学阶段，四川、甘肃、内蒙古、山西、陕西、山东这六省区低于全国平均水平；在初中阶段，四川、甘肃、内蒙古、山西、陕西这五省区低于全国平均水平；在高中阶段，四川、内蒙古、山东这三省区低于全国平均水平；在高等教育阶段，只有陕西省高于全国平均水平，其他八省区均低于全国平均水平。从双一流学校数量看，黄河流域的双一流高校数量仅为 7 所，远低于长江经济带。在科技创新方面，根据科技部发布的《中国区域科技创新评价报告 2018》，黄河流域仅有陕西和山东进入全国前十，而长江经济带有 4 个省区入围。2017 年，黄河流域规模以上工业企业研究与开发（research and development，R&D）经费支出额仅相当于长江经济带支出额的 44.3%；黄河流域各省区国内三种专利申请数量和授权数量的平均值分别为 61 454.5 和 27 945.1 项，分别相当于全国平均水平的 54.23% 和 50.81%；相当于长江经济带平均水平的 38.56% 和 37.72%。当前，黄河流域正处在转变发展方式、优化经济结构、转换增长动力的攻关期，建设现代化经济体系是跨越关口的迫切要求。党的十九大报告指出："创新是引领发展的第一动力，是建设现代化经济体系的战略支撑。"实施创新驱动发展战略根本要靠人才。培养创新人才，归根结底还是要靠教育。要坚持教育科技优先，加快推动教育和科技创新的互动发展，为黄河流域现代化经济体系构建提供人才和智力支撑，为黄河流域新旧动能转换和高质量发展提供科技创新支撑。

四、民族贫困地区优先

　　黄河流域是多民族聚居地区，主要有汉族、回族、藏族、蒙古族、东乡族、土族、撒拉族、保安族等民族，其中，少数民族占流域总人口的 10% 左右。由于历史、自然条件等原因，黄河流域经济社会发展相对滞后，特别是上中游地区和下游滩区，曾是我国贫困人口相对集中的区域。2020 年脱贫攻坚目标任务完成后，要做好脱贫攻坚与乡村振兴的衔接，对摘帽后的贫困县要通过实施乡村振兴战略巩固发展成果，接续推动经济社会发展和群众生活改善。黄河滩区是黄河下游宽河道段主河槽至两侧河堤之间的地带，主要包括河南、山东两省。其中，河南省滩区面积约 2116 千米^2，涉及 6 个市、17 个县（区），59 个乡镇、1172 个自然村庄，人口 125.4 万；山东省滩区面积 1702 千米^2，涉及 9 个市、26 个县（区），91 个乡镇、782 个村，人口 60.6 万。根据《河南省黄河滩区居民迁建规划》《山东省黄河滩区居民迁建规划》，2020 年底完成居民迁建任务后，河南省和山东省尚有 95.4 万人、46.52 万人生活在黄河滩区，其中洪水淹没风险高的人口有 53.3 万。要结合黄河防洪形势和滩区发展实际，对仍在滩区生活的 141.92 万人的基础设施、产业发展、公共服务进行综合部署。根据不同标准（如洪水淹没风险等）将剩余滩区乡镇、村庄划分为不同类型，明确不同类型乡镇、村庄的迁建时序和迁建方式，避免乡村振兴中的投入因迁建导致浪费。

第三章
支撑战略

第一节　黄河流域生态环境保护与治理战略

习近平在河南主持召开黄河流域生态保护和高质量发展座谈会，会上强调，保护黄河是事关中华民族伟大复兴的千秋大计（习近平，2019）。要坚持"绿水青山就是金山银山"的理念，坚持生态优先、绿色发展，着力加强生态保护治理、保障黄河长治久安，让黄河成为造福人民的幸福河。黄河流域是我国重要的生态屏障，在生态安全方面具有举足轻重的地位。加强黄河流域生态环境保护，着力保护水资源和水环境，加强流域综合治理和森林草地保护修复，科学解决黄河滩区人水争地之矛盾，加快形成绿色的发展方式和生活方式，切实保障流域人民群众的防洪安全、饮水安全、生态安全、粮食安全和人居环境安全，把黄河流域建设成为人与自然和谐共生的美丽生态带。

一、构建黄河生态带的生态基础

黄河流域横跨青藏高原、内蒙古高原、黄土高原和华北平原四个地貌单元，地势西高东低，地貌类型复杂多样，流域生态类型多样、生态系统脆弱。中上游地区以高山、盆地、平川、沙漠和戈壁为主，中下游地区以平原、盆地、山地和丘陵为主。黄河流域气候以干旱、半干旱的季风气候为主，多年平均气温和降水量均由东南部向西北部递减。

　　水资源总量小、含沙量高。黄河流域地下水资源量 415.9 亿米³，占全国的 5.08%，地表水资源量 690.2 亿米³，仅占全国的 2.47%，而用水量则占全国的 6.65%。黄河含沙量丰富，下游河道（高村断面以下）冲刷量为 0.319 亿米³，引水量和引沙量分别为 132.2 亿米³ 和 0.0384 亿吨[①]。

　　生态系统和土地覆被类型多样。黄河流域地貌单元复杂，草地、耕地、森林、湿地、群落、荒漠等生态系统分布广泛。流域地势东西高差大，土地覆被类型差异较大。上游地势高，多为森林和草甸 / 草原；中游为内蒙古高原和黄土高原，以草地和耕地为主；下游为黄河冲积平原，以耕地为主。

　　生态环境脆弱。黄河流域地貌复杂，气候多变，水资源分布不均，土壤类型多样，植被覆盖度差异较大，自然灾害频发，流域生态环境不稳定。上游地区对气候变化敏感，全球气候暖干化促使地下冻土层融化，大量地表水向土层深部渗透，地表径流注入河流的水量减少，湿地、草地退化；中游黄土高原植被覆盖度低，土壤抗蚀性差，降雨集中，水土流失严重；下游黄河三角洲土壤熟化程度低，养分少，含盐量高，且极易盐碱化，整个生态系统不成熟，属于脆弱的生态敏感区。

二、构建黄河美丽生态带面临的主要困难和问题

　　虽然黄河流域自然资源禀赋优良，但构建黄河生态带仍面临着一些突出矛盾和问题。

　　水资源利用不合理，部分支流水环境较差。黄河流域水资源开发利用率为 59.2%，远超 40% 的生态警戒线（王东，2018）。水资源的过度开发利用，与黄河流域径流量年内分布不均的特点叠加，造成部分支流生态流量[②]不足，河流的生态功能受到影响。党的十八大以来，党中央着眼于生态文明建设，加强生态环境保护，促进河流生态系统健康发展，但黄河流域水资源、水环境保障形势依然严峻，需进一步治理和保护。

　　上游水源涵养能力下降，中下游土壤肥力降低。由于特殊的地理位置及

---

① 来源于《中国水资源公报 2019》和《中国河流泥沙公报 2019》。
② 河湖生态流量是指为了维系河流、湖泊等水生态系统的结构和功能，需要保留在河湖内符合水质要求的流量（水量、水位）及其过程。

人类不合理的生产活动等，黄河流域上游植被遭到破坏，土地荒漠化现象严重，水源涵养能力与调节功能明显下降，生物种类和数量锐减；中下游化肥和农药用量、畜禽粪便、废弃物排放增加，使农田土壤结构性变差，土壤肥力下降，影响农业绿色发展。

水土流失依然严重。根据《第一次全国水利普查水土保持情况公报》，黄河流域水土流失治理工作取得显著成效，累计治理水土流失面积为22.56万千米^2，年均减少入黄泥沙3.5亿～4.5亿吨。但2011年全国水利普查水土保持普查结果显示，水力侵蚀导致黄河流域水土流失面积达46.5万千米^2，占全国水力侵蚀总面积的33%，占总流域面积的62%；风力侵蚀面积达42.7万千米^2，占全国风力侵蚀总面积的47.42%，占流域总面积的68.87%[①]。

滩区生态改善与乡村振兴任务艰巨。生态安全和经济发展是黄河滩区的两大重要任务。滩区内无序的开发侵占了天然湿地，破坏了湿地生态系统；农业面源污染对水环境威胁较大；滩区土壤贫瘠，土地多为沙土、盐碱地，多风沙，生态环境较差。黄河滩区基础设施较为薄弱，社会经济发展相对滞后，滩区居民生活水平相对较低，黄河滩区是乡村振兴需重点关注的"短板"地区。

黄河三角洲湿地与近岸生态退化。黄河三角洲湿地淡水资源缺乏，上游注入河口湿地的水量减少，而上游来水量的减少导致土壤盐碱化加剧、地下水位下降、生境退化；海水倒灌引起的侵蚀作用使湿地面积增加有限甚至处于减少的状态；黄河口典型生态系统处于亚健康状态，氮磷比失衡现象及海域富营养化状况仍然存在，浮游动物生物量、底栖生物生物量偏低。

三、加强流域系统生态保护，构建黄河美丽生态带

黄河流域生态重要性突出，但生态环境相对脆弱，水资源保障形势严峻。在党中央的坚强领导下，黄河治理保护工作取得了举世瞩目的成就。黄河流域生态环境明显好转，河道萎缩态势初步遏制，流域用水增长过快局面得到有效控制，但各种生态问题仍比较突出。黄河生态系统是一个有机整体，上

---

① 参见《第一次全国水利普查水土保持情况公报》。

20

中下游存在明显的差异，需要上下游、干支流、左右岸统筹谋划，加强流域生态环境保护，构建黄河美丽生态带。

提升流域上游水源保护和涵养能力。对于流域上游的河源区、河谷区、河套平原区和鄂尔多斯高原区，应以保护湿地、涵养水源为重点。保护黄河上游水源地，实施湿地恢复、退牧还草、退耕还林、恶化退化草场治理及水土保持等措施，注重对高原植被和水源涵养林的保护，加大上游生态环境保护，遏制湿地、草地退化，以达到保护物种多样性和提升水源涵养能力的目的。

抓好流域中游水土保持和污染防治。黄土高原、汾渭盆地和太行山区水土流失严重，水环境污染严重，治理难度较大，需按照防治结合、突出重点、分区防治的思路，因地制宜进行治理。加大生态环境保护和修复工程建设，推进退耕还林还草、退牧还草，科学合理优化淤地坝、梯田、林草措施布局，最大限度地减缓水土流失、拦减泥沙、减轻河道淤积，发挥河道生态功能。同时加强汾河、渭河等污染较重支流的治理，控制排污总量，削减排放强度，切实改善水体质量。选择适宜河段开展河流水生态修复示范，促进中游生态环境建设。

合理配置滩区生态、生产、生活空间。对黄河滩区土地按生态、生产、生活功能进行分区管理，留足生态用地，规划一批生态公园，最大限度地减轻洪水泛滥对滩区人民的威胁，有效缓解行洪、泄洪空间与滩区居民生产、生活空间之间的矛盾。继续开展滩区水利建设，精准实施引洪放淤，改善滩区的生产、生活条件；完善排水系统，推广节水灌溉技术，对土地沙、碱化进行改良，提高农业生产能力，发展绿色农业，推进乡村振兴。

加强黄河三角洲生物多样性保护。建立针对性的环境监测系统和环境评价系统，优化水资源利用，节约淡水资源，增加湿地人工补水。开展湿地资源调查评价和监测，加强河口湿地修复与保护，建立并完善黄河三角洲湿地保护与利用的政策、法制和补偿体系，引导人们保护与合理利用湿地，提升三角洲生境适宜性，促进河流生态系统健康发展，提高鸟类和植被等生物多样性。

共建跨区域水环境监管联动机制。以全面提升流域水环境质量为目的，通过建立跨行政区环境保护联防联控机制，实施黄河干流和主要支流流域水环境污染防治工程，强化水质跨界断面的监测和考核，协调推进上中下游水资源保护与水污染防治工作，全面开展城镇和农村环境整治等，充分发挥现有黄河流域水资源保护机构的作用，持续提升流域水环境治理水平。

建立健全流域生态保护补偿机制。积极推进黄河流域生态保护补偿研究，完善生态保护补偿、资源开发补偿等区际利益平衡机制，建立流域市场化、多元化生态补偿机制。设立国家生态补偿基金，推进流域下游对上中游、生态受益地区对生态保护区的横向生态补偿。

第二节　黄河水沙关系协调战略

黄河是我国第二大河，以占全国 2% 的河川径流量，承担着全国 15% 的耕地和 12% 的人口供水重任，为国家的经济建设、粮食安全、生态改善等做出了突出的贡献。但是，黄河水少沙多、水沙异源、水沙关系不协调的矛盾十分突出，这是黄河成为世界上最为复杂难治河流的症结所在。

科学地认识黄河水沙关系及其演变可为新时期国家提升治黄水平与科学制定治黄策略提供理论基础，探讨黄河水沙变化成因，提出黄河水沙变化调控应对策略，将为黄河规划与治理实践提供重要依据，对未来治黄实践，以及推动母亲河可持续发展有重大的理论指导意义。

"黄河之患，患在泥沙"，输沙量的变化是治黄的风向标。中华民族治理黄河已有 4000 多年的历史，在长期治理黄河的实践中，伴随着对黄河水沙特性、冲淤规律及河床演变过程认识的进步和深化，人们将治河与科学技术相结合，逐步积累了丰富的治河经验。在治黄方略上，从分流到合流治理的争论，到水沙并重思想的提出，到将黄河上游、中游、下游和河口作为一个整体系统治理等，均体现出了人民的智慧及经验。

一、黄河水沙变化特征

黄河水沙的基本特点是"水少沙多，水沙异源，上宽下窄，地上悬河，资源丰富，水患制约"。泥沙问题始终是黄河治理开发的一个重要问题，也严重威胁着沿岸地区社会经济的可持续发展。为科学应对黄河水沙变化，首先需要了解黄河地区水沙的变化特征。

1. 来水来沙量显著减少

20 世纪 60 年代之前，黄河下游来水没有受到大型水利工程的影响，为天然状态。60 年代之后，人类活动逐步加强，在自然和人为因素的双重作用下，黄河水沙呈明显减少的趋势，同时，随着龙羊峡、刘家峡等水库联合运用，以及黄土高原地区水土流失治理和水利建设，尤其是 1999 年以来实施的退耕还林（草）工程，黄河径流量和输沙量大幅减少，而且中游的输沙量减少幅度要大于上游的输沙量（姚文艺等，2015）。

2. 水沙量年内分配比例发生显著变化

黄河径流量年内分配比例变化主要表现在两方面：一是有利于输沙的大流量持续时间及相应水量减少，平均流量大于 4000 米^3/秒洪水出现的天数大幅减少，小于 1000 米^3/秒的小洪水出现概率大幅增加。特别是在龙羊峡和刘家峡水库建成与运用之后，大于 4000 米^3/秒流量级来水出现的天数减少，并且挟带的水量和沙量所占比例明显减少，而小流量所挟带的水量和沙量所占比例显著增加。二是汛期径流量占全年径流量的比例减少，并且各月径流量分配趋于均匀。1999 年 10 月小浪底水库投入运用，以满足黄河下游防洪、减淤、防凌、防断流及供水（包括城市、工农业、生态用水，以及引黄济津）等目标，其进行了防洪、调水调沙、蓄水、供水等一系列调试，水库运用以蓄水拦沙为主，因此黄河下游来水来沙量显著减少，较 1950 ～ 2010 年来水来沙量分别减少 37.7% 和 88.5%；并且年内来水分布发生了严重变异，汛期与非汛期倒置，汛期的来水量只占全年的 38.2%，且该时期大流量级来水（>4000 米^3/秒）在汛期已基本不出现，所挟带的水量和沙量所占比例也显著减少（姚文艺和焦鹏，2016）。总的来说，中华人民共和国成立来，在黄河地区，来水量年内分配和大流量出现概率发生了显著变异，汛期与非汛期发生了颠倒。

3. 水沙变化的空间分布不均

由于黄河水、沙异源，加上中游地区人类活动对黄河水沙的干扰程度不同，因此无论是径流量还是输沙量，黄河水沙沿程减幅并不均匀。1960～1973 年，三门峡水库"蓄水拦沙"和"滞洪排沙"投入运用，但由于环境污染，水库枢纽泄流能力不足，滞洪作用较大，水库处于自然蓄水拦沙状态，出库泥沙较少，泄流规模不足，当发生大洪水时仍有一定滞洪作用，下游发生大洪水机会较少。在洪水过后，为减少三门峡区泥沙淤积，水库降低水位以排沙，因此下游经常出现"大水带小沙，小水带大沙"的不利水沙组合现象。后来通过对三门峡水库运用方式的不断总结，三门峡水库运用方式于 1973 年 11 月改为"蓄清排浑"，即根据下游河道自身的输沙特点，施放用于减少下游河道淤积的水沙，达到多排沙入海的目的。

二、影响水沙变化的因素

黄河水沙变化过程是一个受众多因素影响的综合过程，其形成和演化过程是自然因素和人类活动综合作用的结果。

1. 气候变化

流域产流产沙量取决于多种因素，如流域的地理位置、地形、植被、土壤、气候及水系特征等，而气候变化则是决定河流水沙通量变化最重要的因素之一。气候变化主要通过降水和气温对径流和输沙产生影响，其中，降水量的变化会直接导致产流量的变化，气温的变化则是通过影响蒸散量来影响产流量，而产流量的变化会直接导致流域产沙和输沙的变化（侯素珍，2012）。

2. 人类活动

水利工程（如水库、淤地坝等坝库工程）在流域调洪蓄水、拦沙造地等方面发挥着重要作用。其直接切断了流域水沙的输送通道，改变了径流输沙的时空分布，从而影响流域蒸发、下渗，对流域的水文循环过程产生重要影响，而且水库多具有拦减粗泥沙和排放细泥沙的作用，使得进入河流的泥沙有所减少和变细。

水土保持措施影响黄河水沙变化。近60年来，在生态、经济、社会效益的共同作用下，黄河中游地区黄土高原的水土保持取得了显著成效，植被覆盖率从1998年的29.7%上升到2005年的42.2%，2013年上升到59.6%（Chen et al.，2015），植被覆盖增加显著减少了土壤侵蚀量；径流量与输沙量自20世纪70年代开始减少，在80年代则大幅度减少，有效减缓了下游河床的淤积抬高速度。

三、黄河河道冲淤现状与问题

自20世纪80年代中期以来，受气候暖干化等气候因素，以及水利工程和水土保持工程等人类活动的影响，黄河流域水沙情势发生了巨大变化，表现为水沙量明显减少，水沙关系发生重大变化。黄河下游河槽严重萎缩，出现河道排沙、输沙能力降低等新问题。黄河水沙情势剧变，直接影响黄河水沙调控布局、南水北调西线规划、下游宽滩区治理方向等未来治黄方略的制定。同时，黄河泥沙的锐减，使人们在传统意义上对黄河泥沙的认识已经不能适应当前的情况。因此，为更好协调黄河水沙关系，需要弄清楚黄河河道冲淤现状及存在的问题。

1. 上游水量减少，缺乏水沙监管体系

上游地区是黄河流域的主要水资源供给区，水丰沙少，是黄河的清水来源，其清水来源主要有降水补给，兼有少量冰川融水和地下水补给。上游地区水量多集中在夏秋季，泥沙含量相对偏少，水质清澈。近年来，受气候变化影响，上游区段水量呈减少趋势，从兰州站至靖远县，河道进入黄土高原部分，其土质疏松、水土流失严重，是整个上游地区输沙量突增的转折节点。同时，自龙羊峡、刘家峡水库联合蓄水运用以来，由于其具备多年调节作用，增加了引黄耗水量，进入宁蒙河道的年径流量减少，年际、年内分配更趋均匀，这导致进入宁蒙河道的水沙关系不协调。然而，龙羊峡和刘家峡水库设计运用方式不满足水沙调控的需要，又缺乏具有控制性的水沙调控工程。除

此之外，制约黄河上游塑造协调水沙关系的问题还有：水沙及河道冲淤测报体系不完善、水沙运动规律研究成果还不能支撑水沙调控、发电与河道输沙调度运用矛盾突出。因此，在黄河上游，应建立完善的水沙测报体系，规范刘家峡水库及以下水利枢纽排沙运用方式，辅以河道疏浚措施，遏制宁蒙河道主槽不断淤积萎缩的局面。

2. 中游水土治理已有成效，水沙调控体系尚不完善

在中游地区，除自然条件外，水沙变化与流域内强烈的人类活动密切相关。1960 年以前黄河水沙处于自然变化的状态，受黄土高原地区沟壑纵横、土质疏松等影响，加上降水时空分布不均，主要集中在夏季且极端的暴雨事件时常发生，使得区域水土流失严重，造成了黄河水少沙多，含沙量高的特性。20 世纪 70 年代末，大规模的水土保持措施，如退耕还林、还草，淤地坝等工程在很大程度上改变了地表汇水输沙过程，黄土高原地区大量泥沙被拦蓄，造成入黄河水沙锐减。但是中游地区水沙调控体系尚不完善，目前主要依靠小浪底水库调水调沙，在泥沙调节方面存在很大的局限性，难以发挥对下游河道的减淤作用和主槽维持作用。同时，由于缺少具有较大库容的上游水库的配合，三门峡和万家寨水库调水调沙库容都非常有限。

3. 下游河道持续萎缩，过流能力降低

随着近年来进入黄河下游的水沙发生变异，河道萎缩成为在特殊水沙条件下出现的河床演变的新问题，主要表现在：河道严重淤积；过水断面强烈缩小；河道过流能力降低。除此之外，还伴随着畸形河弯发育和驼峰现象凸现等特殊现象，造成河势上提，对黄河下游防洪非常不利。黄河下游河道过流能力持续降低，必然导致洪水水位的持续抬高。黄河下游河道持续萎缩期间的水沙特点表现为：来水量偏少，来沙量偏少，大洪水少，水流动力不足，较小流量天数多，高含沙洪水频繁，汛期含沙量大，河道断流天数和次数增加，断流长度增加。下游主河槽持续淤积萎缩，已严重威胁到黄河的健康，对实现黄河的长治久安和支持流域及相关地区经济社会的可持续发展将产生非常不利的影响。因此，对下游河道进行综合治理，形成一个具有一定过流能力的基本输水输沙通道是十分必要的。在对黄河下游治理中，应全面

建成标准化堤防，当汛期发生时，对中小洪水实施基于"预泄、控泄、凑泄、冲泄"的调水调沙，实现水库、河道减淤，增大下游河道主槽的平滩流量。

黄河治理的根本是协调水沙关系，通过水沙调控体系建设来调控水沙量及其过程，从而协调水沙关系，这是新时期黄河治理方略的首要措施。塑造协调的水沙关系应遵循：以科学发展观为指导，以维持黄河健康生命为目标，以完善水沙调控体系和防洪工程为基础，坚持洪水管理与泥沙管理并重，努力实现水库、河道主槽减淤，维持河道主槽基本输水、输沙功能。

四、塑造协调水沙关系的措施与建议

"黄河宁、天下平"，从古至今，黄河治理都是治国安邦的大事。随着人类活动的日益频繁及全球气候的变化，黄河的演变响应也发生了很大的变化。不同时期黄河面临的问题是不同的，当前黄河最突出的问题就是来水、来沙量及其过程发生了重大变化，特别是水沙关系的不协调，使黄河的水沙运动和演变规律发生了新的变化。在今后相当长一段时间内，黄河治理的总体思路是紧密围绕水沙变化的趋势、水沙减少的程度等一系列新问题开展研究。从未来发展趋势来看，随着流域人口的增加和区域社会经济的快速发展，社会经济发展用水量增加，河道生态用水将被大量挤占，尽管水土保持、水库拦蓄等措施使得下游的泥沙已减少了很多，但减沙的速度相对比较缓慢，未来黄河的水沙关系将会朝着越来越不协调的方向发展，水沙关系不协调带来的主河槽萎缩、排洪能力降低、生态环境恶化、水质污染等问题更加严峻，塑造协调水沙关系已成为当前黄河治理的重点和紧迫的任务。因此，塑造协调水沙关系，促使黄河健康发展应从以下几个方面进行。

1. 塑造协调水沙关系，建立水沙调控体系

根据黄河的水沙特性、生态环境特点，统筹兼顾黄河治理开发保护的各项任务和目标，构建完善的水沙调控体系，对黄河洪水、泥沙和径流进行有效调控，满足维持黄河健康生命和社会经济发展的用水要求。应在现有水沙调控工程、监测预报和决策支持系统的基础上，进一步建立完善的黄河水沙

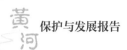

调控的工程体系和非工程体系（朱莉莉等，2017）。

2. 完善水沙监测和预报体系

完善的水沙监测和准确及时的洪水泥沙预报是塑造协调水沙关系的支撑条件，也是研究并深化水沙运作规律的基本依据。需要尽快建立完善的黄河上中下游水沙监测和河道、水库冲淤监测体系，达到全面监测水沙运行的目的，建立主要暴雨预警观测站和来水来沙监测网站（王震宇和蔡彬，2009）。

3. 实施水库群水沙联合调度

从黄河本身规律出发，在总的来水、来沙量不变的情况下，应当强化水库水沙调控作用，调节水沙过程，改善淤积部分，维持有利的河道。从保障流域可持续发展和维护河流健康出发，需要建立兴利、减灾与保护生态协调统一的水库综合调度运用方式，这些水库调度运用要纳入全流域的统一调配，从而实现流域水资源的优化配置。单库分散调度的方式在进行防洪和兴利调度的同时，没有考虑其对水库群及整个流域的影响，不利于流域内水利综合效益的发挥，应对水库群实施联合调度，使各水库之间相互影响，这就需要站在全流域的高度，采取联合调度的方式，开展水库群优化调度，让它们在保证安全的基础上发挥最大的"群体"效益。

4. 构建黄河水沙管理支持系统

上中下游地区黄河的泥沙治理工作是一个有机的、紧密结合的系统，在实际工作中不断变化的水情、沙情和工情要求在指挥决策时掌握足够的信息资源，要有快速决策的技术支撑。在面对不同量级洪水时，要根据决策目标的不同，对洪水和泥沙进行统筹考虑，要在保障防洪安全的前提下，对泥沙做出有效的处理，兼顾当前和长远的目标。过去已建成的各应用系统和模型系统在黄河调水调沙工作中发挥了重要的作用，也为今后的工作奠定了基础，但这些系统主要是针对工作中某一个环节或某一个方面，虽然可能已经进行了部分系统的整合与耦合，但还不能满足在治理黄河中快速、准确和高效的要求，因此，建设涵盖各个环节的黄河洪水泥沙管理系统就显得很有必要（李强等，2014）。

5. 加强水沙调控关键技术研究

水沙调控技术是编制水沙调控方案和塑造协调水沙关系调度实施的技术保障。虽然在黄河下游调水调沙试验和生产运行中，对水沙调控运用方式、水沙调控指标及水沙运行规律进行了有效的尝试和探索，积累了一定的经验，但人工塑造异重流还不能定量模拟和预报水库加沙问题，仍需进一步加强对黄河上游、中游水沙过程的对接和处理技术，以及黄河上游和中游水沙调控指标与在不同的来水来沙条件下水沙运行规律的研究。

6. 优化水沙配置

一是通过塑造协调的水沙关系，让洪水冲刷河槽，挟沙入海，恢复河槽的过流能力。二是将黄河洪水资源化，可对汛期洪水进行分期管理，科学拦蓄后汛期洪水或低含沙量洪水，为翌年春灌和确保黄河不断流提供宝贵的水资源。三是以"淤粗排细"为原则，为减少中上游粗泥沙来源，设置引洪放淤闸等工程，达到"淤粗排细"的目的。同时，当利用水库库容拦截泥沙时，尽量拦截粗泥沙（王震宇和蔡彬，2009）。

提高黄河水沙综合管理的水平，为黄河河床稳定和堤防建设、人民群众的生命财产安全和供水安全，以及黄河流域生态文明建设、"一带一路"倡议等国家重大决策实施提供有力的技术支撑，在促进区域地方社会经济发展、保障水沙资源合理配置、改善生态环境等方面效益巨大。

第三节　黄河水资源节约集约利用战略

2019 年 9 月 18 日，习近平总书记在郑州主持召开黄河流域生态保护和高质量发展座谈会时指出，"黄河水资源量就这么多，搞生态建设要用水，发展经济、吃饭过日子也离不开水，不能把水当作无限供给的资源。""要坚持以水定城、以水定地、以水定人、以水定产，把水资源作为最大的刚性约束，合理规划人口、城市和产业发展，坚决抑制不合理用水需求，大力发展节水

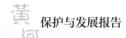

产业和技术，大力推进农业节水，实施全社会节水行动，推动用水方式由粗放向节约集约转变。"（习近平，2019）

一、黄河断流局面得到有效改善

20世纪70年代以后，在气候变化、降水减少、人口剧增、经济发展、管理混乱和用水无序等自然与人为因素的双重作用下，黄河在1972～1999年有22年发生断流，其中1997年断流达226天，断流河道上延至河南开封，达704千米之长，占下游河道总长的90%，即使上游刘家峡水库和三门峡水库开闸放水，也未能复流。

黄河下游的经常性断流，不仅直接影响两岸人民群众的生产生活，造成严重的经济损失，还对下游河道尤其是黄河口的生态环境产生了严重甚至是毁灭性的破坏，如河道日益萎缩，生态系统退化，河口土地盐碱化，入海三角洲湿地水、土、肥失衡等。

在此情况下，1999年，国务院授权黄河水利委员会对黄河水量实行统一分配，重要取水口和骨干水库统一调度。

浩浩黄河水，恩泽千万家。自实施全河水量统一分配制度以来，黄河已经连续20年(2000～2019年)未断流，彻底改变了过去万里黄河频繁断流的局面，河道萎缩态势初步得到遏制，生态环境持续改善，黄河口湿地生物多样性增加，鸟类种群数量增多。黄河水不仅助推了沿黄的郑州、济南、聊城、滨州、东营等水生态文明城市的建设，还通过引黄济津、引黄入冀、引黄济青等跨流域调水工程，向北泽被天津和雄安新区，向东惠及青岛和胶东四市，向南福泽济宁和南四湖区，取得了显著的经济、社会和生态效益，有力支撑了经济社会的可持续发展。

二、当前水资源保障形势依然严峻

虽然通过科学精细的水量统一调度，黄河从"一条找不到大海的河"恢复到"奔流到海不复回"，但黄河水量"先天不足"的状况并未改变。在黄河水量统一调度的20多年间，仅2005～2006年度、2012～2013年度黄河来水量达到多年均值（1956～2000年），其余年份均偏少，其中，2013～2014年度缺口达45.25亿米³，2015～2016年度缺口高达53.08亿米³①，当前黄河水资源保障形势并不乐观。

1. 黄河天然径流量呈减少趋势

天然径流量演变分析表明，未来黄河天然径流量依旧保持减少趋势。过去50年（1961～2010年），黄河7个水文站（唐乃亥、兰州、头道拐、龙门、三门峡、花园口和利津）的天然径流量呈显著减少趋势，2001～2010年相比1961～2000年黄河天然径流量减少了8.8%～20.8%。黄河近550年天然径流量演变分析发现，黄河天然径流量整体呈显著减少趋势，1990～2017年天然径流量较1470～1864年明显减少，且存在较强持续性，在未来一段时间内将依旧保持减少趋势（李勃等，2019）。

部分区域植被覆盖变化导致降水产生的径流量减少。退耕还林后植被生长状况有所改善，黄河流域降水有所增加，但增加部分更多地被蒸发掉，并未使径流量增加。以黄土高原为例，自实施退耕还林还草工程后，植被覆盖度明显提高，但产流量却在减少。

2. 黄河流域的降水变化趋势并不明朗

黄河之水天上来，未来黄河流域的降水变化趋势并不明朗。虽然进入21世纪后，黄河流域降水略有增加，但中国气象科学研究院余荣的最新研究表明，在全球气候变暖的背景下，黄河流域的气候整体呈现暖干化趋势，以黄河中下游地区（山西－河南－山东一线地区）为例，未来若相对参考期（1986～2005年）升温1.5℃，持续性降水事件对降水总日数和总降水量贡献的变化不是很明显②。气候模式预测也发现，未来气温升高会使融雪径流增加，可能导致更早和更大的春季径流，同时，夏季7～8月降水减少，从而出现夏季水资源短缺，且空间分布极不均匀的现象；径流过程发生季节性迁移，水资源的年内分配将发生变化。

---

① 根据水利部黄河水利委员会每年发布的《黄河水资源公报》。
② 气候变化和人类活动影响黄河流域水循环 黄河流域水资源量总体呈减少趋势，中国气象报，2019-04-17，3版。

3. 部分支流污染相对严重

污染比较严重的支流包括湟水、祖厉河、都思兔河、龙王沟、黑岱沟、偏关河、皇甫川、金堤河等，支流 V 类水质河长占 5.0%，劣 V 类水质河长占 25.1%。污染造成水体功能降低或丧失，对黄河水资源保障来说无疑是雪上加霜。

以河南省为例，《黄河水资源公报 2017》显示，河南省内黄河重要支流——沁河武陟水文站的实测径流量较 1956 ～ 2000 年均值减少 63.9%。地表水量不足，促使人们转向使用地下水。2017 年末与上年同期相比，河南华北平原的武陟 - 温县 - 孟州漏斗和安阳 - 鹤壁 - 濮阳漏斗区面积分别扩大 280 千米^2 和 20 千米^2，漏斗中心地下水埋深分别增大 6 米和 3.89 米。

综上可见，一方面，在气候变化和人类活动叠加作用下的天然径流量在减少，水资源可利用总量在减少；另一方面，经济社会快速发展对用水的需求越来越大。水资源供需矛盾日趋尖锐，对今后黄河流域水资源管理提出了严峻挑战。

三、系统推进水资源节约集约利用

黄河以占全国 2% 的河川径流量，养育着全国 12% 的人口，灌溉着全国 15% 的耕地，支撑了全国 14% 的国内生产总值，是几十座大中城市及众多能源基地的供水生命线。面对黄河流域生态保护和高质量发展与水资源紧缺之间的矛盾，习近平总书记一针见血地指出："这些问题，表象在黄河，根子在流域。"（习近平，2019）黄河水资源量就这么多，搞生态建设要用水，发展经济、吃饭过日子也离不开水，不能把水当作无限供给的资源。要坚持以水定城、以水定地、以水定人、以水定产，把水资源作为最大的刚性约束，合理规划人口、城市和产业发展，坚决抑制不合理用水需求，大力发展节水产业和技术，大力推进农业节水，实施全社会节水行动，推动用水方式由粗放向节约集约转变。

1. 加快推动以水定城、以水定地、以水定人、以水定产

水资源系统与社会经济系统及生态环境系统之间相互依赖、相互影响，

水资源承载力是指在水资源－社会经济－生态环境的多元复合系统中，满足水资源可承载条件的最大发展规模。"量水发展"的理念打破了把水当作无限供给资源和水资源必须服从经济社会增长的思维与观念，突出了水资源承载力具有不可抗拒物理极限的特征，把水资源作为刚性约束条件，严守用水总量控制、用水效率控制和水功能区限制纳污"三条红线"，控制城市发展规模，确定空间布局，限制人口数量，调整产业结构，以实现社会经济的良性运行和可持续发展。这是对最严格水资源管理制度的深化、提高、发展和延伸。

"以水定城"是根据水资源保护要求、可供水资源量和空间分布，合理确定城市发展规模，引导城市空间发展方向；"以水定地"是根据可供生活和工业水量、单位用地用水指标，确定规划总建设用地、规划城乡建设用地；"以水定人"是根据可供水资源量、可供生活用水量、人均总用水量和人均生活用水量，确定合理的人口规模；"以水定产"是根据总可供水资源量、万元GDP耗水量等指标，确定产业结构和产业规模，引导产业发展方向。

2. 严格实行用水控制

自 2016 年起，河北、山东、河南等省区已经由收取水资源费改征水资源税，对于超计划（定额）取用水的，将根据占比的不同，对超过部分进行不同标准的征税，超过部分将按最高水资源税税额标准的四倍征收，并从高确定了高尔夫球场、滑雪场等特种行业的税额。水资源税改革运用税收杠杆调节用水需求，有利于企业主动采取措施调整用水结构、转变用水方式，减少不合理用水需求。

3. 全面推进节水型社会建设

大力发展节水产业和技术。节水优先的落实，离不开节水产业和技术的发展。限制高耗水项目、淘汰高耗水工艺和设备，鼓励节水技术开发和节水设备的研制，推广节水新技术、新工艺、新设备。改造城市供水体系和城镇供水管网，降低管网漏失率。全面推广公共供水城镇家庭节水器具和新建民用建筑节水器具。深入推进雨洪资源、微咸水和矿井水等非常规水资源的开发利用。

大力推进农业节水。据《黄河水资源公报 2017》，2017 年黄河地表水取水量为 400.22 亿米^3，其中，农田灌溉取水量 283.49 亿米^3，占取水总量的

70.9%。作为农业大省，2017 年河南省用水量达 233.766 亿米³，其中，农业用水 122.844 亿米³（农田灌溉用水 108.5 亿米³），占用水总量的 52.5%，而发达国家农业用水一般占用水总量的 40%。当年河南省从黄河取水 74.72 亿米³，其中，39.93 亿米³ 用于农田灌溉，占取水总量的 53%。历年用水情况均表明，河南省可利用水资源量严重不足，农田灌溉用水占比过高。

河南出产了全国 1/4 的小麦和 1/10 的粮食，是全国粮仓，承担着保障国家粮食安全的战略重任。在河南全力建设粮食生产核心区、现代农业大省的背景下，水资源对保障粮食安全具有举足轻重的作用，河南必须解决好水问题，才能承担起此战略重任。针对河南省水资源短缺、农业用水占比高的现状，跨流域调水等开源手段仅是权宜之计，而非长久之计。唯有节流才是首要途径，大力推进农业节水是缓解水资源供需矛盾的必然选择。

截至 2016 年底，河南省耕地有效灌溉面积增至 7866 万亩 ①，节水灌溉面积占有效灌溉面积的 34%，高效节水灌溉（主要为低压管灌、喷灌、微灌）面积占有效灌溉面积的 25%，农业灌溉水有效利用系数达到 0.604。按照"十四五"规划目标，要实现推进大中型灌区节水改造和精细化管理，建设节水灌溉骨干工程，同步推进水价综合改革。因此，现阶段仍需严控农业用水，加大农业灌溉节水力度，大力发展农业节水新设备和新技术，积极发展低压管道灌溉、喷灌、滴灌、微灌和痕量灌溉等新技术，推广用水计量和智能控制技术，提高农业用水有效利用系数，实现增产增收不增水。建立公开、公平、透明的水价形成机制，使其能反映水资源稀缺程度，充分发挥水价对农业节水的杠杆作用，继续降低农田灌溉用水量所占比重。

实施全社会节水行动。虽然水循环过程无限，但在一定的时间和空间范围内，水资源量却是非常有限的，不能把水当作无限供给的资源。例如，2017 年黄河水资源总量为 572.91 亿米³（利津站以上）。即使放眼全球，可供人类利用的淡水资源量也极其有限，仅占全球总水量的 0.796%。河南人口规模庞大，水资源量极其有限，全省多年平均水资源总量为 403.53 亿米³，人均不足 400 米³，按国际标准（人均 500 米³）属于严重缺水省区。

对现有供水设施进行节水改造是实施全社会节水行动的一项重要举措。

---

① 1 亩 ≈ 666.7 平方米。

公共机构、企业等用水户实施节水改造需要筹措大量资金，而这往往会降低用户节水改造的意愿。合同节水管理模式是指节水服务企业与用水户以合同形式，为用水户募集资本、集成先进技术，提供节水改造和管理等服务，分享节水效益方式以收回投资、获取收益的节水服务机制。推行合同节水管理模式，有利于降低用水户节水改造风险，提高节水积极性。对政府机关、学校、医院等公共机构，商场、机场、车站等公共建筑，节水潜力大的重点工业园区，高尔夫球场、人工造雪滑雪场等高耗水行业，推行合同节水管理模式，切实落实国家节水行动，全面推进节水型社会建设。

4. 摆脱水质性缺水困扰

"十三五"期间，生态环境部在黄河流域共布设137个国控断面。从监测数据看，黄河流域水质总体呈逐年好转趋势。2020年，黄河流域Ⅰ～Ⅲ类断面比例为84.7%。其中，黄河干流水质为优，2018年以来Ⅰ～Ⅲ类断面比例均为100%；黄河主要支流水质由轻度污染改善为良好，Ⅰ～Ⅲ类断面比例达80.2%，已全面消除劣Ⅴ类断面[①]。总体而言，黄河流域水污染治理取得积极进展，但水生态环境形势依然严峻。以河南省为例，2017年，全省水质监测的河长6326.4千米，其中，水质为Ⅴ类的河长623千米，占水质监测河长的9.8%；水质为劣Ⅴ类的河长1039.1千米，占水质监测河长的16.4%。列入全国重要江河湖泊水功能区"十三五"达标评价名录的179个水功能区，仅119个水功能区达标，达标率66%。全省水环境质量不容乐观，水污染造成的水质性缺水与资源性缺水并存。表象在河流，根子在流域，应继续深化产业结构调整，彻底清理整顿违法排污企业，建立城市污水处理厂，严查各种环境违法行为，坚持走新型工业化道路，摆脱水质性缺水困扰。

5. 优先保障人民群众饮用水安全

保障饮用水安全是保障人民群众生命健康的最基本要求，也是人民日益增长的美好生活需要之一。黄河流域九省区中的6个存在地下水砷和氟超标、地表水微量有机物污染问题。要通过加强水源保护区管理，更好地解决上游

---

① 资料来源：阮煜琳. 2021.中国黄河流域水质总体呈逐年好转趋势.中国新闻网，https://baijiahao. baidu.com/s?id=1700817836080659496&wfr=spider&for=pc。

污染问题；通过水源水质标准完善，解决水质健康风险问题；通过水源系统保护措施，解决水质可持续安全问题。[①]

河南省实施"农村饮水安全巩固提升工程"解决了若干农村地区没有安全饮用水的问题，但工程运行好、维护好，大旱之年能发挥作用，保证有水的同时，保证水质满足饮用水标准，还需进一步落实建设管护体制、经费，建立长效运行机制。城镇居民饮用水主要靠市政自来水管网输送，虽然出厂自来水合格，但可能被输水管网污染。应增加终端水质检测，进一步明确饮用水安全保障制度和运行机制，更好地保障饮用水安全，呵护公众身体健康。

在推进黄河流域生态保护和高质量发展过程中，河南要以郑州大都市区建设为引领，系统推进水资源节约集约利用，为黄河流域高质量发展提供高效保障。

6.建立健全水权交易制度

2017年黄河总取水量为519.16亿米^3，已经接近全年水资源总量572.91亿米^3，但用水效率不高、用水方式粗放。建立水权交易制度是推动用水方式由粗放向节约集约转变、破解水资源瓶颈问题的重大举措，即政府依据一定规则把水权分配给使用者，并允许水权所有者之间自由交易，用水效率低的水权人可考虑用水的机会成本而主动节约用水，并把部分水权转让给用水边际效益大的用户。市场调节机制使水资源流向高效益领域，变"向政府要水"为"去市场找水"。

2017年河南省水权收储转让中心成立，标志着水权交易制度在河南全面实施。除了用户之间通过交易机制相互转让水权外，政府还能以略高于交易价的价格回购大家节约出来的水，这样就能够激励农民主动节水。农民还可利用政府回购水权获得的收入购买灌溉新设备，进一步提高节水水平。水权交易制度在河南省实施时间不长，虽然取得了不少成效，但还需要继续完善交易制度，发展多种形式的水权交易，进一步激发节水内生动力，促进各行业节水，扩大交易规模，完善交易规则，优化交易系统，健全监管体系和价

---

① 资料来源：黄河流域饮用水安全保障策略及建议.群众新闻网，https://esb.sxdaily.com.cn/pc/content/202007/31/content_732627.html。

格形成机制，制定水权交易平台发展规划，从而达到盘活水资源存量、促进全社会节水的目的。

7. 丰水年适当补充地下水

黄河来水往往是丰枯交替。2018～2019年度黄河来水情况表明，该年度属于丰水年，全年计划分配指标261.40亿米^3，实际耗水232.50亿米^3，有28.90亿米^{3}黄河水未被使用，九省区中仅河北实际耗水超过年度计划分配指标0.19亿米^3，其余八省区均有富余，山西富余达13.17亿米^3，但山西运城、太原地区却存在地下水漏斗区。因此，对于地下水超采省区，可考虑通过工程措施，将丰水年的剩余水量适当补给地下水，增加地下水补给量，这有助于维持区域生态系统功能的稳定。

第四节 黄河流域经济高质量发展战略

习近平在河南主持召开黄河流域生态保护和高质量发展座谈会时强调："黄河流域生态保护和高质量发展，同京津冀协同发展、长江经济带发展、粤港澳大湾区建设、长三角一体化发展一样，是重大国家战略。""积极探索富有黄河流域特色的高质量发展新路子"（习近平，2019）。经济发展是高质量发展的基础支撑和根本保证，要因地制宜构建现代产业体系，夯实黄河流域高质量发展的经济基础。

一、黄河流域在全国经济发展格局中具有"平衡南北方，协同东中西"的地位与作用

黄河是中华民族的母亲河。黄河流域交通区位重要，地处亚欧大陆桥中心，处于承东启西、联接南北的战略要地，是全国"两横三纵"城市化战略格局中陆桥通道的重要组成部分。黄河流域产业基础较好，拥有丰富的煤炭、石油、天然气、矿产、电力等资源，有中国的"能源流域"之称，是全

国重要的能源原材料基地。其工业门类齐全,装备、有色、食品产业优势突出,电子信息、汽车、轻工等产业规模迅速壮大,形成了比较完备的产业体系;市场潜力巨大,城镇化率达到54%,正处于工业化、城镇化加速推进阶段,投资和消费需求空间广阔,市场优势日益显现;人口总量大,劳动力素质不断提升,是全国劳动力资源最为丰富的区域之一。开放型经济快速发展,全方位开放格局逐步形成;文化底蕴深厚,是中华民族和华夏文明的重要发源地,历史悠久,拥有大量珍贵的历史文化遗产和丰富的人文自然资源;粮食优势突出,农业生产条件优越,是我国重要的农产品主产区。根据《中国统计年鉴2018》,2017年黄河流域粮食产量达到1.93亿吨,占全国的29.1%;小麦产量0.74亿吨,占全国的54.9%。

区域差异大、发展不平衡是我国的基本国情。习近平总书记在党的十九大报告中强调"实施区域协调发展战略","建立更加有效的区域协调发展新机制"。《中共中央 国务院关于建立更加有效的区域协调发展新机制的意见》指出,要促进区域协调发展向更高水平和更高质量迈进。近年来,我国以西部、东北、中部、东部四大板块为基础,以"一带一路"建设、京津冀协同发展、长江经济带发展、粤港澳大湾区建设等重大战略为引领,促进区域间相互融通与协调发展。但是,在我国南北两翼建设和培育的这四大经济支撑带中间,还需要充分发挥黄河流域横跨东部、中部、西部三大板块的区位优势,坚持共同抓好大保护、协同推进大治理,开创黄河流域生态保护和高质量发展新局面,才能构筑完善的区域经济协调发展新支撑体系。此外,伴随着西部大开发、中部崛起等区域发展战略的实施,东西部的区域发展差距不断缩小,中国区域经济的分化状况从传统的"东西差距"变成了"南北差距"。黄河流域占北方经济的"半壁江山",面积、常住人口数量、GDP总量、地方财政一般预算收入分别占北方地区[①]的44.21%、57.72%、55.84%、48.93%,工业增加值、全社会固定资产投资占北方地区的比重达到60.99%和61.96%。

---

① 北方地区包括黑龙江、吉林、辽宁、北京、天津、河北、山东、山西、河南、内蒙古、陕西、甘肃、青海、宁夏、新疆等省(自治区、直辖市)。南方地区包括江苏、安徽、上海、浙江、福建、江西、湖北、湖南、四川、重庆、云南、贵州、西藏、广西、广东、海南等省(自治区、直辖市)。参见:杨丹,常歌,赵建吉.黄河流域经济高质量发展面临难题与推进路径[J].中州学刊,2020,(7):28-33。

二、黄河流域经济发展质量不高的问题较为突出

1. 经济增速逐步放缓

黄河流域在较长时期内的经济增速领先于全国平均水平以及长江流域，在 2004～2008 年明显高于长江流域。但是，在 2008 年国际金融危机后，黄河流域经济增速明显放缓。根据《中国统计年鉴 2018》计算得到，2017 年黄河流域 GDP、工业增加值、财政收入占全国比重分别为 21.75%、23.44%、18.11%，而长江流域则高达 43.79%、44.06%、44.84%。由于经济增长的滞后，黄河流域 GDP 占比与长江流域的差距还在持续加大。

2. 内部发展不平衡

受到资源禀赋、发展基础、国家区域发展政策等因素的影响，黄河流域内部经济发展极不平衡。作为东部沿海发达地区，2018 年山东省的 GDP 总量、工业增加值、地方财政收入、全社会固定资产投资等指标分别是排名第二位的河南省的 1.63 倍、1.56 倍、1.79 倍、1.24 倍，比青海、宁夏、甘肃、山西、内蒙古、陕西等 6 个省区的总和还要多。青海省的 GDP 总量、工业增加值、地方财政收入、全社会固定资产投资等指标仅相当于山东省的 3.61%、3.53%、4.04% 和 7.04%。山东省人均 GDP 高达 72 807 元，为黄河流域平均值的 1.44 倍，为甘肃省的 2.55 倍。

3. 重化工业化特征明显

黄河流域专业化部门主要集中于资源能源产业和重化工业，煤炭开采和洗选业是 5 个省区排名前五位的专业化部门，其中，山西、内蒙古的区位商[①]分别达到 18.94、10.13；有色金属冶炼和压延加工业是 6 个省区排名前五位的专业化部门，其中，甘肃、青海的区位商分别达到 5.67、6.69；石油和天然气开采业是 4 个省区排名前五位的专业化行业部门，其中，甘肃、青海的区位

---

① 区位商主要用来反映区域产业结构中的专业化部门。其计算公式为 $R_{ij} = (e_{ij}/e_j) / (E_i/E)$，其中，$R_{ij}$ 表示 j 区域 i 产业的区位商；e_{ij} 为 j 区域 i 产业的总产值；e_j 是 j 区域所有产业的总产值；E_i 为上级区域 i 产业的总产值；E 为上级区域所有产业的总产值。此处数据根据《中国统计年鉴 2018》相关数据计算所得。

商分别达到 10.5、10.45。从资源开采及其加工业所占的比例看，黄河流域为 36.34%，高于全国平均水平 9.17 个百分点。除山东、河南和陕西外，其他省区的资源开采及其加工业所占比例均达到 60% 以上，山西甚至高达 73.93%。在技术密集型产业方面，除山东个别部门外，整体发育水平不高。

4. 创新能力较弱

根据科技部发布的《中国区域科技创新评价报告 2018》，在综合科技创新水平指数中，排名前十位的省份中，黄河流域仅有陕西和山东入围。黄河流域的综合科技创新水平指数的均值为 52.83%，仅相当于全国平均水平的 75.9%。黄河流域各省区规模以上工业企业 R&D 经费支出额、亿元工业增加值 R&D 经费支出额、国内三种专利申请数、授权数分别相当于全国平均水平的 81.83%、83.27%、54.23%、50.81%。国家高新区是国家创新体系建设的重要载体，截至 2019 年，我国有 169 个国家级高新区，其中，黄河流域有 37 个，占全国的比例为 21.9%。黄河流域每个省区平均拥有国家级高新区 4.63 个，比全国平均水平低 1 个。2009 年国务院批复建设中关村国家自主创新示范区，截至 2019 年共批复建设国家级自主创新示范区 19 家，涉及 52 家国家高新区。其中，黄河流域仅有 4 个国家自主创新示范区，涉及 12 个高新区；而长江流域有 9 个国家自主创新示范区，涉及 23 个高新区。

5. 对外开放水平相对偏低

从进出口总额和外商实际投资额的增速看，黄河流域呈现明显上升趋势，但规模相对较小。2017 年，长江流域进出口总额为 17 919 亿美元，占全国进出口总额的比例为 43.63%，而黄河流域仅有 4240 亿美元，占全国进出口总额的 10.32%，仅相当于长江流域的 23.66%，比 GDP 占全国的比例低了 11.5 个百分点。黄河流域实际利用外商直接投资金额为 6428 亿美元，仅相当于长江流域的 22.48%。黄河流域实际利用外商直接投资金额占全国的比例仅为 9.32%，比 GDP 占全国的比例低了 12.48 个百分点。

6. 中心城市辐射带动能力弱

国家中心城市是带动区域经济发展的重要增长极。黄河流域仅拥有郑州、西安 2 个国家中心城市，而长江流域拥有 4 个。在国家中心城市中，郑州和西安 GDP 总量处于后两位，总体经济实力也薄弱。在全国省会城市的经济排名中，仅郑州和济南相对靠前，太原、兰州、银川、西宁排名较为靠后，黄河流域大多数省会城市排名在全国仍处于中下游水平，总体经济实力相对较弱。根据 27 个省会城市的首位度计算结果，黄河流域省会城市首位度并不高，其中，济南、呼和浩特位于后两位，郑州、太原位于中下游，西安、西宁、兰州、银川相对较高，但是由于其本身经济实力较弱，辐射带动能力较为有限。

三、构建现代产业体系 加快黄河流域经济高质量发展

1. 因地制宜制定经济发展战略

黄河上、中、下游地区资源禀赋不同、发展基础各异，应坚持因地制宜，探索富有地域特色的高质量发展道路。上游地区地广人稀、生态脆弱、资源富集，经济发展和城镇化水平较低，要合理布局城镇与产业，实现经济社会发展和生态环境的双赢，要加强环境保护，减少和防止对生态系统的干扰和破坏。中游地区能源资源极为富集，但环境问题也比较严重。应进一步增强能源开发利用和调配能力，加强生态环境治理与修复，积极培育接续替代产业。下游地区人口和劳动力资源丰富，经济发展水平较高。应坚持集聚集约发展，持续转换发展动能，加快发展郑州、济南、青岛等中心城市，提高其经济和人口承载能力。

2. 加快构建现代产业体系

构建现代产业体系是实现经济高质量发展的关键所在。要着眼新一轮科技革命和产业变革，因地制宜建立现代化产业体系，夯实黄河流域高质量发展的产业支撑。一是先进制造业。加快提升制造业高端化、智能化、绿色化、服务化水平，发挥先进制造业"压舱石"的作用，挺起黄河流域经济发展的"脊梁"。做大做强新一代信息技术、装备制造、现代食品制造等产业，提高园区化、集群化、高端化发展水平。瞄准未来产业竞争制高点，加快发展高端装备制造、新一代信息技术、节能环保、现代生物、新材料、新能源、新能源汽车等战略性新兴产业；统筹推进沿海、远海、深海、陆海产业发展，

大力培育海洋高端装备、海洋生物医药、海洋能源、海水综合利用等新兴产业。在巩固去产能成果和推进降成本、补短板的基础上，加快实施传统产业绿色、智能、技术"三大改造"，推动制造业与新一代信息技术在钢铁、有色金属、食品、服装等传统产业的深度融合发展，大力推进智能制造、大规模个性化定制、网络化协同制造和服务型制造。二是现代服务业。以服务实体经济、延伸重点产业链为着力点，重点发展现代物流、金融保险、电子商务、会展服务等生产性服务业；推动云计算、大数据、物联网等信息技术在生产性服务业的应用，加快培育生产性服务业新业态；加快推进青岛、郑州、西安、兰州等国家物流枢纽建设，加快青岛财富管理金融综合改革试验区建设，积极打造全球金融中心。依托国家知识产权服务业集聚发展示范区、高新技术产业开发区和高新技术产业化基地，大力发展研发设计、技术转移、科技咨询、创业孵化、知识产权服务、检验检测服务等生产性服务业。三是现代农业。坚持藏粮于地、藏粮于技战略，实施耕地质量提升计划，加快高标准农田建设。严守耕地红线，全面完成粮食生产功能区和重要农产品生产保护区划定。着力推动农业由增产导向转向提质导向，提高农业综合生产能力和质量效益，推动农业发展绿色化、优质化、特色化、品牌化。以市场需求为导向，大力推动农业与第二、第三产业的融合发展。打造一批融现代农业、文化创意、旅游观光、休闲娱乐、养生度假、美丽乡村建设于一体的可持续发展的田园综合体。

3. 深入实施创新驱动发展战略

首先，强化企业创新主体地位。引导各类创新要素向企业集聚，使企业成为创新决策、研发投入、科研攻关、成果转化的主体。鼓励企业牵头建设产业技术创新联盟，实施企业创新创业协同行动，支持大型企业开放供应链资源和市场渠道，开展内部创新创业，带动产业链上下游发展，促进大中小微企业融通发展。其次，加快重大创新平台建设。突出关键技术、前沿引领技术、现代工程技术、颠覆性技术创新，鼓励企业和科研机构积极承担并参与国家重大科技项目。最后，打造区域创新发展载体。加快建设山东半岛国家自主创新示范区、郑洛新国家自主创新示范区、西安国家自主创新示范区、兰白国家自主创新示范区等国家自主创新示范区，深入推进创新型城市建设，支持创建国家级高新区。深入推进创新创业，支持国家"双创"示范基地、国家小型微型企业创业创新示范基地、国家中小企业公共服务示范平台建设，培育一批创业孵化示范基地和农村创新创业示范基地。

4.打造开放发展新格局

参与共建"一带一路"，深化在能源资源、农业、装备制造、科技、旅游、文化等领域的合作，推动企业、产品、技术、标准、品牌、装备和劳务"引进来""走出去"。强化青岛、烟台等海上合作战略支点的作用，推进与海上丝绸之路沿线国家和地区港口城市间的互联互通。发挥内蒙古联通俄蒙的区位优势，完善黑龙江对俄铁路通道和区域铁路网，推进构建北京－莫斯科欧亚高速运输走廊，建设向北开放的重要窗口。依托中原城市群、呼包鄂榆城市群等重点区域，打造成都、郑州等内陆开放型经济高地。支持郑州、西安等内陆城市建设航空港、国际陆港。发挥陕西、甘肃综合经济文化优势和宁夏、青海民族人文优势，打造西安内陆型改革开放新高地，加快兰州、西宁开发、开放，推进宁夏内陆开放型经济试验区建设。依托国家自主创新示范区、国家级新区、国家级经济技术开发区、国家级高新技术开发区和海关特殊监管区域，加快体制机制创新。积极推进中国（山东）自由贸易试验区、中国（河南）自由贸易试验区、中国（陕西）自由贸易试验区建设，加快国际贸易"单一窗口"建设，依托电子口岸，建设集申报、监管、物流及金融等政务和商务服务于一体的单一窗口平台。加强与沿海沿边口岸海关合作，实现通关一体化。深化贸易便利化改革，大力发展跨境电子商务、外贸综合服务、保税展示交易等外贸新业态、新模式。

5.加强区域分工合作

积极借鉴我国长江流域、珠江流域等综合发展的经验，提升黄河流域整体开发水平和质量。深化山东半岛城市群、中原城市群、关中天水城市群、兰州－西宁城市群的合作，在产业转移、要素配置、人文交流等方面开展协作，促进资源共享、共同发展。支持区域一体化进程，鼓励有条件的地区联合推进跨省交通通道建设，在电力、煤炭、天然气、油品供应和运输，以及水资源利用等方面开展合作。加强产业统筹协调，完善产业分工协作体系，打造区域优势产业链，实现产业对接、错位发展。支持黄河流域各省合作编制产业结构调整指导目录。按照扶持共建、托管建设、股份合作、产业招商等多种模式，创新园区共建与利益分享机制。加强科技合作协同创新，推动国家重大科研基础设施和大型科研仪器等科技资源开放共享。支持组建区域性行业协会、产业创新联盟、开发区联盟等社会团体。加快晋陕豫黄河金三角地区承接产业转移示范区建设，支持开展区域协调发展试验，打造中西部地区合作发展的重要平台。探索跨区域产业合作、利益共享、产业与生态融合发展、投融资体制改革创新等新机制。

6. 推进要素市场一体化建设

全面清理和废除妨碍统一市场形成和公平竞争的各种地方性法规和政策，加快构建统一开放、竞争有序、充满活力的区域市场体系。实施统一的市场准入制度和标准，推动劳动力、资本、技术等要素跨区域流动和优化配置。健全知识产权保护机制。推动社会信用体系建设，扩大信息资源开放共享，提高基础设施网络化、一体化服务水平。深入推进公共资源交易平台整合共享，探索开展资源性产品使用权跨省交易。整合流域公共就业和人才服务信息平台，建立一体化的人力资源市场。

7. 营造良好营商环境

持续深化"放管服"改革，建设包容创新、审慎监管、运行高效、法治规范的服务型政府，构建亲清新型政商关系。推动政府职能转变，进一步减少审批事项，规范审批程序，提高审批效率，进一步改善政务服务质量，打造国际化、法治化营商环境。加快形成与国际惯例接轨的管理和服务体系，进一步开放市场投资领域，降低、取消行业准入门槛，不断简化外资企业准入程序，全面实行准入前国民待遇加负面清单管理模式。深入推进政务信息系统整合共享，加快推进"互联网＋政务服务"，全面实行并联审批、阳光审批、限时办结等制度。加大商事制度改革力度，深化"先照后证"改革，扩大"证照分离"改革试点范围，全面推进"多证合一"改革，推行企业登记全程电子化和电子营业执照。加强社会信用体系建设，完善跨地区、跨部门、跨领域的守信联合激励和失信联合惩戒机制。

第五节　黄河文化保护传承战略

　　黄河是中华民族的母亲河，根植于黄河流域的黄河文化是中华文明中最具代表性、最具影响力的主体文化。习近平总书记明确指出："黄河文化是中华文明的重要组成部分，是中华民族的根和魂。要推进黄河文化遗产的系统保护，守好老祖宗留给我们的宝贵遗产。要深入挖掘黄河文化蕴含的时代价值，讲好'黄河故事'，延续历史文脉，坚定文化自信，为实现中华民族伟大复兴的中国梦凝聚精神力量。"（习近平，2019）深入学习、认识黄河文化的历史地位与时代价值，抓住历史性机遇，保护传承弘扬黄河文化恰逢其时。

一、黄河文化是中华文明的"根"和源头

　　黄河流域是中华民族先民早期最主要的活动地域，也是中国早期文化形态的主要诞生地。在旧石器时代，出现了山西西侯度猿人、陕西蓝田猿人、大荔猿人、山西襄汾丁村早期智人、内蒙古乌审旗大沟湾晚期智人的活动。到新石器时代，在黄河流域形成了马家窑文化、齐家文化、裴李岗文化、老官台文化、仰韶文化、龙山文化、大汶口文化等。这些新石器文化是黄河文化发展伊始的主要形态，也是中华文明的起点。进入文明社会以后，黄河流域先后兴起了夏、商、周文化；从春秋战国到秦汉王朝大一统时代，黄河流域经历了秦文化、三晋文化、齐鲁文化等多文化并立和多元一体的文化融合发展，形成了黄河文化完整的文化体系。在随后历经千年的中原王朝发展过程中，黄河文化作为一种主体文化不断吸收北方游牧文化，并向江淮流域和珠江流域持续进行文化输出，融合其他地域文化，最终形成了以黄河文化为核心、多元一体的文化体系——中华文明。中华文明历史表明，黄河流域在中华民族形成过程中发挥了关键的凝聚作用，黄河文化是中华文明最重要的直根系。

二、黄河文化是中华民族"魂"之所附

在唐宋以前，黄河流域一直是中国政治、经济和文化活动中心，黄河流域以其先进的农业经济为基础，用自身深厚的经济与文化内涵和强大的传统习俗力量，对各个少数民族产生巨大的感召力和同化力。在长江流域强大经济优势和北方游牧文化在政治作用下持续输入的双重背景下，黄河文化以开放和包容的姿态，将其自身融入一个更大范围的中华文明之中，并通过文化交流不断吸收和融合其他地域文化，引领着华夏文明的发展，积累和传承了丰富的中华民族集体记忆。在生计文化层面，象征着古代先进物质文明的农业生产技术、天文历法、数理算术、传统医药、灌溉工程、四大发明等大都产生于此，并向全国乃至全球扩散，对后世影响深远；在制度文化层面，以农耕经济为基础的宗法制度、政治制度、社会制度及治理理念、历史习俗等延续至今，对现代文明的影响依然可见；在意识形态层面，炎黄始祖传说和诸子百家思想影响深远，中国历史上的旷世史学、文学巨作、宗教信仰、伦理观念等大都诞生于此，并成为中华文明的精髓，深刻影响着中华民族的民族心理与性格。黄河文化因此成为华夏文明发展演变的主轴，也成为中华民族"魂"之所附。

三、黄河文化蕴含重要时代价值

黄河文化蕴含的精神内涵具有重要的时代价值，对中华民族的伟大复兴具有重要意义，这决定了保护传承弘扬黄河文化的必要性。

1. 黄河文化是增强中华民族文化自信的重要载体

坚定文化自信，能够为中华民族实现伟大复兴提供精神力量保障。中国特色社会主义文化包括中华民族在农耕文明时代所创造的优秀传统文化，也涵盖中国共产党领导人民在革命、建设和改革事业中创造的先进文化。在农耕文明时期，黄河流域是中华民族的发源地，是几千年历史长河中中华民族最主要的政治、经济、社会、军事、文化活动中心。这里诞生了璀璨绚丽的

物质文明和精神文明，构成了中华文明的主要组成部分，并长期领先于世界科技文化发展水平。同时，黄河文化也通过贸易、文化交流、政治外交等扩散至中东、南亚、西欧等地，丝绸、茶叶、瓷器等农业及手工业产品和先进的生产技术（如四大发明等）、文化艺术等也从这里走向世界，至今对世界发展产生重要影响。唐宋时期的都城长安和东京汴梁成为当时全球范围内最发达的国际性大都市，其形成的城市文明对世界文明影响深远。在近现代中国共产党领导人民进行革命、建设和改革发展时期，黄河流域的陕甘宁边区是中国抵御侵略和解放战争的战略决策中心，在中国近现代发展历程中影响深远。黄河文化以其博大深厚的文化内涵深刻影响着中国近现代的革命事业，同时创造性地吸收马克思主义思想，在实践中发展出了红色文化、爱国主义及生态文明等新的文化内涵，为黄河文化乃至中华文明增添了新鲜的内容。从古代到近现代，黄河流域长期居于中华民族的政治、经济和文化活动中心，黄河文明经久不息，是世界上唯一未曾中断的文明，彰显了其在中华文明中的主体地位、在世界历史上的巨大影响力、在历史长河中历久弥新的顽强生命力和巨大创造力。保护传承弘扬黄河文化，有利于增强中华民族的文化自信，为中华民族伟大复兴提供精神力量。

2. 黄河文化蕴含"天人合一"的自然伦理观

黄河文化是一种农耕文化，是中华民族先民在与自然的和谐相处中创造的物质文明与精神文明。农耕生活要求天时、地利，顺应自然规律，黄河流域先民们在漫长的生产生活实践中总结了和谐的三才观、趋时避害的农时观、变废为宝的循环观、御欲尚俭的节用观等（康涌泉，2013）。这都体现黄河文化天地人和的思想，"应时、取宜、守则、和谐"是其主要内涵，强调要把天地人统一起来，按照大自然的规律活动，取之有时、用之有度。习近平总书记指出："自然是生命之母，人与自然是生命共同体，人类必须敬畏自然、尊重自然、顺应自然、保护自然。"（中共中央宣传部，2019）保护自然就是保护人类，建设生态文明就是造福人类。生态文明建设是关系中华民族永续发展的根本大计，当前在人地关系矛盾突出的时代背景下，黄河文化为新时代生态文明建设提供了历史经验和智慧，有助于探寻人地关系和谐发展的根本途径。

3.黄河文化是增强民族认同感、维系国家统一和民族团结的精神文化支柱

黄河流域是华夏民族形成的地域，诞生了关于伏羲及炎黄二帝等华夏始祖的传说，并流传至今，缔造了中华儿女根深蒂固的根亲观念。"万姓同根，万宗同源"成为中华民族的民族心理，黄河流域成为海内外中华儿女共同向往的根脉之地。在尧舜禹时代，黄河流域水害频发，受水灾影响的部落逐渐聚集于适宜农桑的地域，共同应对水害，使原始封闭的氏族逐渐联合形成部落联盟。中华民族大一统的主流意识也正是萌发于黄河泛滥的逆境之中。秦王朝统一六国后，建立了以黄河流域为政治中心的首个统一的、多民族中央集权国家，实行"车同轨，书同文，行同伦"，进一步消除地域差异和解决社会矛盾，以追求国家长治久安。秦王朝尽管二世而亡，但缔造了中华民族追求大一统、大融合的民族文化。在随后的王朝更替过程中，中华大地也曾出现四分五裂的阶段，但最终都走向统一，实现大一统的国家形态，华夏文明也得以延续。不仅如此，中央王朝的疆土版图大多以黄河流域的中原地区为中心向周边地区不断拓展，并通过人口迁徙、贸易和文化交流等将大一统的价值理念向周边地域扩散，走向大一统和大融合已成为中华大地上共同的追求与信仰。黄河文化传承至今的"同根同源"的民族心理和"大一统、大融合"的主流意识，是我国增强民族认同感、维系国家统一和民族团结的精神文化支柱。在当前国际环境复杂多变的背景下，黄河文化可为实现中华民族伟大复兴和国家统一提供精神动力。

4.黄河文化具有包容开放的特质

黄河文化是在黄河流域与北方、西部、南方少数民族的攻守战，以及与亚洲、欧洲及非洲各国的文化交流中逐渐形成的。在早期中国，得益于黄河流域优良的气候、土壤等地理条件，黄河流域社会经济发展在全国乃至全球长期处于领先地位，黄河流域长期处于中国政治、经济、文化的核心地带，中国对外经济联系、文化交流、政治外交也主要兴起和发展于这一地区。早在汉朝（西汉、东汉），中央政权就曾派遣张骞、甘英等出使西域，开辟了从长安（今西安）经甘肃、新疆，到中亚、西亚，并连接地中海各国的陆上通

道，建立起中原王朝与西亚和欧洲的政治、贸易等联系。这条通道也成为古代中国与西方政治、经济、文化往来的主要通道，即丝绸之路。隋唐时期，丝绸之路交往进入繁荣鼎盛时期，经济贸易往来频繁，对外文化交往极为活跃，日本、新罗、天竺等国家派遣大量使节、留学生等来华进行文化、政治交流。中央机构还设置"四方馆"以专门管理对外贸易，制定对外国商人的优惠政策。宋朝时，中国对外开放走向巅峰，高度重视对外贸易。尽管北方少数民族政权的崛起阻断了陆上丝绸之路，但宋政权依旧在宋辽、宋夏开设互市榷场，互通有无，进行经济、文化交流，陆上丝绸之路的起点城市向东延伸至北宋都城汴京。宋政权还大力发展海上贸易，也欢迎远人来华定居，在北宋汴京设有犹太人聚居点。在对外开放与交流过程中，黄河文化不仅扩大了自身影响力，也不断从其他地域和民族文化中汲取营养，从而形成了具有开放、包容气质的中华文明。黄河文化与周边国家及地区的交流交融，为构建人类命运共同体提供了历史范本。

第六节　重大战略问题

一、打造西安－郑州－济南国家级黄河创新走廊

国内外创新发展的经验表明，将一条或多条快速通道作为连接轴建设创新走廊，是多个城市跨区域合作的一种重要模式。打造科技创新走廊，是把握科技创新的区域集聚规律、因地制宜探索差异化的创新发展路径的有益实践。黄河流域集聚了山东半岛、郑洛新、西安、兰白等国家自主创新示范区，郑州、西安、济南等已有和在建的国家中心城市，打造西安－郑州－济南国家级黄河创新走廊，对于支撑黄河流域及北方地区的新旧动能转换和经济高质量发展具有重要意义。依托黄河流域国家级自主创新示范区、新旧动能转换示范区、国家级高新区等载体，集聚高层次创新型人才、国内外先进科研成果、具有国际竞争力的创新型企业，抢占关键核心技术制高点，构建多层次创新平台体系，营造一流创新生态，打造继沪嘉杭（G60）科创走廊、广深

科创走廊、京雄科技创新走廊之后的国家级黄河创新走廊，加快推动黄河流域生态保护和高质量发展。

二、建设和培育“两横三纵”发展轴

依托陇海铁路、连霍高速、路桥高速铁路，打造西宁－兰州－西安－郑州发展轴，形成连接黄河流域上中游的发展轴线。依托济青高铁、济太高铁，加快建设太银高铁、济南－滨州－东营高速（城际）铁路，打造银川－太原－石家庄－济南－滨州－东营发展轴，形成连接黄河流域上中下游、东中西部的北部发展轴线。

加快培育郑州－济南发展轴线，打造豫鲁两省区合作发展的重要通道。一是加快推动郑济高铁建设，打造郑州－新乡－濮阳－聊城－济南通道；二是依托京沪高速、京沪高铁，加快建设日兰高铁，打造郑州－开封－菏泽－济宁－泰安－济南通道。加快推动包西高铁建设，培育包头－鄂尔多斯－榆林－延安－铜川－西安发展轴，打造呼包鄂榆城市群和关中平原城市群的便捷通道。

三、发挥山东半岛城市群龙头作用

山东半岛城市群城市密集，外资进入集中，开发区密集，制造业聚集，自然资源和历史人文景观丰富。区位优势也明显，紧靠日朝韩，水陆空交通便捷，港口集中。以济南、青岛两市为核心，协同周边城市发展，优化调整行政区划，做大做强济南、青岛两个都市圈。建立中心城市牵头的都市区协同发展机制，支持建设一体化发展和承接产业转移示范区，促进烟威、东滨、济枣菏等都市区同城化发展。强化济南、青岛、烟台新旧动能转换的“三核引领”作用，优化行政区划和功能布局，增强综合承载能力和创新要素聚集能力，促进城市群一体化、网络化发展。加快推进中国（山东）自由贸易试验区建设，加快国际贸易“单一窗口”建设，依托电子口岸，建设集申报、监管、物流及金融等政务和商务服务于一体的单一窗口平台。强化黄河流域高质量发展的海陆统筹，发挥青岛、烟台等港口功能优势，建立以“一单制”

为核心的多式联运服务体系，构建东连日韩、西接欧亚大陆的东西互联互通大通道。

四、依托中心城市建设一批具有竞争力的都市圈

发挥国家中心城市在引领区域经济转型升级、资源高效配置、技术创新扩散等方面的积极作用，加快建设西安国家中心城市，大力推进西咸一体化，强化面向西北地区的综合服务和对外交往门户功能，打造西部地区重要的经济中心、对外交往中心、丝路科创中心、丝路文化高地、内陆开放高地、国家综合交通枢纽；加快建设郑州国家中心城市，进一步推进郑开同城化，着力发展枢纽经济，建设具有创新活力、人文魅力、生态智慧、开放包容的国家中心城市，在引领中原城市群一体化发展、支撑中部崛起和服务全国发展大局中做出更大贡献；支持济南争创国家中心城市，辐射带动黄河流域下游地区发展，高水平建设山东新旧动能转换综合试验区。城市群是新型城镇化主体形态，是支撑全国经济增长、促进区域协调发展、参与国际竞争合作的重要平台。都市圈是城市群内部以超大特大城市或辐射带动功能强的大城市为中心，以 1 小时通勤圈为基本范围的城镇化空间形态。其依托省会城市及区域（副）中心城市，以促进中心城市与周边城市（镇）同城化发展为方向，以推动统一市场建设、基础设施一体高效、公共服务共建共享、产业专业化分工协作、生态环境共保共治、城乡融合发展为重点，培育发展西宁－海东都市圈、兰州－白银都市圈、西安都市圈、郑州都市圈、洛阳都市圈、太原都市圈、呼和浩特都市圈、济南都市圈、青岛都市圈，形成区域竞争新优势，为城市群高质量发展、经济转型升级提供重要支撑。

五、加快推进黄河"几"字弯都市圈协同发展

黄河"几"字弯区域是黄河流经的甘肃、宁夏、内蒙古、陕西、山西等五省(区)接壤地带，是世界闻名的文化发祥区。黄河"几"字弯都市圈包括太原、呼和浩特、银川 3 个省会（首府）城市，以及宁夏吴忠、中卫，内蒙古乌海、巴彦淖尔、包头、鄂尔多斯，陕西榆林，山西朔州、忻州、吕梁

等主要城市。加快推进黄河"几"字弯都市圈在产业转移、要素配置、人文、文化旅游交流等方面开展协作,促进资源共享、共同发展。一是推动基础设施互联互通。加大力度、共同努力,推进交通设施快联快通,加快高速铁路通道建设,让人流、物流、资金流、信息流、项目流更加畅通。二是共同加强顶层设计。探索在区域规划中实行"多规合一",协力推动互联互通互融。三是加快产业对接融合。在产业发展上实现错位发展、配套发展、协同发展。四是打破要素流动障碍。打破地域分割、隐形壁垒和制度障碍,促进科技人才、信息等各类要素的有序、自由流动和优化配置。

六、强化跨界合作

1. 跨省合作——打造豫鲁跨省合作发展示范区

豫鲁两省均为人口大省、粮食大省、经济大省、文化旅游大省,合作基础较好、潜力较大。加快构建郑州－新乡－濮阳－聊城－济南、郑州－开封－菏泽－济宁－泰安－济南等跨区域快速交通通道,以开封－菏泽、濮阳－聊城等城市为核心,围绕创新资源协同融合、产业体系协作分工、基础设施互联互通、生态环境共保共治、市场体系统一开放、智慧服务水平提升、公共服务共建共享等重点领域,加强规划对接、战略协同、市场统一、生态改善、民生共享,积极打造黄河流域跨省合作发展的先行区和示范区。

2. 跨城市合作:打造黄河金三角等省际交界地区合作发展示范区

晋豫陕黄河金三角地区承东启西、沟通南北,产业发展的基础良好,产业关联度比较高,既可优先接受东部沿海地区的产业转移,集聚自身发展力量,又能以此为平台辐射广大的中西部地区。晋豫陕黄河金三角承接产业转移示范区是我国首个跨省设立的承接产业转移示范区,也是唯一横跨中西部的示范区。示范区的建立以晋豫陕黄河经济协作区为基础,三省四市之间已经有20多年的合作经验,并形成了较为完善的合作机制。示范区应遵循市场经济规律,打破行政体制障碍,以整合区域优势资源、创新区域合作机制、协调区际利益关系为重点,探索省际交界地区合作发展新路径,为促进区域互动合作发展和体制机制创新提供典型示范。加快推动兰州－西宁城市群、呼包鄂榆城市群、中原城市群等城市群内部城市的互动合作。

3. 都市圈内部合作：打造郑北平原新区探索跨河发展新模式

把郑州与平原新区作为国家大河流域左右岸跨界融合发展的示范区进行建设和推进。在综合交通网络、产业体系、创新发展、生态保护、城镇化建设、社会事业等经济社会发展各个领域全面加强郑州与平原新区的联系和对接，加快郑州与平原新区的"大融合"，打造大都市区北部综合交通枢纽和商贸物流中枢、中部地区先进制造业基地、中部地区创新创业新高地、生态宜居的文旅康养休闲区，为郑州打造国家中心城市拓展新的发展空间。不断完善跨区域合作的税收分成机制、利益分享机制，探索大都市区跨河发展新模式。

七、加快体制机制创新

1. 构建黄河流域生态保护和高质量发展的协调机制

在政府层面，加强国家层面协调指导，统筹研究解决黄河流域发展中的重大问题，推动建立黄河流域生态保护和高质量发展部际联席会议制度。要建立跨省区的协作机制，统筹协调区域发展重大问题。建立市长联席会议制度，强化在促进区域合作中的统筹、协调、指导和服务职能，实行重大设施统一规划、重大改革统筹推进，率先在生态环保、基础设施、产业转型等重点领域取得突破性进展。

2. 强化黄河流域生态保护和高质量发展的市场主导

在市场层面，以全面提升流域水环境质量为目的，通过建立跨行政区环境保护联防联控机制，实施黄河干流和主要支流流域水环境污染防治工程，强化水质跨界断面的监测和考核，协调推进上中下游水资源保护与水污染防治工作。建立水权交易制度，依据一定规则把水权分配给使用者，并允许水权所有者之间自由交易，用水效率低的水权人可考虑用水的机会成本而主动节约用水，并把部分水权转让给用水边际效益大的用户。成立或引进基金公司和设立专项资金加快推进生态恢复、产业转型升级。沿黄省区要重点引进、与社会资本共同发起一批以生态环境保护、生物多样性保护、生态修复、产业转型升级投资为特色的基金管理公司，按照市场化方式进行管理。

3.积极发挥第三部门（非政府组织）的作用

鼓励上中下游地区共建开发区联盟，按照扶持共建、托管建设、股份合作、产业招商等多种模式，创新园区共建与利益分享机制。建设黄河流域生态保护和高质量发展智库联盟，聚合沿黄河流域各省区高校、科研院所、企业研发机构、民间智库等学术、科研团体，探索建立一些跨学科、跨研究院所，甚至跨地区的研究团队，就黄河流域生态保护和高质量发展建设理论和实践难点展开联合攻关，提供科学、务实的决策支持。

4.建立健全流域生态保护补偿机制

积极推进黄河生态带生态保护补偿研究，完善生态保护补偿、资源开发补偿等区际利益平衡机制，建立流域市场化、多元化生态补偿机制。设立国家生态补偿基金，推进流域下游对上中游、生态受益地区对生态保护区的横向生态补偿。

参考文献

侯素珍，王平，楚卫斌. 2012. 黄河上游水沙变化及成因分析［J］. 泥沙研究，（4）：46-52.

康涌泉. 2013. 传统农耕文化精髓与现代农业耦合发展机制及模式［J］. 中州学刊，（11）：39-43.

李勃，穆新民，高鹏，等. 2019. 黄河近550年天然径流量演变特征［J］. 水资源研究，4：313-323.

李强，王义民，白涛. 2014. 黄河水沙调控研究综述［J］. 西北农林科技大学学报（自然科学版），42（12）：227-234.

王东. 2018. 黄河流域水污染防治问题与对策［J］. 九三论坛，6：24-25.

王震宇，蔡彬. 2009. 对黄河流域洪水泥沙管理的认识与思考［J］. 中国防汛抗旱，4：4-6.

习近平. 2019. 在黄河流域生态保护和高质量发展座谈会上的讲话［J］. 求是,（20）:
  4-11.

姚文艺, 高亚军, 安催花, 等. 2015. 百年尺度黄河上中游水沙变化趋势分析［J］. 水利
  水电科技进展, 35（5）: 112-120.

姚文艺, 焦鹏. 2016. 黄河水沙变化及研究展望［J］. 中国水土保持,（9）: 55-62.

中共中央宣传部. 2019. 习近平新时代中国特色社会主义思想学习纲要［M］. 北京: 学
  习出版社, 人民出版社: 167-168.

朱莉莉, 张治昊, 卢书慧, 等. 2017. 黄河水沙分布状况及治理思路［J］. 陕西水利,
  （5）: 3-5.

Chen Y P, Wang K B, Lin Y S, et al. 2015. Balancing green and grain trade[J]. Nature
  Geoscience, 8: 739-741.

第四章
黄河流域生态基本特征

第一节 自然地理概况

地形：黄河流域横跨青藏高原、内蒙古高原、黄土高原和华北平原四个地貌单元，地势西高东低，大致分为三个阶梯。第一阶梯主要包括青藏高原，冰川地貌发育，海拔 3000 ~ 5000 米，平均海拔超过 4000 米，常年积雪；第二阶梯主要包括内蒙古高原（河套平原和鄂尔多斯高原）、黄土高原，地势比较平缓，海拔 1000 ~ 2000 米；第三阶梯主要包括黄河下游冲积平原，海拔一般在 500 米以下，少数山地在 1000 米以上。

气候：黄河流域上游兰州以西地区属青藏高原季风区，其余地区为温带和副热带季风区，东南部基本属湿润气候，中部属半干旱气候，西北部属干旱气候。黄河流域气温分布东南部高于西北部，高山低于平原。多年平均气温，上游地区基本低于 6℃，中游地区为 3 ~ 13℃，下游地区为 13 ~ 17℃。黄河流域多年平均降水量由东南向西北递减。中下游地区多年平均降水量在 500 毫米以上，大部分地区（黄河以南）高于 600 毫米。宁蒙河套地区年降水量低于 300 毫米，而内蒙古高原和青藏高原部分地区多年平均降水量不足 100 毫米。

植被：黄河流域以草甸 / 草原、栽培植物为主，荒漠和其他类型也占据较大比重。其中，栽培植被主要分布在中下游地区，草甸 / 草原主要分布在内蒙古东北部，荒漠主要分布在内蒙古中西部和甘肃省北部。根据《中国林业统计年鉴 2017》进行计算得知，黄河流域森林覆盖率为 16.88%（2016 年），低于全国水平[1]。植被呈经度地带性分异，受到季风气候的影响，由东向西依次是农作物、阔叶林、草原和稀疏灌木草原。

土壤类型：黄河流域土壤类型多样，西部地区主要是草甸土，有机质含量高，腐殖质层厚，保水保肥性强，适于农牧业的发展；东部主要为冲积平原、三角洲，地势较平坦，水热条件较好，以潮土为主，可以发展以灌溉为主的农牧业，容易受旱涝灾害影响，发生土地盐碱化；北部及中部地区土壤类型复杂交错分布，北部以栗钙土、棕钙土为主，是土壤腐殖质过程通过积累和钙化形成的，主要用于发展牧业，辅以农业，受水资源制约，容易形成荒漠化；中部以风沙土、绵土为主，风沙土常出现于干旱与半干旱地区，容易随风沙移动，对植被产生破坏，绵土是一种黄土性土壤的总称，主要分布于黄土高原，其剖面发育不明显、表现出明显的母质特征；南部的娄土、棕壤和褐土，适于发展灌溉，但不合理利用也容易出现土壤侵蚀等生态问题。

自然灾害：黄河流域生态脆弱，存在较为严重的自然灾害，具有灾种多、多灾性突出、重灾多、风险大、自然灾害的广布性与地域性明显等特征。就灾害的强度和危害性来看，主要分布在以下四个地区：①黄河上游，西宁－兰州－天水一带，地质构造比较复杂，新构造活动强烈。②晋陕蒙黄土丘陵沟壑区，水土流失剧烈，地形极为破碎，存在严重山洪、崩塌和滑坡危害。③下游沿黄平原区，位于黄河洪泛的高危险带，且旱涝灾害频繁，盐碱危害重。④河套平原区，存在严重盐碱、干旱、风沙危害；地震活动强，潜在危害大。⑤陇中宁夏南部黄土丘陵区，水土流失严重，地震活动频繁。

第二节　水资源概况[2]

黄河属太平洋水系。干流多弯曲，素有"九曲黄河"之称，河道实际流程为河源至河口直线距离的 2.64 倍。黄河支流众多，从河源的玛曲曲果至入

---

① 数据基于《中国林业统计年鉴 2017》数据计算。
② 来源于水利部黄河水利委员会（黄河网，http://www.yrcc.gov.cn/hhyl/hhgk/hd/sx/201108/t20110814_103447.html）。

海口，沿途直接流入黄河，其中，流域面积大于 100 千米^2 的支流共 220 条，众多支流组成黄河水系。支流中流域面积大于 1000 千米^2 的有 76 条，流域面积达 58 万千米^2，占全河集流面积的 77%；大于 1 万千米^2 的支流有 11 条，流域面积达 37 万千米^2，占全河集流面积的 50%。由此可知，较大支流是构成黄河流域面积的主体。黄河多年平均天然径流量为 580 亿米^3，仅占全国河川径流总量的 2.1%，居全国七大江河的第四位，而且在监测区内黄河天然径流量的地区分布很不均匀。流域平均年径流深 77 毫米，只相当于全国平均径流深（276 毫米）的 28%，在全国七大江河中仅略高于辽河。流域人均水量 593 米^3，约为全国人均水量的 23%。耕地亩均水量 324 米^3，相当于全国亩均水量的 18%。

黄河流域 2017 年地下水资源量占全国的 15.9%，地表水资源量仅占全国的 7.78%，而用水量则是 16.7%[1]。黄河流域八省区[2] 2017 年共计用水量 1007.2 亿米^3，其中，59.5% 来自地表水供应，37.7% 来自地下水供应。黄河生态带用水结构中，农业用水占 66.2%，工业用水占 14.0%，生活用水消耗 12.9%，生态环境用水低于 7%（图 4-1）。黄河流域地表水分布极其不均，其中青海省地表水分布最多，其次是内蒙古自治区，2 省区占据八省区 61.76% 的地表水资源，而宁夏地表水分布最少，仅占八省区的 1.5%（图 4-2）。黄河流域八省区人均水资源量差距更为突出，青海省人均水资源量为 13 362.20 米^3，而宁夏回族自治区仅有 161.68 米^3。除青海省外，其余七省区人均水资源量均远小于全国平均水平（2069.2 米^3）（图 4-3）。

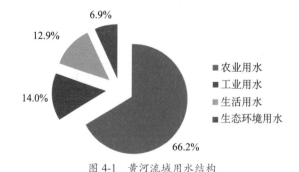

图 4-1 黄河流域用水结构

---

① 来源于《中国水资源公报 2017》。
② 归入黄河流域的四川阿坝藏族羌族自治州和甘孜藏族自治州未列入统计。

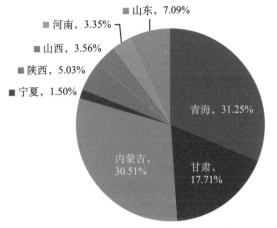

图 4-2　2017 年黄河流域八省区（除东四盟）地表水分布状况

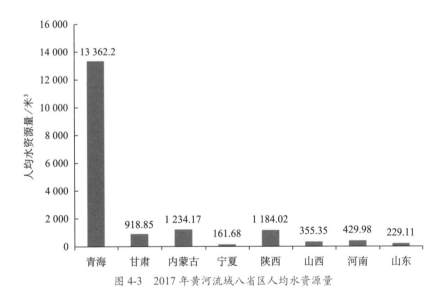

图 4-3　2017 年黄河流域八省区人均水资源量

第三节　土地资源概况

黄河流域土地资源丰富，土地类型多样，以草甸/草原、栽培植物为主，荒漠和其他类型也占据较大比重。其中，栽培植被主要分布在中下游地区，草甸/草原主要分布在内蒙古东北部，荒漠主要分布在内蒙古中西部和甘肃省北部。2015 年，草地是黄河流域的主要土地利用类型，占全区域总面积的 40.01%；耕地占全区域总面积的 18.53%，主要分布在宁夏河套平原、汾渭盆地和华北平原，以旱地为主；林地主要分布在黄河流域东南部地区，占全区域总面积的 8.27%；未利用地则多分布于黄河流域西北部地区，以沙漠化土地为主，占全区域总面积的 28.33%。

第四节　矿产资源概况

黄河流域上游地区水资源、上中游地区煤炭和天然气资源、中下游地区石油资源都十分丰富，被誉为中国的"能源流域"。黄河流域矿产资源丰富，具有全国优势（储量占全国总储量的 32% 以上）的有稀土、石膏、玻璃用石英岩、铌、煤、铝土矿、钼、耐火黏土等 8 种，具有地区优势（储量占全国总储量的 16% ～ 32%）的有石油和芒硝 2 种。其中，煤炭资源在全国占有重要地位，截至 2016 年已探明煤产地 685 处，保有储量占全国总数的 46.5%，资源遍布沿黄各省区，而且具有品种齐全、煤质优良、埋藏浅、易开采等优点。石油、天然气资源也比较丰富，加上黄河干流的水力资源，黄河流域实属全国的能源富足地区，也是 21 世纪全国能源开发的重点地区。另外，黄河流域内蒙古、山西、甘肃、宁夏、山东的风电并网容量占到全国的 47.16%，成为新能源经济的集聚地（表 4-1）。

表 4-1　2016 年黄河流域三大传统能源基础储量

省区	石油 / 万吨	天然气 / 亿米^3	煤炭 / 亿吨
宁夏	2 432.40	274.44	37.45
河南	4 427.00	74.77	85.58
青海	8 252.30	1 354.44	12.39
内蒙古	8 381.30	9 630.46	510.27
甘肃	28 261.70	318.03	27.32
山东	29 412.20	334.93	75.67

续表

省区	石油 / 万吨	天然气 / 亿米^3	煤炭 / 亿吨
陕西	38 375.60	7 802.50	162.93
山西	—	413.75	916.19
全国	350 120.30	54 365.46	2 492.26

资料来源：国和华夏城市规划研究院和黄河流域战略研究院，2020

参考文献

国和华夏城市规划研究院，黄河流域战略研究院. 2020. 黄河流域战略编制与生态发展案例［M］. 北京：中国金融出版社.

第五章
黄河流域生态系统类型、格局及演变

第一节 流域生态系统的构成及空间分布

黄河流域具有地貌单元复杂、生态系统类型多样等特点，而且人类活动强度大，生态环境脆弱，是全球气候变化敏感的区域之一。黄河流域生态系统由草地生态系统、耕地生态系统、森林生态系统、水体与湿地生态系统、聚落生态系统、荒漠生态系统和其他生态系统构成，以草地生态系统、耕地生态系统和森林生态系统为主（表5-1）。其中，草地生态系统主要包括高覆盖度草地、中覆盖度草地和低覆盖度草地；耕地生态系统主要包括水田和旱地，森林生态系统主要包括密林地、灌丛、疏林地和其他林地；水体与湿地生态系统主要包括沼泽地、河渠、湖泊、水库、冰川与永久积雪、海涂、滩地；聚落生态系统主要包括城镇和农村居民聚居地、工矿；荒漠生态系统主要包括沙地、戈壁、盐碱地和高寒荒漠；裸土地和裸岩砾石地属于其他生态系统。

表 5-1 2015 年黄河流域各类生态系统面积统计

生态系统类型	面积 / 千米^2	比例 /%
耕地	202 172.0	25.71
森林	105 471.8	13.41
草地	381 439.1	48.50
水体与湿地	22 315.1	2.84

生态系统类型	面积 / 千米^2	比例 /%
聚落	24 435.3	3.11
荒漠	36 087.4	4.59
其他	14 482.0	1.84

黄河流域最主要的生态系统为草地生态系统，2015 年草地生态系统面积达 373 641.87 千米^2，占黄河流域总面积的 47.20%（表 5-1）。黄河流域草地生态系统主要分布在黄河上游，包括青海省东部、四川省阿坝和甘孜两州，以及内蒙古自治区南部，而山西省、河南省和山东省草地生态系统分布较少。

黄河流域生态系统第二大组成部分为耕地生态系统，面积为 210 223.27 千米^2，占黄河流域总面积的 26.56%（表 5-1）。耕地生态系统主要分布在黄河中下游平原、渭河汾河平原、内蒙古河套地区以及宁夏平原等，而陕西省北部、青海省东部以及四川省阿坝和甘孜两州耕地生态系统所占比例极小。

森林生态系统是黄河流域生态系统的第三大组成部分，面积为 105 282.93 千米^2，占黄河流域总面积的 13.30%（表 5-1）。森林生态系统主要分布在黄河流域上游甘肃祁连山地区、青海省中东部地区、山西省太岳山和太行山、河南省伏牛山和大别山等地区。

除其他生态系统外，水体与湿地生态系统所占比例最小，面积为 19 673.10 千米^2，仅占黄河流域总面积的 2.49%（表 5-1）。水体与湿地生态系统分布较为零散，主要分布于黄河源区、宁夏平原、内蒙古河套平原和黄河三角洲。另外四川省阿坝和甘孜两州水体与湿地生态系统分布也较为集中。

黄河流域聚落生态系统（人工表面）面积为 26 943.19 千米^2，占黄河流域总面积的 3.40%（表 5-1），主要分布于地势平缓的地区，如宁夏平原、内蒙古河套平原、渭河、汾河平原以及下游冲积平原，而黄河源区人工表面十分稀少。

值得注意的是，黄河流域生态系统中荒漠生态系统所占比例较大，面积为 40 043.58 千米^2，占黄河流域的 5.06%（表 5-1）。荒漠分布较为集中，主要分布于阴山以南、贺兰山以西及鄂尔多斯高原的大部分地区（内流区），包括毛乌素沙地、盐碱地等，黄河源区也存在荒漠生态系统。

整体上看，黄河流域上游地势高，地处高大山脉区域，多为森林和草地生态系统；中游为内蒙古高原和黄土高原，地势较为平缓，以草地和耕地生态系统为主；下游为黄河冲积平原，耕地生态系统所占比例最大。通过统计黄河流域子流域各生态系统类型发现，龙羊峡以上、龙羊峡至兰州以及兰州至河口镇、河口镇至龙门以及内流区 5 个子流域，均以草地生态系统为主要类型，而龙门至三门峡、三门峡至花园口以及花园口以下均以耕地生态系统为主。龙羊峡以上除占比最大的草地生态系统以外，森林生态系统是第二大生态系统，面积为 9204.81 千米²，占黄河流域总面积的 1.170%，水体与湿地生态系统面积与森林相近，为 8873.06 千米²，聚落生态系统（人工表面）面积最小，仅占黄河流域的 0.024%（表 5-2）。

表 5-2 2015 年黄河流域子流域各类型生态系统统计表

子流域	类型	面积 / 千米²	占流域总面积的比例 /%
龙羊峡以上	耕地生态系统	1 330.72	0.169
	森林生态系统	9 204.81	1.171
	草地生态系统	102 436.00	13.026
	水体与湿地生态系统	8 873.06	1.128
	聚落生态系统	185.97	0.024
	荒漠生态系统	3 691.34	0.469
	其他生态系统	4 186.99	0.532
龙羊峡至兰州	耕地生态系统	12 687.74	1.613
	森林生态系统	18 054.20	2.296
	草地生态系统	51 838.31	6.592
	水体与湿地生态系统	2 905.41	0.369
	聚落生态系统	1 489.42	0.189
	荒漠生态系统	241.27	0.031
	其他生态系统	3 106.71	0.395
兰州至河口镇	耕地生态系统	41 189.60	5.238
	森林生态系统	7 877.56	1.002
	草地生态系统	77 984.80	9.917
	水体与湿地生态系统	4 504.16	0.573
	聚落生态系统	6 756.98	0.859
	荒漠生态系统	13 483.70	1.715
	其他生态系统	6 733.95	0.856

续表

子流域	类型	面积 / 千米²	占流域总面积的比例 /%
河口镇至龙门	耕地生态系统	32 383.06	4.118
	森林生态系统	16 913.61	2.151
	草地生态系统	50 293.50	6.395
	水体与湿地生态系统	1 232.77	0.157
	聚落生态系统	2 174.19	0.276
	荒漠生态系统	7 123.90	0.906
	其他生态系统	244.02	0.031
龙门至三门峡	耕地生态系统	80 297.50	10.211
	森林生态系统	35 719.60	4.542
	草地生态系统	64 637.30	8.219
	水体与湿地生态系统	1 853.96	0.236
	聚落生态系统	8 223.50	1.046
	荒漠生态系统	76.76	0.010
	其他生态系统	145.63	0.019
三门峡至花园口	耕地生态系统	16 398.60	2.085
	森林生态系统	15 543.60	1.977
	草地生态系统	5 885.39	0.748
	水体与湿地生态系统	874.30	0.111
	聚落生态系统	2 274.35	0.289
	荒漠生态系统	0.09	0.000
	其他生态系统	17.27	0.002
花园口以下	耕地生态系统	14 885.00	1.893
	森林生态系统	1 368.28	0.174
	草地生态系统	1 342.79	0.171
	水体与湿地生态系统	1 236.38	0.157
	聚落生态系统	2 978.10	0.379
	荒漠生态系统	30.54	0.004
	其他生态系统	24.20	0.003

续表

子流域	类型	面积/千米²	占流域总面积的比例/%
	耕地生态系统	2 999.80	0.381
	森林生态系统	790.14	0.100
	草地生态系统	27 021.00	3.436
内流区	水体与湿地生态系统	835.10	0.106
	聚落生态系统	352.76	0.045
	荒漠生态系统	11 439.80	1.455
	其他生态系统	23.20	0.003

注：因数值修约，本表数据存在进舍误差

第二节　流域生态系统类型变化分析

一、全流域生态系统变化分析

本节对黄河流域生态系统 1995 ~ 2015 年的变化进行了统计分析，结果如表 5-3、图 5-1 所示。

表 5-3　黄河流域生态系统 1995 ~ 2015 年面积统计　　　（单位：千米²）

子生态系统	1995 年	2005 年	2015 年	1995 ~ 2005 年	2005 ~ 2015 年	1995 ~ 2015 年
草地生态系统	378 197.8	375 037.2	381 439.1	-3 160.6	6 401.9	3 241.3
耕地生态系统	210 975.4	206 396.0	202 172.0	-4 579.4	-4 224.0	-8 803.4
森林生态系统	102 538.8	104 617.9	105 471.8	2 079.1	853.9	2 933.0
荒漠生态系统	43 593.1	47 638.7	36 087.4	4 045.6	-11 551.3	-7 505.7
水体与湿地	21 382.1	21 172.2	22 315.1	-209.9	1 142.9	933.0
聚落生态系统	16 286.5	18 562.8	24 435.3	2 276.3	5 872.5	8 148.8
其他生态系统	13 483.6	13 023.1	14 482.0	-460.5	1 458.9	998.4

可以看出 1995 ~ 2015 年草地均是黄河流域的主要生态系统，耕地生态系统和森林生态系统分别为第二大和第三大生态系统。1995 ~ 2005 年，草

地生态系统面积减少 3160.6 千米²，耕地生态系统面积减少 4579.3 千米²，而森林、荒漠生态系统面积则分别增加了 2079.1 千米²、4045.6 千米²。另外，水体与湿地生态系统面积减少了 209.9 千米²，聚落生态系统面积则增加了 2276.3 千米²。2005～2015 年，减少最多的是荒漠生态系统，减少了 11 551.3 千米²，耕地生态系统面积也呈现减少的趋势，减少了 4224.0 千米²。其余生态系统则呈现出增加的趋势。草地生态系统面积增加了 6401.9 千米²，森林生态系统增加了 853.9 千米²，水体与湿地生态系统面积增加幅度较大，增加了 1142.9 千米²，聚落生态系统面积和其他生态系统面积则分别增加了 5872.5 千米² 和 1458.9 千米²。1995～2005 年，草地、森林、水体和湿地、聚落生态系统面积呈现增加趋势，而耕地及荒漠生态系统则呈现减少趋势（图 5-2）。

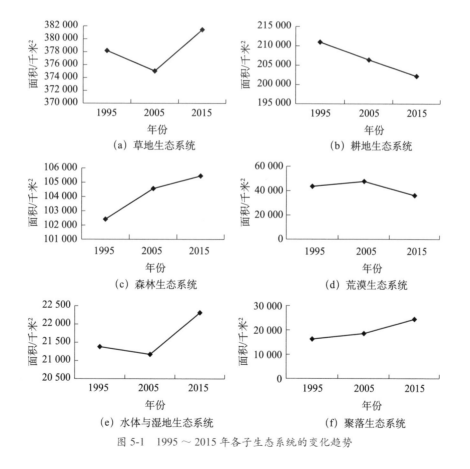

图 5-1　1995～2015 年各子生态系统的变化趋势

67

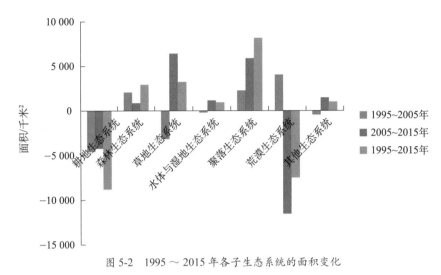

图 5-2　1995～2015 年各子生态系统的面积变化

二、子流域生态系统变化分析

本节将各子流域生态系统类型及 1995～2015 年的演变进行统计分析。从图 5-3 可以看出，草地生态系统一直是黄河流域龙羊峡以上部分（黄河源区）的主要生态系统类型，耕地生态系统和聚落生态系统面积非常较小。森林生态系统和水体与湿地生态系统相对来说所占比例较大。1995～2015 年，草地生态系统面积呈现先减少后增加的趋势，而且 2015 年草地生态系统面积高于 1995 年的面积；森林生态系统面积呈现逐步增加的趋势，但增幅不大；耕地生态系统面积呈现先减少后增加的趋势，2015 年面积高于 1995 年草地面积；水体与湿地生态系统面积呈现逐年增加的趋势，同森林生态系统一样，其面积增幅也不大；荒漠生态系统面积在 1995～2005 年呈现增加的趋势，而在 2005～2015 年锐减，2015 年面积低于 1995 年面积；其他生态系统面积则呈现逐年减少的趋势。

内流区生态系统类型与变化如图 5-4 所示，内流区内草地依然是主要的生态系统类型，而荒漠生态系统也占据很大一部分面积。1995～2005 年，草地生态系统面积减少，而 2005～2015 年面积又开始增加，且 2015 年较 1995 年高；荒漠生态系统面积在 1995～2015 年呈现先增加后减少的趋势，且 2015 年低于 1995 年的面积；耕地生态系统和森林生态系统则是和草地生态系统呈现相似的规律，其面积先减少后增加；水体与湿地生态系统面积则呈现逐年减少的趋势；聚落生态系统则呈现逐年增加的趋势，而且在 2010 ～ 2015 年呈现大幅度增加的趋势。

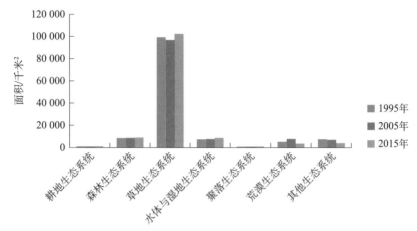

图 5-3　龙羊峡以上（黄河源区）生态系统类型与变化

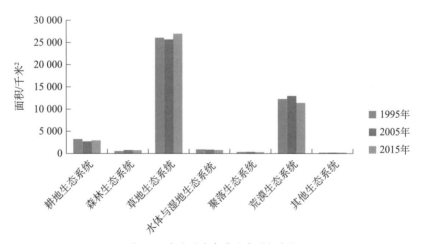

图 5-4　内流区生态系统类型与变化

　　龙羊峡至兰州生态系统类型与变化如图 5-5 所示，龙羊峡至兰州子流域内，草地依然是最主要的生态系统类型，其次是森林生态系统和耕地生态系统。草地生态系统面积逐年增加，而森林生态系统面积则是先减少后增加，但是变化幅度不大；耕地生态系统面积则呈现逐年减少的趋势，2015 年耕地生态系统面积较 1995 年耕地生态系统面积减少 517.16 千米 ²。水体与湿地生态系统面积也在逐年减少，2015 年较 1995 年减少了 20.59%。聚落生态系统面积则逐年增加，2015 年聚落生态系统面积较 1995 年增加了 57.18%。荒漠生态系统在 1995 ～ 2015 年发生巨大变化，1995 年荒漠生态系统面积为 2539.88 千米^2，而 2015 年其面积仅有 241.27 千米^2，减少约 90%。其他生态系统面积在 1995 ～ 2005 年呈现衰减趋势，而在 2005 ～ 2015 年则显著增加，面积达 2106.71 千米^2。

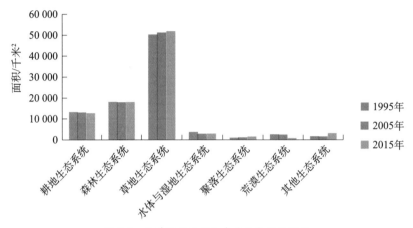

图 5-5　龙羊峡至兰州生态系统类型与变化

兰州至河口镇生态系统类型与变化如图 5-6 所示。相对于其他子流域，兰州至河口镇的生态系统类型中，耕地生态系统面积明显增加，但草地生态系统仍是最主要的生态系统类型。1995 ～ 2015 年，草地生态系统面积呈现逐年减少的趋势，2015 年较 1995 年面积减少 4695.0 千米^2，而耕地生态系统面积在 1995 ～ 2015 年增加了 1744.4 千米^2。另外，森林生态系统面积、水体与湿地生态系统面积以及聚落生态系统面积均呈增加趋势，而荒漠生态系统面积则在减少，而且 2015 年较 2005 年减少幅度较大。

河口镇至龙门生态系统类型与变化如图 5-7 所示，在河口镇至龙门的生态系统中，耕地生态系统面积和水体与湿地生态系统面积均呈现逐年减少的趋势，而森林生态系统面积则逐年增加，草地生态系统面积在 1995 ～ 2005 年减少 1535.1 千米^2，而在 2005 ～ 2015 年增加 1489.6 千米^2。聚落生态系统面积在 1995 ～ 2005 年变化不大，而在 2005 ～ 2015 年发生巨大变化，比 1995 年增长 202%（1455.45 千米^2）。荒漠生态系统面积在 1995 ～ 2005 增加，而在 2005 ～ 2015 年又继续减少。其他生态系统虽然所占比例较小，但也呈现逐年增加的趋势。

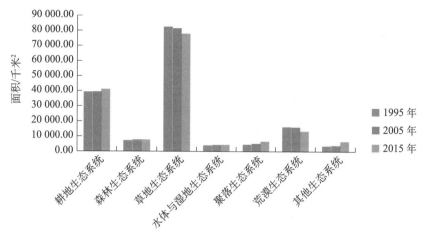

图 5-6　兰州至河口镇生态系统类型与变化

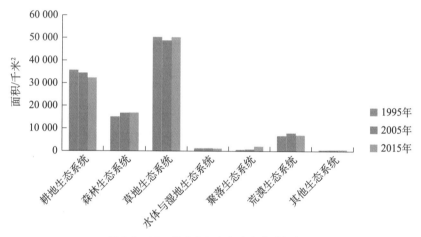

图 5-7　河口镇至龙门生态系统类型与变化

　　龙门至三门峡生态系统类型与变化如图 5-8 所示，在龙门至三门峡子流域内，耕地代替草地成为第一大生态系统，而且 1995 ～ 2015 年，耕地生态系统面积呈现逐年减少的趋势。草地生态系统面积和森林生态系统面积则逐年增加；水体与湿地生态系统面积呈现较为缓慢的减少趋势，而聚落生态系统面积则增加较为显著。荒漠生态系统面积和其他生态系统面积所占比例较小，呈现相反的趋势，即荒漠生态系统面积在逐年减少，其他生态系统面积则在逐年增加。

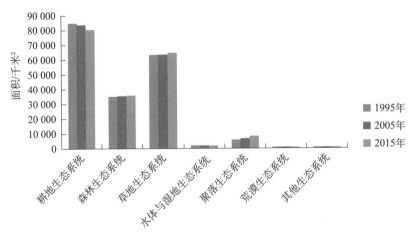

图 5-8　龙门至三门峡生态系统类型与变化

　　三门峡至花园口生态系统类型与变化如图 5-9 所示，在三门峡至花园口子流域中，耕地仍是最主要的生态系统类型，森林生态系统次之，荒漠生态系统面积、其他生态系统面积几乎为 0。其中，1995～2015 年，耕地生态系统面积呈逐年减少趋势，2015 年较 1995 年减少了约 9.23%；森林生态系统面积也在逐年减少，幅度较耕地小。草地生态系统面积在 1995～2005 年大幅度增加，而在 2005～2015 年则略减小。水体与湿地生态系统面积、聚落生态系统面积均呈现增加的趋势，特别是聚落生态系统，2015 年较 1995 年增加63.29%。

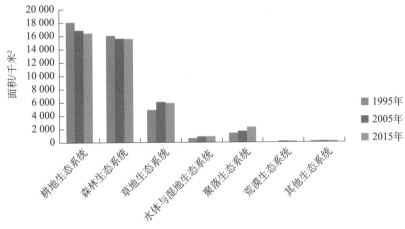

图 5-9　三门峡至花园口生态系统类型与变化

花园口以下生态系统类型与变化如图 5-10 所示,黄河流域下游地区(花园口以下)的生态系统类型以耕地生态系统为主,但 1995 ~ 2015 年,耕地生态系统面积也呈现逐年减少的态势。森林生态系统面积也呈小幅度减少,2015 年较 1995 年减少 6.6%。同时呈减少趋势的还有草地生态系统,1995 ~ 2015 年草地生态系统面积减少 3.59%。水体与湿地生态系统面积、聚落生态系统面积均呈现出逐年增长的态势,水体与湿地生态系统面积增长较为缓慢,而聚落生态系统面积增长速度较快,1995 ~ 2015 年增加 18.08%。荒漠生态系统面积和其他生态系统面积所占比例较小,呈逐渐减少的态势。

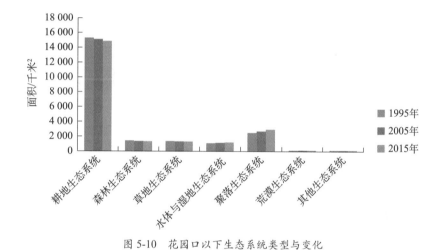

图 5-10 花园口以下生态系统类型与变化

第六章
黄河流域生态系统服务价值评估及空间演变

第一节　黄河流域省区生态系统服务价值评估

参考现有研究，单位面积生态系统服务价值当量因子的经济价值通常被看作等于单位面积粮食产量经济价值的1/7（陈俊成和李天宏，2019）。其测算公式如下：

$$E_a = \frac{1}{7}\sum_{i=1}^{n}\frac{m_i p_i q_i}{M} \ (i=1,2,\cdots,n) \tag{6-1}$$

式中，E_a 为单位耕地面积的天然粮食生产价值（元/公顷）；p_i 为 i 型作物（元/吨）的全国平均价格；q_i 为作物单位面积的产量；m_i 为 i 型作物的播种面积（公顷）；M 为所有作物类型的总播种面积（公顷）。

对于单位面积生态系统服务价值的测算，谢高地等（2008）在 Costanza 等计算方法的基础上提出了符合中国生态系统特征的生态系统服务价值当量因子表（表 6-1），但谢高地等（2008）并未提及建设用地服务功能价值当量，参考已有研究（陈俊成和李天宏，2019），本书将其设置为 0。本书主要基于土地利用一级分类，并将水体与湿地细分为河流湖泊和湿地两类，最终得到农田、森林、草地、河流湖泊、湿地、建设用地（聚落）和未利用地（包括沙地、戈壁、盐碱地、高寒荒漠、裸土地和裸岩砾石地等）七种生态系统类型，并以此计算各类生态系统服务单价。

表 6-1　单位面积生态系统服务价值当量因子表

一级服务	二级服务	农田	森林	草地	河流湖泊	湿地	未利用地	建设用地
供给服务	食物生产	1.00	0.33	0.43	0.53	0.36	0.02	0
	原料生产	0.39	2.98	0.36	0.35	0.24	0.04	0
调节服务	气体调节	0.72	4.32	1.5	0.51	2.41	0.06	0
	气候调节	0.97	4.07	1.56	2.06	13.55	0.13	0
	水文调节	0.77	4.09	1.52	18.77	13.44	0.07	0
	废物处理	1.39	1.72	1.32	14.85	14.4	0.26	0
支撑服务	土壤保持	1.47	4.02	2.24	0.41	1.99	0.17	0
	多样性维持	1.02	4.51	1.87	3.43	3.69	0.40	0
文化服务	提供美学景观	0.17	2.08	0.87	4.44	4.69	0.24	0
单位面积总价值		7.90	28.12	11.67	45.35	54.77	1.39	0

根据单位面积生态系统服务价值当量因子的经济价值量和单位面积生态系统服务价值当量因子表，各项生态系统服务单价可由式（6-2）计算：

$$E_{ij} = e_{ij}E_{a} \quad (i = 1,2,\cdots,9; j = 1,2,\cdots,7) \quad (6-2)$$

式中，E_{ij} 为第 j 类生态系统所能提供的第 i 项单位面积生态系统服务价值（元/公顷）；e_{ij} 为第 j 类生态系统所能提供的第 i 项生态服务功能相对于农田生态系统提供生态服务单价的当量因子，即单位耕地面积的天然粮食生产价值；i 为生态系统服务功能类型，包括表 6-1 中的 9 个二级服务；j 为生态系统类型；E_{a} 为单位面积生态系统服务价值当量因子的经济价值，即单位面积粮食产量经济价值的 1/7。

基于 2015 年各省的小麦、稻谷和玉米的种植面积、三大作物的单产，以及全国三种粮食市场价格（小麦为 2.52 元/千克，稻谷价格采用籼稻和粳稻价格均值 3.01 元/千克，玉米价格为 2.39 元/千克），采用式（6-1）计算得到黄河流域八省区河南、山东、山西、陕西、宁夏、甘肃、青海和内蒙古 6 盟（采用内蒙古均值）2015 年生态系统服务价值当量因子的经济价值量分别为 2251.25 元/公顷、2236.94 元/公顷、1668.18 元/公顷、1651.99 元/公顷、2363.86 元/公顷、1630.55 元/公顷、1611.27 元/公顷和 2094.56 元/公顷，各省区平均值为 1938.58 元/公顷。

基于 2015 年生态系统服务价值当量因子的经济价值和单位面积生态系统服务价值当量因子表，采用式（6-2）可计算得出各省及研究区域单位面积各项生态系统服务价值，如表 6-2 所示。宁夏农作物种植区主要集中在宁夏平原，该地地形平坦，灌溉条件优越，土地肥沃，粮食作物单产较高，尤其是玉米单产最高，且种植面积比重也较高，达到 60.53%。因此，基于单产和种植面积计算的生态系统服务价值当量因子的经济价值量最高（2363.86 元 / 公顷），其单位面积农田生态系统服务价值也最高，为 18 674.51 元 / 公顷。传统农业大省河南和山东单位面积农田生态系统服务价值也较高，分别为 17 784.86 元 / 公顷和 17 671.86 元 / 公顷。内蒙古 6 盟玉米单产也较高，其玉米种植面积比重达到了 84.12%，其单位面积农田生态系统服务价值仅次于山东，为 16 547.01 元 / 公顷。其他省区则因单产较低或低单产作物种植面积比重较大，单位面积农田生态系统服务价值相对较低。

表 6-2　各省区单位面积各项生态系统服务价值（2015 年）　（单位：元 / 公顷）

省区	农田	森林	草地	河流湖泊	湿地	未利用地	建设用地
河南	17 784.86	63 305.08	26 272.06	102 094.08	123 300.84	3 129.23	0.00
山东	17 671.86	62 902.88	26 105.14	101 445.43	122 517.45	3 109.35	0.00
山西	13 178.63	46 909.26	19 467.67	75 652.02	91 366.28	2 318.77	0.00
陕西	13 050.75	46 454.05	19 278.76	74 917.90	90 479.68	2 296.27	0.00
宁夏	18 674.51	66 471.78	27 586.26	107 201.12	129 468.69	3 285.77	0.00
甘肃	12 881.38	45 851.19	19 028.57	73 945.64	89 305.46	2 266.47	0.00
青海	12 729.04	45 308.93	18 803.53	73 071.13	88 249.30	2 239.67	0.00
内蒙古 6 盟	16 547.01	58 898.99	24 443.50	94 988.24	114 718.98	2 911.44	0.00
均值	15 314.76	54 512.77	22 623.19	87 914.45	106 175.84	2 694.62	0.00

区域生态系统服务总的经济价值则可由式（6-3）计算：

$$\text{ESV}_{ij} = \sum_{i=1}^{9}\sum_{j=1}^{6} A_j E_{ij} \quad (i=1,2,\cdots,9; j=1,2,\cdots,7) \qquad （6\text{-}3）$$

式中，ESV_{ij} 为生态系统服务总值（元 / 公顷）；E_{ij} 为各类生态系统服务单价（元 / 公顷）；A_j 为生态系统类型的面积。

本书对各省区 2000 年、2005 年、2010 年和 2015 年各类土地利用进行了分区统计，得到各省区不同年份各类土地利用面积，并根据式（6-3）计算各省区各年份及研究区域的生态系统服务价值。为便于不同年份的对比分析，本书采用了 2015 年单位面积各项生态系统服务价值均值，得到不同年份生态系统服务价值，见表6-3。研究区域 2000 年、2005 年、2010 年和 2015 年生态系统服务价值分别为 42 938.96 亿元、43 029.27 亿元、43 086.47 亿元和 43 120.95 亿元，呈逐年增加趋势，共增加 181.99 亿元。从省区差异来看，2000 年青海生态系统服务价值最大，为 13 028.38 亿元，其次是甘肃，为 6986.83 亿元，最小的是宁夏，为 1062.65 亿元。从各省区时间变化来看，山东和山西生态系统服务价值在 2000～2015 年分别减少 33.96 亿元和 5.84 亿元，河南、陕西、宁夏、甘肃、青海和内蒙古 6 盟分别增加了 14.49 亿元、33.33 亿元、2.74 亿元、34.21 亿元、122.14 亿元和 14.88 亿元。各省区 2000～2015 年生态系统服务价值详细变化见表 6-3。

表6-3　2000～2015 年各省区生态系统服务价值　　　　（单位：亿元）

省区	2000 年	2005 年	2010 年	2015 年	2000～2015 年增长
河南	3 680.24	3 701.25	3 705.64	3 694.73	14.49
山东	2 977.56	2 958.14	2 951.73	2 943.60	−33.96
山西	4 522.41	4 517.87	4 523.73	4 516.57	−5.84
陕西	5 566.41	5 613.02	5 619.43	5 599.74	33.33
宁夏	1 062.65	1 068.33	1 069.48	1 065.39	2.74
甘肃	6 986.83	7 013.47	7 022.56	7 021.04	34.21
青海	13 028.38	13 060.04	13 086.57	13 150.52	122.14
内蒙古 6 盟	5 114.48	5 097.15	5 107.33	5 129.36	14.88
总计	42 938.96	43 029.27	43 086.47	43 120.95	181.99

第二节　生态系统服务价值的空间分异

为分析黄河流域生态系统服务价值具体的空间分异情况，本书构建了 10 千米格网，对研究区域内每个格网的 2000 年、2005 年、2010 年和 2015 年 4

期生态系统服务价值进行了计算。研究发现，在青海省的青海湖、扎陵湖、鄂陵湖及其他咸水湖，山东省的独山湖和微山湖，河南省西南部的丹江口水库等大面积水域，生态系统服务价值最高，每100千米^{2}格网内达到了6.29亿元以上。陕西和河南的秦岭山脉地区，山西的吕梁山、太行山及中条山地区，生态系统服务价值也较高，每100千米^{2}格网的生态系统服务价值在3.86亿～6.28亿元。在西北部的戈壁与荒漠地区，每100千米^{2}格网的生态系统服务价值最低，基本在0.88亿元以下。在山东、河南、山西和陕西的低海拔农业密集区，每100千米^{2}格网的生态系统服务价值也较低，在0.88亿～1.74亿元。从表6-3中统计结果来看，各省及研究区域不同年份生态系统服务价值差异较小。因此，具体到10千米格网内的变化更为细微，不同年份生态系统服务价值空间格局的变化不易识别，有待进一步作针对性的分析。

第三节　生态系统服务价值的演变

　　土地利用类型转移矩阵是马尔可夫模型分析的主要结果之一。马尔可夫模型是指时间和状态都是离散的马尔可夫性（无后效性）随机过程。在该模型中，事物从某时刻的一种状态转变成下一时刻的另一种状态，则产生一个状态转移矩阵。对不同时期土地利用进行马尔可夫模型分析后，能够得到土地利用类型转移矩阵、转移面积矩阵和转移概率矩阵（Yang et al., 2012；欧定华和夏建国，2016）。该方法在描述土地利用变化方面具有独特优势，因此得到广泛应用。对于两期土地利用数据，其转移面积矩阵可用式（6-4）表示：

$$C_{ij} = \begin{bmatrix} c_{11} & c_{12} & \cdots & c_{1n} \\ c_{21} & c_{22} & \cdots & c_{2n} \\ \vdots & \vdots & & \vdots \\ c_{n1} & c_{n2} & \cdots & c_{nn} \end{bmatrix}, \quad (i=j, n=1,2,\cdots,7) \qquad （6\text{-}4）$$

式中，C_{ij}为从前一期土地利用中类别i转变为后一期土地利用中类别j的面积。i与j分别为转变前后土地利用类型的标识；土地利用类型或未发生转变，即转变前后土地利用类型一样，故 i 与 j 相等，n 为土地利用类型总数。

采用栅格数据空间分析软件 IDRISI 中 Markov 工具对 2000～2005 年、2005～2010 年、2010～2015 年和 2000～2015 年 4 个时间段土地利用类型进行转换分析，得到各时间段土地利用类型转换矩阵。基于 10 千米格网，利用 ArcGIS 中分区统计工具计算得到每个 10 千米格网各类转换面积。在此基础上，对各类土地利用类型转变导致的生态系统服务价值的变化进行计算，最后得到生态系统服务价值转变结果。

从不同时间段的变化来看，2000～2005 年生态系统服务价值增加的区域较多，其次是 2010～2015 时间段，而 2005～2010 年大部分区域生态系统服务价值有小幅减少。整个研究期间（2000～2015 年），生态系统服务价值增加的区域多于减少的区域。从变化的空间分布来看，2000～2005 年生态系统服务价值增加的区域主要分布在黄土高原、河套平原东北部和西南部、祁连山北麓等地。2010～2015 年，生态系统服务价值增加的区域主要集中在研究区域的西北部，包括青海、甘肃西北部和内蒙古的巴彦淖尔、鄂尔多斯和阿拉善盟等地。从 2000～2015 年的总体来看，生态系统服务价值增加的区域主要分布在黄土高原及其以西、以北地区，减少的区域主要分布在青海湖附近和大城市周边或城市的密集区，如济南和青岛周边、中原城市群、关中平原城市群、呼包鄂榆城市群，以及兰西城市群等地；在远离城市与农业区的山区和研究区域西北部的荒漠与戈壁分布区，生态系统服务价值没有变化。

本书进一步统计了 2000～2015 年不同生态系统类型间服务价值的转变，结果如图 6-1 所示。农田、森林、草地、河流湖泊、湿地和未利用地的演变导致生态系统服务价值出现了减少，尤其是农田、草地和湿地的演变使生态系统服务价值减少超过了 100 亿元。但是，森林、河流湖泊和湿地变化导致生态系统服务价值净减少，而农田、草地和未利用地的变化使生态系统服务价值发生大幅增加，最终分别净增加 91.61 亿元、1.98 亿元和 283.52 亿元。从转变的来源来看，农田生态系统服务价值减少主要是由于农田向建设用地转变，共导致农田生态系统服务价值 113.145 亿元的减少。森林生态系统服务价值的减少主要是由于森林向建设用地和草地转变，分别导致森林生态系统服务价值减少 19.57 亿元和 14.70 亿元。草地生态系统服务价值的减少主要是由于草地向未利用地和建设用地转变，分别导致 54.88 亿元和 50.25 亿元的减少。河流湖泊生态系统服务价值的减少主要是由于河流湖泊向未利用地转变，共导致 35.11 亿元的减少。湿地向农田、建设用地、未利用地和河流湖泊的转变导致了湿地生态系统服务价值较多的减少，分别为 23.53 亿元、23.78 亿元、22.45 亿元和 20.20 亿元。此外，农田、草地和未利用地等由于向其他生态系统转变使生态系统服务价值呈现大幅度的增加。尤其是，农田向森林和河流湖泊转变使生态系统服务价值分别增加了 72.91 亿元和 85.60 亿元，草地向森林和河流湖泊转变使生态系统服务价值分别增加了 58.29 亿元和 57.65 亿元，未利用地向草地和河流湖泊转变使生态系统服务价值分别增加了 62.06 亿元和 150.50 亿元。总体来看，研究区域生态系统服务价值减少主要是由于农田、草地、河流湖泊和湿地向建设用地和未利用地等转变；生态系统服务价值增加主要是由于农田和草地向森林和河流湖泊转变，以及未利用地向河流湖泊、草地和湿地等转变。

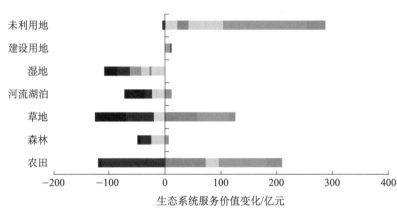

图 6-1　黄河流域 2000～2015 年各项生态系统服务价值转变

参考文献

陈俊成，李天宏. 2019. 中国生态系统服务功能价值空间差异变化分析［J］. 北京大学学报（自然科学版），55（5）：951-960.

欧定华，夏建国. 2016. 城市近郊区景观格局变化特征，潜力与模拟——以成都市龙泉驿区为例［J］. 地理研究，35（3）：534-550.

谢高地，甄霖，鲁春霞，等. 2008. 一个基于专家知识的生态系统服务价值化方法［J］.
自然资源学报，23（5）：911-919.

Yang X, Zheng X, Lv L. 2012. A spatiotemporal model of land use change based on ant colony
optimization, Markov chain and cellular automata［J］. Ecological Modelling, 233: 11-19.

第七章
黄河流域水资源节约集约利用
现状及对策

水资源是维持流域生态系统良性循环、保障流域经济可持续发展的重要战略性资源。水资源有限、部分可再生的普遍特征和黄河水资源的先天不足，使得如何保证黄河水资源可持续利用，成为全面推动黄河流域社会经济高质量发展的核心问题。

第一节　黄河水资源量及变化趋势

一、黄河水资源量

黄河 2019 年水资源总量为 797.5 亿米³，仅占全国水资源总量的 2.75%，居全国七大江河第五位，人均水资源总量不到全国人均资源总量的 30%，水资源量先天不足。

黄河水资源的先天不足曾经给下游沿黄两岸的社会经济造成巨大影响。20 世纪 70 年代以后，在气候变化、降水减少、人口剧增、经济发展、管理混乱和用水无序等自然与人为因素的双重作用下，黄河在 1972 ～ 1999 年有 22 年发生断流，其中 1997 年断流达 226 天，断流河道上延至河南开封，达 704 千米，占下游河道总长的 90%，即使上游刘家峡水库和三门峡水库开闸放水也未能复流，断流情况如表 7-1 所示。

表 7-1 1970～1999 年黄河下游断流情况

时期	断流年数 / 年	断流天数 / 天	最大断流长度 / 千米
1970～1979 年	6	86	316
1980～1989 年	7	105	662
1990～1999 年	9	901	704

黄河下游的经常性断流，不仅直接影响两岸人民群众的生产生活，造成严重的经济损失，更对下游河道尤其是黄河口的生态环境产生了严重甚至是毁灭性的破坏，包括河道日益萎缩，生态系统退化，河口土地盐碱化，入海三角洲湿地水、土、肥失衡等。1999 年，国务院授权黄河水利委员会对黄河水量实行统一分配，重要取水口和骨干水库统一调度。

自实施全河水量统一分配制度以来，黄河已经连续 20 年（2000～2019年）未断流，彻底改变了过去万里黄河频繁断流的局面，河道萎缩态势初步遏制，生态环境持续改善，黄河口湿地生物多样性增加，鸟类繁殖种群数量增多，湿地面积扩大，地下水含盐量降低。截至 2019 年，保护区内鸟类种类已从 187 种增加到 283 种，各种野生植物已达 1921 种。

虽然经过水量统一调度，保证黄河不断流，但这并不意味着黄河水资源量在增加。据 2004 年以来的《黄河流域水资源公报》，黄河利津站以上区域的水资源总量变化如图 7-1 所示。

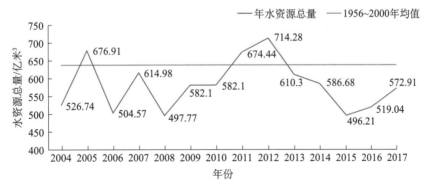

图 7-1 利津站以上区域水资源总量变化
资料来源：《黄河流域水资源公报》（2004～2017 年）

由图 7-1 可以看出，仅 2005 年、2011 年、2012 年的水资源总量高于该站多年平均水资源总量 638.37 亿米³（1956～2000 年均值）。2013～2017 年水资源总量持续低于多年平均值，2015 年甚至偏低 22.2%。

二、降水变化

降水是黄河流域水资源的重要来源，黄河流域降水多年均值为 447 毫米（1956～2017 年均值），表 7-2 为黄河流域自 20 世纪 50 年代至 2017 年的降水量及其变化趋势。

表 7-2　1956～2017 年黄河流域降水量及其变化

降水量	1956～1959 年	1960～1969 年	1970～1979 年	1980～1989 年	1990～1999 年	2000～2010 年	2011～2017 年
全流域年均值/毫米	475.4	469.7	444.6	443.9	425.3	437.4	476.1
较多年均值变化/%	6.35	5.08	-0.54	-0.69	-4.85	-2.15	6.51

可以看出，自 20 世纪 70 年代开始，降水量持续减少，直至 90 年代达到最低，进入 21 世纪后，降水缓慢恢复到正常水平，2010 年后降水略有增加。

当前，全球气候变化已被科学家普遍认可，气候变化将会影响全球水循环，改变降水的时空分布规律。未来黄河流域的降水变化趋势并不明朗。虽然进入 21 世纪后，黄河流域降水略有增加，但中国气象科学研究院余荣的研究表明，在全球气候变暖的背景下，黄河流域的气候整体呈现暖干化趋势[1]。气候模式预测也发现，未来气温升高会使融雪径流增加，可能导致更早和更大的春季径流，夏季 7～8 月降水减少，出现夏季水资源短缺，且空间分布极不均匀，径流过程发生季节性迁移，水资源的年内分配将发生变化（曹丽娟等，2013）。

三、径流变化

1956～2000 年黄河天然径流量为 534.8 亿米^3，排在长江、珠江、松花江、淮河之后，居第五位，仅为长江的 6%，却以占全国 2% 的河川径流量，养育

---

[1]　气候变化和人类活动影响黄河流域水循环　黄河流域水资源量总体呈减少趋势，中国气象报，2019-04-17，3 版。

着全国 12% 的人口，灌溉着全国 15% 的耕地，支撑了全国 14% 的国内生产总值。《黄河流域水资源综合规划（2012—2030 年）》也指出，黄河多年平均天然径流量已由原来的 580 亿米³ 减少为 535 亿米³，将来还可能进一步减少，甚至降到 500 亿米³/ 年的水平。

1961～2010 年，黄河 7 个水文站（唐乃亥、兰州、头道拐、龙门、三门峡、花园口和利津）的天然径流量呈显著减少趋势。以黄河下游花园口水文站为例，花园口水文站 1950～2016 年的年径流量变化如图 7-2 所示。

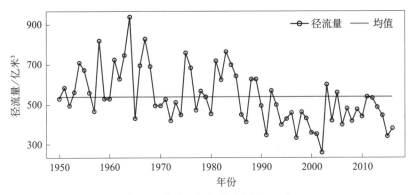

图 7-2　花园口水文站天然径流变化

资料来源：《黄河流域水文年鉴》（1950～2016 年）

采用 Mann-Kendall 方法对花园口水文站 1950～2016 年的年径流量时间序列进行趋势检验，结果表明，花园口水文站年径流量在 1950～2016 年表现出明显下降趋势。

李勃等（2019）对黄河近 550 年天然径流量演变分析发现：黄河天然径流量整体呈显著下降趋势，1990～2017 年天然径流量较 1470～1864 年下降明显，且存在较强持续性，在未来一段时间内将依旧保持减少趋势。

黄河天然径流量的减少存在多方面原因，主要原因如下。

一是部分区域植被覆盖变化导致降水产生的径流量减少。研究表明，退耕还林后植被生长状况有所改善，使黄河流域降水有所增加，但增加部分更多地被蒸发掉，并未使径流量增加。以黄土高原为例，自实施退耕还林还草工程后，植被覆盖度明显提高，但产流量却在减少。

二是水利工程拦蓄增加蒸发。截至 2019 年，黄河流域共修建蓄水工程 1.9万座，其中干流已建、在建水库就达 28 座。水库蓄水后水面增多，蒸发加大，径流就会减少。

三是部分省份长期超量开采地下水。黄河流域地下水开采量由 20 世纪 80 年代初的 93 亿米^3 增加到 2003 年的 133.08 亿米^3，之后缓慢下降到 2017 年的 118.94 亿米^3。部分地区长期超采，在山西、河南出现 5 个浅层地下水降落漏斗，甘肃、宁夏、陕西有 36 个地下水超采区。截至 2017 年，河南华北平原的武陟－温县－孟州漏斗区、安阳－鹤壁－濮阳漏斗区、山西运城漏斗区面积分别达到 1280 千米^2、7400 千米^2、1492 千米^2，漏斗中心地下水埋深分别达到 40.9 米、48.8 米、105.14 米。地下水的超采改变了产汇流规律，同等降水条件下，径流量减少。

第二节　黄河水资源开发利用

一、开发利用现状

在我国七大流域中，黄河流域的水资源开发程度仅次于海河流域，位居第二。图 7-3 为 2004～2017 年黄河水资源总量（利津站以上区域）和流域取水总量的变化。可以看出，虽然取水总量在个别年份出现下降，但其总体趋势却体现为持续增加，已由 2004 年的 444.75 亿米^3 增加到 2017 年的 519.16 亿米^3，这表明流域内的用水需求还在不断增长。此外，水资源总量与取水总量两者之间的差异在 2012 年之后逐步缩小，表明黄河流域水资源的开发利用程度仍在提高。

水资源开发利用率是指流域用水量占水资源总量的比例，国际上常用来表征流域水资源开发利用程度。北京林业大学雷光春指出，黄河的水资源开发利用率远超过国际公认的 40% 的水资源开发生态警戒线（王东，2018），这表明黄河水资源开发利用程度过高。

1.地表水

黄河流域的取水途径包括地表取水和地下取水，地表水取水量是指直接从黄河干、支流引（提）的水量。

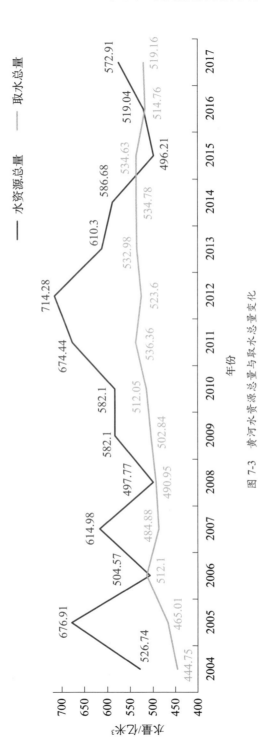

图 7-3　黄河水资源总量与取水总量变化

图 7-4 为 2003～2017 年黄河流域地表水取水量、农田灌溉取用地表水量及其所占比例的变化。可以看出,地表水取水量在 15 年间增加了 104.18 亿米³,增幅达 35.2%。随着地表水取水量的持续增加,农田灌溉取水量的变化趋势与其变化趋势高度一致,表明农田灌溉是取用地表水的主要用途。虽然农田灌溉取水量增加了 63.44 亿米³,但其取水所占比例已由 74.3% 下降到 70.8%。

图 7-5 为工业、林牧渔畜取用地表水量及各自所占比例的变化。可以看出,工业取用地表水量在 15 年间增加了 11.1 亿米³,取水所占比例呈现小幅下降,由 11.2% 下降到 11.1%。林牧渔畜取用地表水量仅增加 0.31 亿米³,但取水所占比例由 6.8% 下降到 5.1%。

图 7-6 为居民生活、生态环境、城镇公共取用地表水量及各自所占比例的变化。可以看出,居民生活取用地表水量在 15 年间增加了 3.43 亿米³,取水所占比例由 13% 增加到 18%。生态环境取用地表水量增加了 16.3 亿米³,取水所占比例由 3% 增加到 6%。城镇公共设施取用地表水量增加了 4.29 亿米³,取水所占比例由 1.2% 增加到 2%。

综上可知,2003～2017 年地表水取水量总体呈现增加趋势,各行业取用地表水量也都在持续增加,增幅最大的是生态环境取水量,其他依次为城镇公共设施、居民生活、工业、农田灌溉,增幅最小的是林牧渔畜业。

2. 地下水

图 7-7 为 2003～2017 年,黄河流域地下水取水量、农田灌溉取用地下水量及其所占比例的变化。可以看出,地下水取水量减少了 14.14 亿米³,减幅达 10.6%。农田灌溉取用地下水变化趋势与地下水取水总量变化趋势基本一致,取用地下水量减少了 12.93 亿米³,取水所占比例由 50.3% 降低到 45.5%。

图 7-8 为工业、居民生活取用地下水量及各自所占比例的变化。工业取用地下水量减少了 10.67 亿米³,取水所占比例由 24.9% 降低到 18.9%。居民生活取用地下水量增加了 3.43 亿米³,取水所占比例由 13.2% 增加到 17.7%。

图 7-9 为林牧渔畜、城镇公共和生态环境取用地下水量及各自所占比例的变化。林牧渔畜取用地下水量增加 3.05 亿米³,取水所占比例由 7.3% 增加到 10.8%。城镇公共设施取用地下水量增加了 1.74 亿米³,取水所占比例由 3%

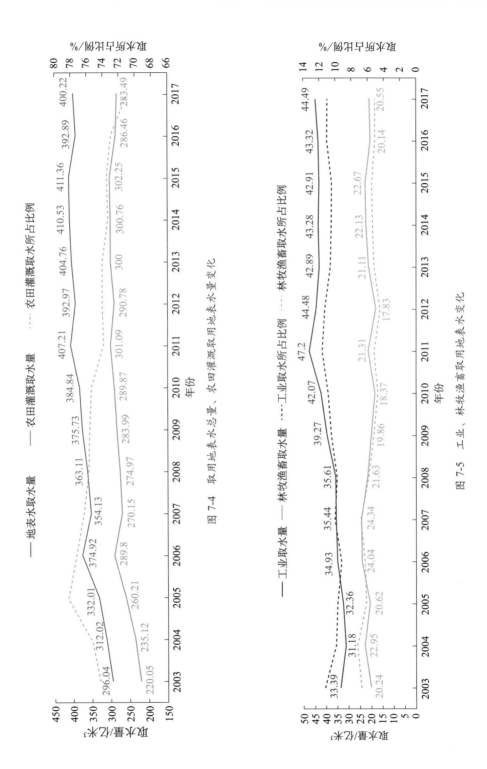

图 7-4　取用地表水总量、农田灌溉取用地表水量变化

图 7-5　工业、林牧渔畜取用地表水量变化

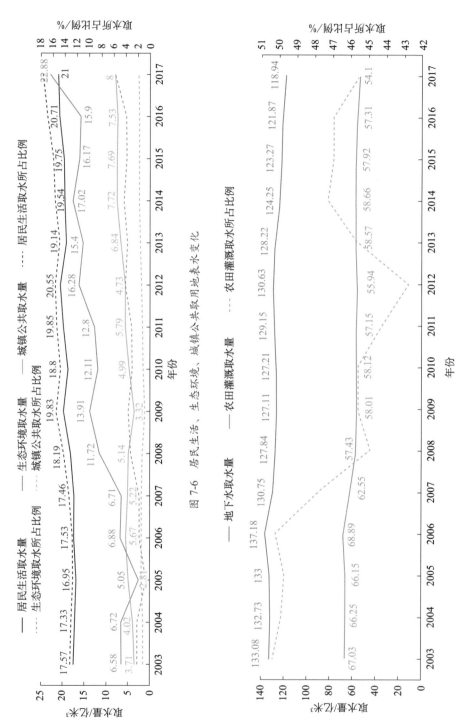

图 7-6 居民生活、生态环境、城镇公共取用地表水变化

图 7-7 地下水取用总量、农田灌溉取用地下水量变化

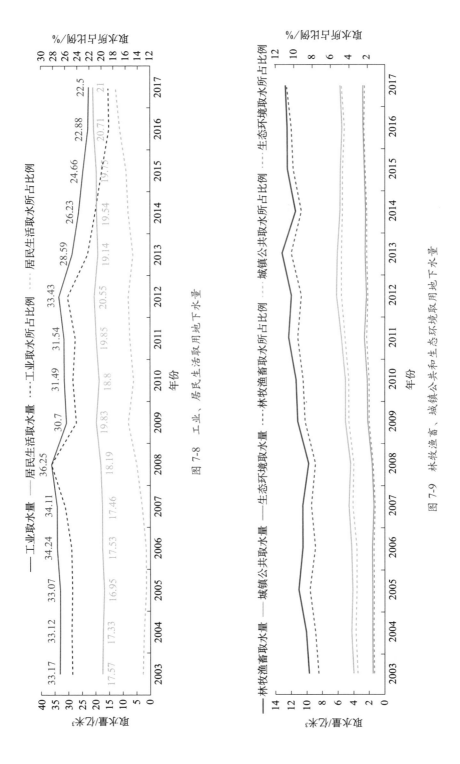

图 7-8　工业、居民生活取用地下水量

图 7-9　林牧渔畜、城镇公共和生态环境取用地下水量

增加到 4.8%。生态环境取水量增加了 1.24 亿米^3，取水所占比例由 13.2% 增加到 17.7%。

综上可知，在 2003 ～ 2017 年，地下水取水量总体呈下降趋势，但各行业取用地下水量的变化趋势并不相同。农田灌溉、工业取用地下水量均在减小，减幅分别达 19.3% 和 32.2%。居民生活、林牧渔畜、城镇公共设施、生态环境取用地下水量却在增加，增幅分别为 19.5%、31.3%、43.3% 和 80%。

3. 沿黄省份对黄河水资源的利用

1987 年国务院批准的《黄河可供水量分配方案》（以下简称"八七方案"）将黄河天然径流量（580 亿米^3）中的 370 亿米^3 的黄河可供水量分配给流域内九省区及相邻缺水的河北、天津。其中四川 0.4 亿米^3，青海 14.1 亿米^3，甘肃 30.4 亿米^3，宁夏 40 亿米^3，内蒙古 58.6 亿米^3，山西 43.1 亿米^3，陕西 38 亿米^3，河南 55.4 亿米^3，山东 70 亿米^3，天津和河北共分得 20 亿米^3。

在每年 7 月 1 日至次年 6 月 30 日，黄河水利委员会根据水文部门的预测来水情况，在"八七方案"各省分水指标基础上，根据"丰增枯减"原则进行调整，确定本年度的各省用水指标，统一调度黄河水量。

根据近 12 年（2007 ～ 2019 年）的黄河水量调度执行情况，本书分析了青海、甘肃、宁夏、内蒙古、山西、陕西、河南、山东、河北实际引黄耗水量与分配指标之间的差异，如图 7-10 ～图 7-13 所示。

图 7-10 为上游青海、甘肃两省每年的实际引黄耗水量与分配指标之差。可以看出，其中青海在多数调度年份为负值，表明青海实际引黄水量没有达到分配指标，存在富余。甘肃多数年份实际引黄耗水量超过分配指标，但在 2017 ～ 2018 年度、2018 ～ 2019 年度出现富余。

图 7-11 为中上游宁夏、内蒙古两省区每年的实际引黄耗水量与分配指标之差。可以看出，宁夏有一半年份超额引水，一半年份引黄耗水量未达到分配指标。内蒙古在绝大多数年份都超额引水，但在 2018 ～ 2019 年度却有 6.21 亿米^3 指标没有使用。

图 7-12 为中游山西、陕西两省每年的实际引黄耗水量与分配指标之差。可以看出，这两省每年的实际耗水量都低于分配指标，且山西在 2017 ～ 2018

和 2018 ～ 2019 年度存在较大剩余。

图 7-13 为下游河南、山东、河北每年的实际引黄耗水量与分配指标之差。可以看出，河南在早期的引黄耗水量远低于分配指标，但近些年引黄耗水量大幅增加，略超过分配指标。山东大部分年份都超额引水，其中 2014 ～ 2015 年度超额最多，达 26.34 亿米^3。河北多年均衡用水或略有富余。

二、存在问题

1. 短缺与浪费并重

刚性需求持续增加，部分区域地下水超采严重。虽然通过科学精细的水量统一调度，使黄河从"一条找不到大海的河"恢复为"奔流到海不复回"，但黄河水量"先天不足"的状况并未改变。黄河水量统一调度的 20 年间（1999 ～ 2019 年），仅 2005 ～ 2006 年度、2012 ～ 2013 年度黄河来水量达到多年均值，其余年份均偏少，其中 2013 ～ 2014 年度缺口 45.25 亿米^3、2015 ～ 2016 年度缺口高达 53.08 亿米^3。地表水量不足，促使人们转向地下水。2017 年末与上年同期相比，河南华北平原的武陟 - 温县 - 孟州漏斗区、安阳 - 鹤壁 - 濮阳漏斗区、山西运城漏斗区面积分别扩大 280 千米^2、20 千米^2 和 9 千米^2，漏斗中心地下水埋深分别增大 6 米、3.89 米和 0.37 米。

用水效率不高，浪费严重。黄河灌溉面积达 1.1 亿亩，2017 年黄河地表水取水量为 400.22 亿米^3，其中农田灌溉取水量 283.49 亿米^3，占 70.9%。但流域内部分区域的灌溉技术落后，用水管理粗放，仍存在大水漫灌，浪费严重。以农业大省河南为例，2017 年全省从黄河取水 74.72 亿米^3，其中 39.93 亿米^3 用于农田灌溉，占取水总量的 53%。但截至 2016 年底，河南耕地有效灌溉面积增至 7866 万亩，节水灌溉面积占有效灌溉面积的 34%，高效节水灌溉（主要为低压管灌、喷灌、微灌）面积占有效灌溉面积的 25%，农业灌溉水有效利用系数达到 0.604。河南灌溉用水效率仍较低，需在"十四五"期间继续努力提高。

综上可见，一方面，黄河水资源量依然存在极大缺口；另一方面，现有农田灌溉用水却浪费严重。短缺与浪费并重，使得水资源供需矛盾更加突出。

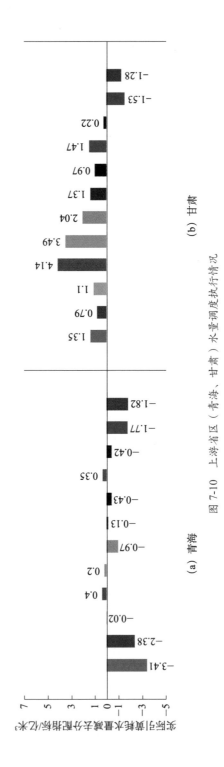

(a) 青海　(b) 甘肃

图 7-10　上游省区（青海、甘肃）水量调度执行情况

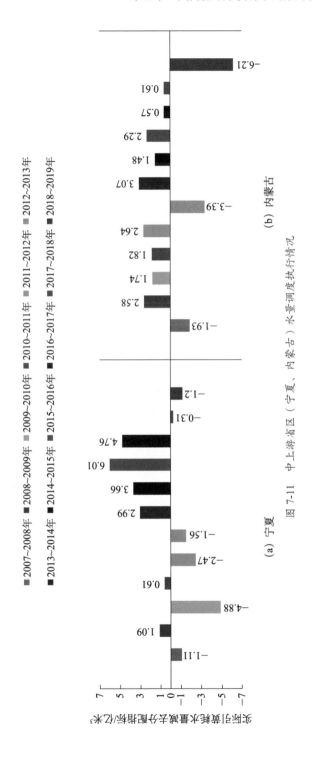

图 7-11　中上游省区（宁夏、内蒙古）水量调度执行情况

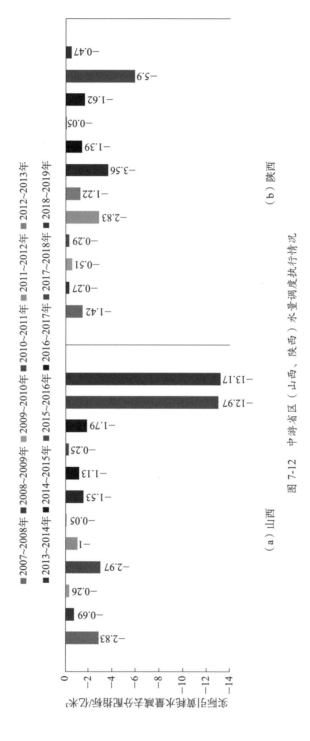

图 7-12 中游省区（山西、陕西）水量调度执行情况

（a）山西　　（b）陕西

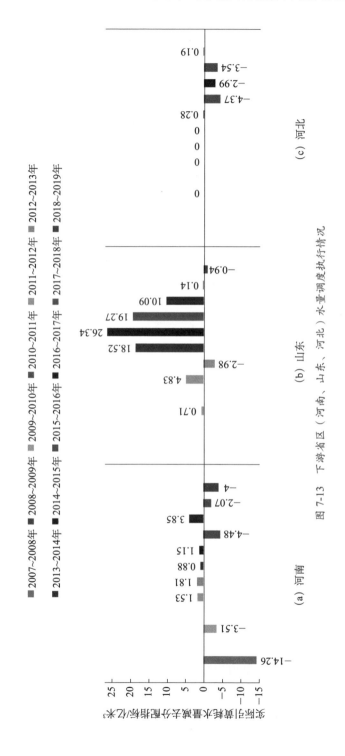

图 7-13 下游省区（河南、山东、河北）水量调度执行情况

2.水体污染加剧水资源短缺

经济发展往往伴随着环境污染。当前，黄河流域点源与面源污染共存、生活污水和工业废水叠加。图 7-14 为黄河流域 2008～2017 年的废污水排放总量和各种排放来源的比例。废污水排放量从 2008 年的 40.06 亿吨，逐年增加至 2011 年的 45.25 亿吨，之后有所波动，2017 年排放量仍有 44.94 亿吨。从来源类别及所占比重来看，第二产业排放废水最多，2008 年排放所占比例达 67.8%，此后十年持续下降。城镇居民生活污水排放增幅明显，已由 2008 年的 25.2% 增加到 2017 年的 38.4%。第三产业排放废水所占比例最小，但仍在缓慢持续增加，已由 2008 年的 7% 逐年增加到 2017 的 11.3%。

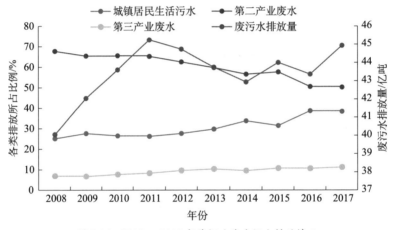

图 7-14　2008～2017 年黄河流域废污水排放情况

图 7-15 和图 7-16 是 2007～2017 年，黄河流域各类水质河长所占比例的变化情况。可以看出，Ⅰ～Ⅱ类水体的河长所占比例由 16.1% 增加到 54%，同时劣Ⅴ类水体的河长由 33.8% 下降到 19.1%，Ⅲ类、Ⅳ类、Ⅴ类水体的河长所占比例均有不同幅度的减少。总体水质虽在不断改善，但据 2017 年《黄河水资源公报》，黄河部分支流污染严重，包括湟水、祖厉河、都思兔河、龙王沟、黑岱沟、偏关河、皇甫川、金堤河等，支流Ⅴ类水质河长占 5.0%，劣Ⅴ类水质河长占 25.1%。污染造成水体功能降低或丧失，进一步减少了可用水资源量，加剧水资源短缺。

以河南省为例，经过多年治理，全省水环境质量虽然有所改善，处于

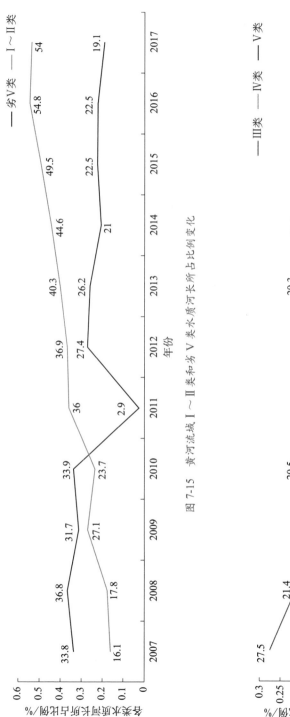

图 7-15　黄河流域 I～Ⅱ类和劣 V 类水质河长所占比例变化

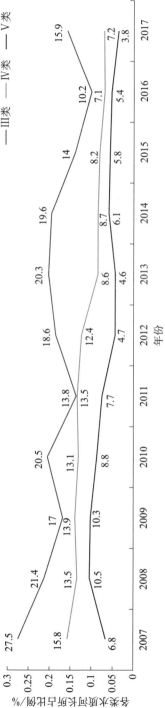

图 7-16　黄河流域Ⅲ类、Ⅳ类、V 类水质河长所占比例变化

稳中趋好的态势，但同"十三五"水质目标要求相比，仍存在不小的差距。2017年，全省水质监测的河长6326.4千米，其中水质为V类的河长623千米，占总河长的9.8%；水质为劣V类的河长1039.1千米，占总河长的16.4%。列入全国重要江河湖泊水功能区"十三五"达标评价名录的179个水功能区，仅119个水功能区达标，达标率70%。全省水环境质量不容乐观，水污染造成的水质性缺水与资源性缺水并重。

第三节　研究探索解决水资源短缺的新途径

据2017年《黄河水资源公报》，黄河取水总量为519.16亿米³，已接近全年水资源总量572.91亿米³，黄河对流域社会经济发展的支撑能力已近极限，今后要实现黄河流域社会经济的高质量发展，必然还会对流域用水形成巨大压力，通过节约集约利用水资源和水量统一调度，在农业、工业、生活、生态用水等方面不断寻求用水平衡仍十分艰难，需要研究探索解决水资源短缺的新途径。

一、深入论证南水北调西线工程对生态环境的影响

西线工程拟将通天河和金沙江的水调到雅砻江，再从雅砻江和大渡河向黄河上游调水，分为三条线路：四川大渡河、雅砻江支流达曲—贾曲联合自流线路（调水40亿米³）；四川雅砻江阿达—贾曲自流线（调水50亿米³）；通天河—雅砻江—贾曲自流线路（调水80亿米³）。三条调水线路年调水达170亿米³，几乎是黄河年径流量的1/3，基本能缓解黄河上中游2050年前后的用水缺口。但西线工程区域地质条件复杂、生态系统极其脆弱，工程建设难度极高且投资巨大，尤其是工程对黄河源区生态环境的影响还存在较多争议，需继续深入论证。同时，要统筹兼顾水源区和受水区的利益，研究建立国家、水源区和受水区的生态补偿制度。

二、探索开展"天河工程"研究

作为解决黄河缺水问题的另一种途径，中国科学院王光谦院士近年来对黄河源区的空中水资源进行了深入研究，他认为大气水汽通量场中存在着通量相对较高的水汽输送网络结构，形成全球及区域水汽输送的主干通道，即"天河"[①]。"天河工程"是通过科学分析大气中的水汽分布与输送格局，采取新型人工干预技术，实现不同地域间空中水资源与地表水资源的统筹调控，具体是在三江源区长江和黄河流域的分水岭附近，采用人工技术影响天气，把一部分天然落入长江流域的降水截留在或诱导到黄河流域，主动挖掘利用一部分空中的水资源，实现空-地耦合的水资源时空调节，增加黄河流域的降水。"天河工程"虽然尚面对部分气象学家的质疑，但作为一条解决黄河流域水资源短缺的新途径，值得深入研究和探索。

参考文献

曹丽娟，董文杰，张勇，等. 2013. 未来气候变化对黄河流域水文过程的影响［J］. 气候与环境研究，18（6）：746-756.

柴成果，姚党生. 2005. 黄河流域水环境现状与水资源可持续利用［J］. 人民黄河，27（3）：38-39.

陈立强，蒋公社，吴雷. 2018. 气候变化对黄河水文情势的影响［J］. 科技创新导报，35：106-109.

冯霄，闫金霞，杨光瑞. 2011. 黄河流域水资源现状分析及可持续利用对策探讨［J］. 华北水利水电学院学报（社科版），27（6）：14-16.

李勃，穆兴民，高鹏，等. 2019. 黄河近550年天然径流量演变特征［J］. 水资源研究，8（4）：313-323.

李林，申红艳，戴升，等. 2011. 黄河源区径流对气候变化的响应及未来趋势预测［J］. 地理学报，66（9）：1261-1269.

李雪梅，王玲，陈静，等. 2003. 黄河水资源现状及发展方向［J］. 西北水资源与水工程，14（3）：20-24.

[①]　王光谦院士：关于"天河工程"若干关注问题的说明，http://sklhse.tsinghua.edu.cn/show.asp?id=507，2021-08-23。

潘启民, 宋瑞鹏, 马志瑾. 2017. 黄河花园口断面近60年来水量变化分析 [J]. 水资源与水工程学报, 28 (6): 79-82.

王东. 2018. 黄河流域水污染防治问题与对策 [J]. 九三论坛, 6: 24-25.

王光谦, 钟德钰, 李铁键, 等. 2016. 天空河流: 发现、概念及其科学问题 [J]. 中国科学: 技术科学, 46 (6): 649.

夏军, 彭少明, 王超, 等. 2014. 气候变化对黄河水资源的影响及其适应性管理 [J]. 人民黄河, 36 (10): 1-4.

杨舒媛, 魏保义, 王军, 等. 2016. "以水四定"方法初探及在北京的应用 [J]. 北京规划建设, (3): 100-103.

赵丽娜. 2012. 西北地区地下水资源保护的法制研究 [D]. 西安: 长安大学.

Lv M X, Ma Z G, Li M X, et al. 2019a. Quantitative analysis of terrestrial water storage changes under the Grain for Green program in the Yellow River Basin [J]. Journal of Geophysical Research: Atmospheres, 124: 1336-1351.

Lv M X, Ma Z G, Lv M Z. 2018. Effects of climate/land surface changes on streamflow with consideration of precipitation intensity and catchment characteristics in the Yellow River Basin [J]. Journal of Geophysical Research: Atmospheres, 123: 1942-1958.

Lv M X, Ma Z G, Peng S M. 2019b. Responses of terrestrial water cycle components to afforestation within and around the Yellow River basin [J]. Atmospheric and Oceanic Science Letters, 12: 116-123.

Lv M X, Ma Z G, Yuan X, et al. 2017. Water budget closure based on GRACE measurements and reconstructed evapotranspiration using GLDAS and water use data for two large densely-populated mid-latitude basins [J]. Journal of Hydrology, 547: 585-599.

第八章
黄河流域土壤环境及污染概况

第一节　黄河流域地质背景

　　黄河流域位于我国中部，跨华北及西域大陆板块（简称陆块），且北邻北域陆块（阴山以北构造域），南连南华陆块（秦岭—大别山以南构造域），诸陆块的漂移对流域地质构造的发育有明显的影响（戴英生，1984）。黄河流域地质构造复杂，其中天山—阴山带和昆仑—秦岭带是两条一级纬向构造带，其间是相对稳定的华北地块。阴山及其东延部分被新华夏系改造，分布有古老变质系和部分古生代及中生代地层，并有花岗岩及超基性岩带侵入。

　　黄河上游以青铜峡为界西部属西域陆块，域内地势高拔，层峦叠嶂，黄河绵亘于崇山峻岭中，多峡谷，系横跨昆仑—秦岭地槽系强烈活动褶皱带，包括祁连、东秦岭、昆仑—西秦岭及巴颜喀拉等断块，这些断块呈带状展布，为北西或北北西向，岩层挤压变形强烈，褶皱紧密，断裂构造异常发育，有大规模中、酸性侵入和小型基性和超基性岩体侵入。

　　黄河中、下游地区隶属于两个不同的地质构造单元，大致以六盘山为界，东属华北地台，西属祁连山褶皱带。在太行山以西，无论是地台区还是褶皱区，第四纪以来都是大面积的间歇抬升区，以东则是大面积的下沉区。在抬升区和下沉区中间又可分出抬升量和下沉量不同的次级构造单元。黄土高原灾害环境的形成历史与高原独特地理环境的形成紧密相关。黄土高原本身就是间歇性抬升的新构造运动和干旱气候环境共同作用的产物。下游华北平原的形成也是由拗陷构造与洪水的泛滥所致。黄河水系各支流出山口形成不同期次的冲积洪积扇，也都与洪水的作用直接有关。黄河中、下游地区水土流失现象和其他自然灾害，从本质上讲是一个漫长的地质过程。

黄河中游流经黄土高原，在更新世早期黄河中游流经黄土高原，黄河中游堆积了红色土；至更新世中期，气候变干变冷，干冷的气候把中亚内陆戈壁沙漠的粉砂带到黄河中游，在秦岭以北堆积，在红色土上覆盖了老黄土；至晚更新世，气候更加寒冷干燥，暴雨增多，形成了马兰黄土；随着气候的变化，全新世以来，黄河中游的黄土堆积减弱，发育成沟谷与黄土侵蚀，侵蚀的黄土被黄河带到黄河下游。黄河中游地区也是我国大陆西部除滇藏、新疆以外的又一个强震活动区。

黄河下游位于华北新生代的大型拗陷区内，在地质时代，黄河挟带的泥沙塑造了华北平原，近期的黄河冲积扇平原叠置在上。黄河流域的旱灾、水灾，以及中游的水土流失和下游的改道、盐碱化、土地沙化等灾害严重。黄河下游河道属强烈堆积型，1949～2012 年黄河下游长时间断流严重影响了当地人民生活用水以及工农业生产用水。从 2000 年至今，通过合理调配全流域的水资源，加上小浪底水库的调水调沙作用得到了充分发挥，黄河下游河道很少再出现断流的情况（郑州花园口水文站）。该区域为较稳定的华北陆块，但因晚近期构造分裂运动而形成若干断块，块内地势低缓，多为高原与平原，黄河迂回曲折，宽谷与峡谷相间，或为平原型河流（景可，1987；郜银梁，2017）。

黄河三角洲位于渤海盆地东部的济阳断陷和程宁隆起之间。它的形成和发展与渤海盆地的演化密切相关。渤海盆地以渤海为中心向南北两个方向延伸到华北平原和下辽河平原。它是一个复式叠加型的沉积盆地，两侧以断裂带为界，东面是郯庐断裂，西面是太行山断裂。渤海盆地基底是古生界，由寒武系，中、下奥陶系，中、上石炭系及二叠系碳酸盐岩和含煤碎屑岩系组成。三叠纪太平洋板块向欧亚大陆板块俯冲，在中国为印支运动时期，全区受到强烈挤压后，褶皱、隆起，并形成一系列北北东向和近东西向的断裂，构成了渤海盆地的基本构架。渤海盆地在第四纪沉降幅度很小，沉积了厚约 350 米的碎屑岩层。第四纪地质主要受冰期－间冰期所引起的海平面变化影响，在渤海周围已查明，自晚更新世以来已有三次海侵。黄河三角洲全新世地层厚度一般在 26 米左右，主要是第三次海侵（全新世海侵）后形成的海相层和黄河三角洲沉积层，仅底部 2 米左右为海侵前的陆相河流和湖泊沉积（金仙梅，2004）。

第二节　黄河流域的岩石类型

黄河流域的基岩形成于太古代和元古代（Zhang et al., 1995）。广泛分布于流域的表层出露岩层和浅层岩层都形成于前寒武纪至第四纪，全流域第四纪黄土和黄土类土分布范围覆盖面积约 40 万千米^2，超过流域总面积的 50%，其余面积被碎屑岩、碳酸盐岩、岩浆岩、变质岩和黏土覆盖。

分布于上游河源区的基岩大部分是以页岩为主的碎屑岩（Chen et al., 2005）、大量砂岩、部分石灰岩及少量岩浆岩。兰州以下至托克托黄土广泛分布，黄土中包括碳酸盐、碱性长石、云母、石英，还有作为河水溶质重要组成的易溶性硫酸盐类及氯化物等（Fan et al., 2014；温志超，2009）。

黄河中游基岩区的土壤主要由沙黄土、风积沙以及基岩风化物组成，这里也是全球面积最大的黄土覆盖区。该区域的黄土具有均一的、多孔的、松散的、高碳酸盐含量的特点，土壤颗粒粗大，大于 0.05 毫米的砂砾占了近 80%，是一种比较典型的沙土，这就导致沙层的持水性能低下，形成干旱层，植物存活困难，进而使得坡面亦发生土壤侵蚀，使得当地的地质生态环境脆弱。由于中游陡峭的地形、低植被覆盖率、雨季高频的降雨以及黄土易侵蚀风化的特性，黄土高原成为世界上侵蚀最严重的地区之一。黄土的矿物组成主要是石英、长石、方解石、云母，还包含一些蒸发岩，如岩盐、石膏和芒硝（Liu, 1988; Yokoo et al., 2004）。

黄河下游河南至山东的近代河床下伏地层表现出与其他河段明显不同的特征，主要由黄色砂壤土、黑色黏土和黄色壤土组成，下伏地层主要为三大层——上部黄色砂壤土层、中部黑色黏土层、下部黄色壤土层，分别为黄河大改道后黄河新近冲积沉积物、湖积沉积物和古黄河冲积沉积物。上部黄色砂壤土层与黄河现行河道直接接触，岩性自粗至细，由极细砂依次到黏土均有分布，黏土层具水平层理，可见干缩裂隙，粉砂、细砂层内常夹有黏土微小薄层，多为疏松状态，总体上以砂壤土为主体岩性。各类岩性的土层厚度在纵横各向上的变化虽极复杂，但本层的主要鉴别标志为不含钙质结核和黏性土都是粉砂质。粉砂、细砂具有较好的磨圆度，呈现出河流冲积沉积物的特征。中部黑色黏土层，岩性以浅灰色、灰色、灰黑色的黏土和壤土为主，间常夹有灰色的粉砂和砂壤土薄层，以及少量的黄色黏性土，具干缩裂隙，粉砂和砂壤土多呈薄层和镜体状。该地层富含田螺、介形虫、莲子等湖相水生动植物遗骸，并含少量直径小于 0.5 厘米的铁锰质结核，在深色地层内亦可见到大量的湖相动植物遗骸，呈现出明显的湖相沉积物的特征。中部湖积黏土地层属于对堤基、闸基工程影响很大的地层，具有结构疏松、低渗透性、高压缩性、抗剪强度低的特点。下部黄色壤土层，黄河冲积的厚度自西向东逐渐变薄，岩性主要为黏性土，粉砂较少且多分布于古河道内。本层土的颗粒由西向东逐渐变细和黏性土均是粉砂质地为其主要鉴别特征，且均含有 5%～20% 的直径在 0.2～3 厘米的钙质结核，常见褐色浸染，灰蓝色条带和斑块为其共同特征（李金都等，2005）。

第三节　黄河流域土壤类型概况

根据土壤成土条件、成土过程和土壤属性等的综合特征，将黄河流域土壤进行划分，主要有 9 个类型。

一、淋溶土

淋溶土是指湿润土壤水分状况下，石灰充分淋溶，具有明显黏粒淋溶和淀积的土壤，但由于淋洗程度较极育土弱，加上农民常常在其上施用大量肥料，其土壤较肥沃。淋溶土主要分布于冲积平原地区中，常为世界各农业生产重要地区的土壤。黄河流域该类土壤主要呈带状分布，多分布于关中盆地，济南、山西等地也分布有该类土壤。

二、半淋溶土

半淋溶土属弱度淋溶的土壤，土壤的共性是碳酸盐类已经在剖面中发生淋溶与累积，但均未从土体中完全淋失。半淋溶土主要分布在黄河中下游地区，即山西、陕西、河南、山东等省区交接的丘陵地区，宁夏、青海、四川的部分河谷山地上也有少量分布。这些土壤，除部分山地上还有少数保存较好的森林外，其余绝大部分都已开辟成农田，耕种的历史相当悠久。

三、钙层土

钙层土是指在我国温带和暖温带草原及干草原植被下，表层具有明显的腐殖质积累和土体中具有碳酸钙（镁）富积的土壤。钙层土主要分布于黄河流域中上游地区海拔 1500 米的高原面上，包括鄂尔多斯高原、山西大同盆地北缘，黄土高原的晋西陕北、陇东，六盘山以西的宁南和陇西地区以及青海、甘肃、新疆部分山地的垂直带与山间盆地。

四、干旱土

干旱土是指发育在干旱水分条件下具有干旱表层和任一表下层的土壤，广泛分布于干旱半干旱地区，尤其是年降水量小于 350 毫米的地区。干旱土主要分布于黄河中上游青海、甘肃、宁夏和内蒙古部分地区。

五、漠土

漠土是发育于干旱少雨、植被稀疏的荒漠地区的土壤，其主要特征是土层薄，石砾多，石灰、石膏及水溶盐类含量高。漠土零星分布在黄河上游的温带荒漠地区，包括青海、甘肃、宁夏等地。

六、初育土

初育土是指土壤发育程度微弱，土壤剖面层次分异不明显，母质特征显著，土壤保持相对的幼年阶段，并明显区别于地带性土壤的一些土壤类型，多分布于植被覆盖稀疏、水土流失严重的黄土高原地区。

七、半水成土

半水成土是直接受地下水浸润和土层暂时滞水的土壤，在气候比较湿润的森林草原条件下发育而成。黄河流域下游的黄淮平原地区、内蒙古河套平原东部、宁夏银川平原等，是这类土壤的集中分布地区。

八、盐碱土

盐碱土是民间对盐土和碱土的统称。盐碱土是指含有可溶性盐类，而且盐分浓度较高，对植物生长直接造成抑制作用或危害的土壤。我国盐碱土主要分布在西北、华北和东北平原的低地、湖边或山前冲积扇的下部边缘，以及沿海地带。黄河流域盐碱土分布地域广泛，约有数千万亩，成片分布面积很大，土壤含盐量高，集中分布在内蒙古河套灌区、宁夏银川灌区、甘肃河西走廊和山东半岛等地。

九、高山土

高山土壤是指青藏高原和与之类似海拔，高山垂直带最上部，在森林郁闭线以上或无林高山带的土壤。黄河流域的高山土主要分布在上游地区，如青海西部高原、天山、昆仑山和祁连山等海拔在 2400 ～ 5300 米的高山区。由于高山带上冻结与融化交替进行，土壤有机质腐殖化程度低，矿物质分解也很微弱，土层浅薄，粗骨性强，层次分异不明显。

第四节　黄河流域土壤理化性质概况

一、黄河全流域岸边表层土壤质地的分布特征

土壤质地是土壤一项重要的属性，反映了土壤不同粒级的组成情况。黄河流域土壤黏粒含量平均值为 19.33%，变化范围为 3% ～ 56%，变异系数为 47.37，为中等变异性；土壤粉粒含量平均值为 33.97%，变化范围为 5% ～ 54%，变异系数为 41.18，为弱变异性；土壤沙粒含量平均值为 44.90%，变化范围为 10% ～ 92%，变异系数为 44.45，为中等变异性（表 8-1）。总体看来，黄河流域的土壤按照国际分类标准属于粉砂质壤土。

表 8-1　土壤质地数据统计特征

土壤质地	最小值 /%	最大值 /%	均值 /%	标准差	偏度	峰度	变异系数
黏粒	3	56	19.33	9.01	0.995	3.952	47.37
粉粒	5	54	33.97	14.13	−0.923	−0.43	41.18
沙粒	10	92	44.90	19.72	0.814	0.175	44.45

黄河流域土壤沙粒含量呈岛状和带状分布相结合的特点，整体呈从西北－东南向东部降低的趋势，局部呈岛状分布。高值区分布在西部的上游地区，以及黄河"几"字形头部的鄂尔多斯内流区，周围土壤沙粒所占比例较高。其中，在有城市分布的中下游地区，由于受到人为活动的干扰，其空间分布形态要复杂很多，土壤质地的空间分布与所在地高强度的人类活动和土地利用方式的多样化也有关系。

二、表层土壤 pH 的分布特征

黄河流域土壤 pH 范围为 7.42 ～ 9.82，均值为 8.02。属于中性到微碱性土壤，参照全国第二次土壤普查的分级标准与研究区域情况将土壤 pH 分为 4 级；4.5 ～ 5.5 为 1 级，酸性；5.5 ～ 6.5 为 2 级，弱酸性；6.5 ～ 7.5 为 3 级，

中性；7.5～8.5为4级，弱碱性。黄河流域土壤pH＞8.5的面积比例为0.14%，7.5～8.5的面积比例为56.48%，6.5～7.5的面积比例为16.35%，5.5～6.5的面积比例为25.46%，4.5～5.5的面积比例为0.84%，＜4.5的面积比例为0.73%。黄河流域土壤pH空间分布情况为西部上游地区以酸性和弱酸性为主，中下游偏中性和弱碱性，此外，黄河中上游沿岸呈条带状分布有酸性和弱酸性土壤。

三、表层土壤有机碳的分布特征

土壤有机碳是土壤碳库重要的组成部分，主要包括腐殖质、动植物残体、微生物及其分解和合成产生的各种有机物质（Christensen，1992；高亮等，2016），在评价土壤结构、有效水分保持能力、根系深度及土壤生物多样性等土壤学特征方面发挥着决定作用（徐薇薇和乔木，2014）。黄河流域土壤有机碳含量范围为0.3～39.4克/千克，平均值为1.12克/千克，偏度为12.20，峰度为153.86，变异系数为253%，表明黄河流域土壤有机碳含量总体上为强变异。

四、表层土壤碳酸钙的分布特征

碳酸钙是干旱区、半干旱区、半湿润区土壤的重要组成矿物，土壤中碳酸钙含量是反映土壤形成发育程度的重要标志之一，它对土壤的物理、化学、生物性状都具有重要影响（李天杰等，2004；Scalenghe and Certini，2006；龚子同等，2007）。一方面，土壤碳酸钙是影响土壤中多种营养元素有效性和土壤性状的重要因素；另一方面，土壤碳酸钙通过增高土壤pH、加速吸附、胶结与沉淀等过程来调控土壤中许多污染物的活性和毒性（Garcila et al.，2009；田霄鸿等，2008；孙雷等，2008；Jensen et al.，2009）。研究土壤中碳酸钙含量对改善土壤质量、维护植物正常生长发育具有重要意义。

黄河流域土壤属于钙质土壤，其自然土壤类型空间差异明显，且该区域又是我国的主要产粮区，碳酸钙含量对农业健康发展有很大影响。全面了解黄河流域土壤中碳酸钙含量分布特征，分析其在地貌、土壤类型、气候等自然因素作用下表层土壤中所含碳酸钙的分布规律，为探讨该区域土壤实施农业施肥管理奠定基础。

黄河流域表层土壤中碳酸钙含量在 10～110 克/千克，土壤碳酸钙的平均含量为 4.43 克/千克，标准差为 4.36，变异系数为 98.50%，属于强变异。从该区域土壤碳酸钙空间分布可以看出，400 毫米等降水量线以北地区的含量显著高于以南地区，东部地区含量明显高于西部地区，如青海省等地。同时，大城市附近土壤碳酸钙含量普遍较高。

第五节 黄河流域土壤重金属污染概况

相对密度在 5 以上的金属，被称作重金属。重金属由于其持久性、不易分解性、易于富集性、强毒性等特点，已成为危害严重的环境污染物。土壤中重金属输入受到自然和人为活动因素的双重影响，在自然因素中，成土母质本身含有重金属，不同的母质和成土过程所形成的土壤中重金属含量差异很大。在人为活动因素中，如农业中杀虫剂和化肥的使用，城市废弃物排放、大气沉降、工业活动和交通活动等均会造成环境中的重金属污染。大量研究表明，重金属的污染程度与地区的工业化水平以及化学物质的使用量密切相关。

一、黄河流域底泥重金属污染特征

黄河是我国的第二大河，具有水少沙多、水沙异源的特点，径流主要来自上游河口镇以上流域，泥沙则主要来自中下游的黄土高原地区。泥沙淤积造成部分地区出现地上河，黄河从 2002 年开始实施调水调沙计划，在 2002 年 7 月黄河首次调水调沙期间，共有 0.505 亿吨泥沙入海，取得较好结果。

王霞（2014）对黄河上游四个省区（青海、甘肃、宁夏、内蒙古）典型地区底泥中重金属的含量及其来源进行系统分析，发现黄河上游青海段重金属 Cr 含量远远高于背景值，属于中等污染水平，Cu、Fe、Mn、Ni 和 Pb 的评价含量略高于背景值，受人类活动影响小；而 Zn 和 Cd 的含量值略低于背景值，几乎没有污染。甘肃段 Cr 的污染也最为明显，Cu、Fe、Mn、Ni 和 Pb 的含量和背景值相差不多，几乎无污染；Zn 的含量小于背景值，受人类活动影响较小。宁夏段 Cr 和 Cd 污染较严重，Zn 和 Mn 几乎无污染或污染较轻。内蒙古段 Cr、Cu 和 Ni 污染较严重，Zn 几乎无污染或污染较轻。总体看来，与背景值相比，黄河上游四个省区底泥中重金属元素 Mn 和 Zn 为无污染到弱污染程度，可能受自然沉积、地壳运动等自然影响。重金属 Cu、Ni、Pb 与 Cd 为弱污染程度，受结石碎片等因素影响。重金属 Cr 属于中等污染，可能是由人为活动引起，如工业废水、车辆尾气排放、金属矿山冶炼、化学原料及化学品制造、煤矿矸石中的 Cr 元素流失较严重并通过地表水流入河流等。总体而言，黄河上游四个省区整条流域为无到中等污染程度（王霞，2014）。

20 世纪 80 年代，黄薇文和张经（1987）对黄河底泥及悬浮颗粒物进行过多次调查，调查结果表明，黄河河口段底泥中重金属含量接近其在黄土中的含量，主要来自河流的自然沉积和演变，受人为影响不严重，在上游兰州、郑州两点重金属含量要略高于下游（Huang et al., 1992）。黄河未受污染的主要原因有：①黄河流域中下游并不是工业区，排污少；②下游河床抬高，排污受阻；③河口生产力相对较低，生物富集不显著；④大量泥沙的稀释作用（黄薇文等，1985）。随着工业的发展，黄河流域排污有增多趋势（李利民，1994），袁浩等（2008）对黄河干流及支流沉积物进行调查，结果发现重金属总体与全球页岩重金属丰度一致，但部分地区重金属浓度较高，内蒙古包头段受工业及生活污染影响，重金属已经处于轻微污染，Pb 污染尤其严重（何江等，2003；赵锁志等，2008）。黄河下游作为我国重要的农牧业地区，农业非点源污染致使地下水水质下降，严重威胁到人民生命健康（陈媛媛等，2011）。黄河入海不仅挟带大量泥沙，同时也将流域内城市、工业及采矿等排污也带入渤海，虽然重金属浓度尚未超过国家海水质量标准，但已超过当地重金属背景值（Tang et al., 2010），通过计算表层沉积物中重金属富集因子可以看出 Cu、Pb、Zn 达到弱污染标准，Cd、Cr、Ni 中等污染（Gao and Chen, 2012），重金属由河口至渤海中部呈现降低的分布趋势，体现出明显的人为影响。

二、黄河流域主要城市表层土壤重金属的含量、分布、来源及污染特征

黄河流域主要城市土壤重金属含量与《土壤环境质量 农用地土壤污染风险管控标准（试行）》（GB15618—2018）土壤环境质量标准以及各地土壤背景值比较（表 8-2），主要有以下特点：①各地区土壤重金属含量背景值差异较大；②黄河流域各大城市土壤重金属积累比小城市严重；③内蒙古包头、山西部分地区受工业污染影响，部分土壤重金属已有轻微污染；④上游和下游不是工业区，污染轻，不过随着工业的发展，土壤重金属积累速率有增加趋势。虽然土壤重金属含量普遍尚未超过国家土壤环境质量二级标准，但已不同程度地超过当地重金属背景值。

近年来，关于土壤重金属污染的相关研究很多，通过对黄河流域各省区关于土壤重金属污染的相关文献梳理发现：①缺乏对黄河全流域土壤重金属含量、积累和污染的系统性研究；②黄河流域各省区土壤重金属污染的相关研究集中在经济发展水平高或矿产资源丰富的地区，如陕西省土壤重金属主要研究区集中在西安，或矿产资源丰富的城市宝鸡等。

表 8-2　黄河流域典型区表层土壤重金属及背景值的含量对比　　　　（单位：毫克/千克）

项目		As	Cd	Co	Cr	Cu	Hg	Mn	Ni	Pb	Zn
青海段	全省	7.7	0.75	17.18	122.21	24.03	—	669.84	37.55	9.73	96.23
	背景值	11.2	0.81	12.7	53.96	15.83	—	531.72	32.03	9.60	102.31
甘肃段	全省	2.42	1.81	—	110.08	25.96	—	754.77	38.07	11.36	102.87
	背景值	10.64	1.43	—	40.89	25.60	—	700.61	36.30	11.32	115.72
宁夏段	全区	11.82	1.42	—	98.60	23.05	—	611.74	42.60	10.07	95.50
	背景值	12.2	1.02	—	27.65	21.29	—	603.61	38.24	9.27	102.95
内蒙古段	全区	8.26	1.38	10.81	65.84	22.47	0.077	625.07	38.89	8.16	38.89
	背景值	7.84	1.21	—	59.04	17.22	0.016	552.9	31.62	7.45	31.62
陕西榆林	市区周边	—	0.73	—	72.98	27.31	—	509.98	—	—	—
山西吕梁	城区	—	2.90	—	—	15.09	—	—	21.80	65.40	48.34
	背景值	—	0.13	—	—	26.9	—	—	32	18.1	75.5

续表

项目		As	Cd	Co	Cr	Cu	Hg	Mn	Ni	Pb	Zn
河南段	全省	10.00	0.15	11.60	67.60	22.00	0.045	572.0	27.60	23.60	61.50
	背景值	10.86	0.11	11.59	67.03	21.37	0.024	583.48	28.64	20.19	60.22
山东	全省	19.14	0.253		87.98	38.02	0.035	—	42.54	34.22	95.40
	背景值	10.4	0.11	—	63.9	21.5	0.02	—	27.3	19.1	60.1
风险筛选值		30	0.3	—	200	100	2.4		100	120	250
风险管制值		120	3.0	—	1000	—	—	—		700	—

三、黄河中下游典型河段滩区土壤重金属的含量、分布、来源及污染特征

现有研究中关于黄河滩区土壤重金属污染的相关研究较少，与采样点附近背景值相结合的对比研究也非常缺乏，如表 8-3 所示，与采样地点所在省区的土壤背景值相比，除 Zn 外，Cr、Cu 和 Pb 的积累水平整体较低，其他重金属含量则多数低于背景值；与国家土壤环境质量标准相比，典型滩区重金属含量普遍未超过风险筛选值（Zn 除外），整体积累水平较低。此外，表中各地黄河滩区的土壤重金属含量有一定的空间变异性，主要与当地的农业（如水田耕种）相关（李刚等，2016），也有部分样点土壤重金属含量的增高可能与当地工业废水排放有关（张鹏岩等，2013）。

表 8-3　黄河中下游典型河段表层土壤重金属及背景值的含量对比　（单位：毫克 / 千克）

项目		As	Cd	Cr	Cu	Hg	Ni	Pb	Zn
韩城下峪口	河道	4.64	0.23	47.26	33.01	—	46.15	9.38	252.59
	沙洲	6.49	0.30	62.30	51.41	—	37.99	14.20	278.22
	陕西省背景值	9.96	0.79	55.00	17.90		24.00	11.50	45.30
开封段	滩区土壤	11.69	0.103	62.99	—	0.076	—	48.26	—
山东省	下游流域	10.9	0.148	65.5	23.3	1.711	28.5	21.9	65.9
黄河三角洲	土壤	—	0.96	29.91	23.77		—	30.26	90.86
	山东省背景值	—	0.084	66.0	24.0			25.8	63.5
风险筛选值		30	0.3	200	100	2.4		120	205

第六节　黄河全流域岸边表层土壤中多环芳烃的
分布、来源及风险

多环芳烃（PAHs）是一种普遍存在于环境各个生物体介质中的有毒持久性有机污染物，具有"致癌、致畸和致突变"三致效应（Chen et al., 2017）。PAHs 是广泛存在于环境中危害极大并且在环境中含量较高的 23 种 PAHs，即包括美国国家环境保护局（USEPA）提出的 16 种优先控制 PAHs，以及 7 种国际持久性有毒污染物控制中心列出的同样环境中含量高毒性高，并在未来会被列入优先控制 PAHs 的污染物（张旭等，2016）。

张旭等（2016）在北京大学和黄河水利委员会的配合下，两次对黄河全流域沿岸表层土壤中 PAHs 含量进行调查，鲁垠涛等（2019）也对黄河全流域岸边表层土壤中 PAHs 的分布、来源及风险进行了全面评估，结果表明，黄河流域沿岸表层土壤样品中 Σ_{25}PAHs 的含量范围为 18.23 ～ 6805.49 纳克 / 克，均值为 343.764 纳克 / 克；$\Sigma_7$carcPAHs 含量范围为 2.23 ～ 2796.34 纳克 / 克，均值为 126.6 纳克 / 克。上游采样点从黄河沿到头道拐，土壤中 PAHs 含量范围为 111.63 ～ 6805.49 纳克 / 克，浓度较高；中游采样点从万家寨到小浪底，土壤中 PAHs 含量范围为 20.91 ～ 108.54 纳克 / 克，浓度较低；下游采样点从花园口到利津，土壤中 PAHs 含量范围为 27.99 ～ 91.62 纳克 / 克，浓度较低。黄河流域虽然 PAHs 平均浓度在全球处于中等偏低水平，但高污染采样点依然需要引起政府关注。中上游的享堂（甘肃）、新城桥（甘肃）、青铜峡（内蒙古）、石嘴山（内蒙古）、吴堡（陕西）、中下游的西师（河南）、吊桥（河南）、黑石关（河南）和夹河滩（河南）地区采样点的土壤中 PAHs 含量都很高，根据土壤中 PAHs 污染标准（康杰等，2017），即未污染（小于 200 纳克 / 克）、轻度污染（200 ～ 600 纳克 / 克）、中度污染（600 ～ 1000 纳克 / 克）、重度污染（大于 1000 纳克 / 克）可知，享堂附近土壤污染严重，青铜峡、西师、黑石关属于中度污染，循化、安宁渡、新城桥、下河沿、石嘴山、小浪底和夹河滩属于轻度污染，其他地区属于土壤样品无污染区域。这说明黄河流域兰州及河南段的这些地区普遍受到 PAHs 的污染，存在一定的点源或面源污染，需引起注意。

各采样点土壤PAHs含量详见图8-1。

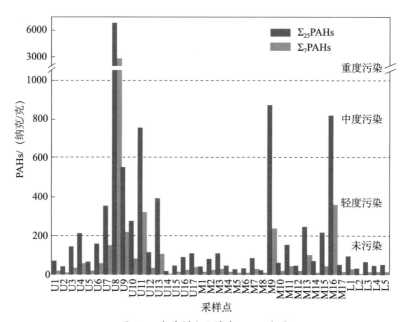

图8-1 各采样点土壤中PAHs含量

污染源解析结果表明，黄河流域PAHs污染地区的污染来源主要是煤、油燃烧源和机动车排放，与这些地区的发电厂废气废水排放、冬季供暖、重工业发展及交通枢纽的交通工具使用密不可分。总体来看，黄河流域土壤中PAHs的含量呈中上游高于下游的趋势，可能是由于黄河中上游是"西电东送"北线的能源输出地，中游地区分布着丰富的煤炭资源。

参考文献

陈媛媛，王永生，易军，等. 2011. 黄河下游灌区河南段农业非点源污染现状及原因分析 [J]. 中国农学通报，27（17）：265-272.

戴英生. 1984. 黄河流域地质构造的基本特征 [J]. 人民黄河，(3)：20-26.

高亮，高永，王静，等. 2016. 土地覆盖类型对科尔沁沙地南缘土壤有机碳储量的影响 [J]. 中国沙漠，36（5）：1357-1363.

郜银梁. 2017. 黄河中下游平原水文地质条件对沿黄城市水资源开发利用的影响 [J]. 中国水运（下半月），17（2）：137-138.

龚子同，张甘霖，陈志诚. 2007. 土壤发生与系统分类 [M]. 北京：科学出版社.

郭加朋. 2009. 山东省黄河下游流域重金属地球化学特征及其生态环境效应 [D]. 青岛：山东科技大学.

韩晓丹. 2019. 基于复杂网络的表层土壤元素分布及土壤污染研究 [D]. 北京：中国地质大学（北京）.

何江，王新伟，李朝生，等. 2003. 黄河包头段水 – 沉积物系统中重金属的污染特征 [J]. 环境科学学报，（1）：53-57.

黄薇文，张经. 1987. 黄河河口段沉积物中重金属的地球化学行为 [J]. 海洋通报，6（2）：23-28.

黄薇文，张经，陆贤崑. 1985. 黄河口地区底质中重金属的分布特征、污染评价及其与泥沙运动的关系 [J]. 环境科学，（4）：29-34.

金仙梅. 2004. 黄河三角洲滨浅海区晚第四纪沉积地层结构与海洋地质灾害研究 [D]. 长春：吉林大学.

景可. 1987. 黄河中下游地区自然灾害发生的地质背景 [J]. 灾害学，（1）：38-41.

康杰，胡健，朱兆洲，等. 2017. 太湖及周边河流表层沉积物中 PAHs 的分布、来源与风险评价 [J]. 中国环境科学，37（3）：1162-1170.

李刚，蔡苗，魏样. 2016. 基于地积累指数法和生态危害指数法对黄河滩地土壤重金属污染的研究 [J]. 绿色科技，（24）：5-8，11.

李金都，周志芳，宋汉周，等. 2005. 黄河下游近代河床下伏地层的成因及其工程地质性质研究 [J]. 地球与环境，（S1）：184-188.

李利民. 1994. 黄河泥沙对某些重金属离子的特性吸附及影响因素研究 [J]. 环境科学研究，（5）：12-16.

李天杰，赵烨，张科利，等. 2004. 土壤地理学 [M]. 3 版. 北京：高等教育出版社.

刘东生，等. 1985，黄土与环境 [M]. 北京：科学出版社.

鲁垠涛，王雪雯，张士超，等. 2019. 黄河全流域岸边表层土壤中 PAHs 的分布、来源及风险评估 [J]. 中国环境科学，39（5）：2078-2085.

祁迎春，王建，陆斌，等. 2017. 榆林市区周边土壤重金属污染特征与评价 [J]. 陕西农业科学，63（6）：50-53，62.

盛奇，王恒旭，胡永华，等. 2009. 黄河流域河南段土壤背景值与基准值研究 [J]. 安徽农业科学，37（18）：8647-8650，8668.

孙雷，赵烨，李强. 2008. 北京东郊污水与清水灌区土壤中重金属含量比较研究 [J]. 安全与环境学报，8（3）：29-33.

田霄鸿，陆欣春，买文选，等. 2008. 碳酸钙含量对土壤中锌有效性和小麦锌铁吸收的影响 [J]. 土壤，40（3）：425-431.

王霞. 2014. 黄河上游典型地区底泥重金属调查与污染评价 [D]. 兰州：兰州交通大学.

王莹，王中慧，武瑞平，等. 2015. 吕梁市土壤重金属污染特征及评价 [J]. 青岛：山东化工，44（24）：172-174.

温志超. 2009. 夏季黄河流域化学风化及无机碳输运研究 [D]. 青岛：中国海洋大学.

辛成林. 2013. 长江流域、黄河下游颗粒态金属地球化学特征及其比较 [D]. 青岛：中国海洋大学.

徐薇薇, 乔木. 2014. 干旱区土壤有机碳含量与土壤理化性质相关分析 [J]. 中国沙漠, 34（6）: 1558-1561.

杨蕊, 李小平, 王继文, 等. 2016. 西宁市城市土壤重金属分布特征及其环境风险 [J]. 生态学杂志, 35（6）: 1531-1538.

袁浩, 王雨春, 顾尚义, 等. 2008. 黄河水系沉积物重金属赋存形态及污染特征 [J]. 生态学杂志, 27（11）: 1966-1971.

张鹏岩, 秦明周, 陈龙, 等. 2013. 黄河下游滩区开封段土壤重金属分布特征及其潜在风险评价 [J]. 环境科学, 34（9）: 3654-3662.

张旭. 2017. 黄河流域不同季节水相、沉积物和土壤中多环芳烃分布、来源和风险评价 [D]. 北京: 北京交通大学.

张旭, 卢双, 裴晋, 等. 2016. 长江湖北段表层土中多环芳烃分布、来源及风险评价 [J]. 环境科学报,（12）: 4531-4536.

赵锁志, 刘丽萍, 王喜宽. 2008. 黄河内蒙古段上覆水、悬浮物和底泥重金属特征及生态风险研究 [J]. 现代地质,（2）: 304-312.

郑美妍. 2017. 黄河三角洲土壤重金属空间分布及其对土壤微生物群落的影响 [D]. 曲阜: 曲阜师范大学.

中国地质科学研究院. 1973. 中华人民共和国地质图集. 中国地质图制印厂清绘制印.

周勤利, 王学东, 李志涛, 等. 2019. 宁夏贺兰县土壤重金属分布特征及其生态风险评价 [J]. 农业资源与环境学报, 36（4）: 513-521.

Chen J S, Wang F Y, Meybeck M, et al. 2005. Spatial and temporal analysis of water chemistry records (1958—2000) in the Huanghe (Yellow River) basin [J]. Global Biogeochemical Cycles, 19 (3). doi: 10.1029/2004GB002325.

Christensen B T. 1992. Advances in Soil Science: Physical Fractionation of Soil and Organic Matter in Primary Particle Size and Density Separates [M]. New York: Springer: 1-90.

Fan B L, Zhao Z Q, Tao F X, et al. 2014. Characteristics of carbonate, evaporite and silicate weathering in Huanghe River basin: a comparison among the upstream, midstream and downstream [J]. Journal of Asian Earth Sciences, 96: 17-26.

Gao X L, Chen T. 2012. Heavy metal pollution status in surface sediments of the coastal Bohai Bay [J]. Water Research, 46 (6): 1901-1911.

Garcila I, Diez M, Marting F, et al. 2009. Mobility of Arsenic and heavy metals in a sandy-loam textured and Carbonated soil [J]. Pedosphere, 19 (2): 166-175.

Huang W W, Zhang J, Zeng H Z. 1992. Particulate element inventory of the Huanghe (Yellow River): A large, high-turbidity river [J]. Geochimica et Cosmochi mica Acta，56 (10): 3669-3680.

Jensen J K, Holm P E, Negrup J. 2009. The potential of willow for remediation of heavy metal polluted calcareous urban soils [J]. Environmental Pollution, (157): 931- 937.

Liu T S. 1988. Loess in China.[M]. 2nd ed. Heidelberg: Springer-Verlag.

Scalenghe R, Certini G. 2006. Soils: Basic Concepts and Future Challenges[M]. Cambridge: Cambridge University Press.

Tang A K, Liu R H, Ling M. 2010. Distribution characteristics and controlling factors of soluble heavy metals in the Yellow river estuary and adjacent sea[J]. Procedia Environmental Sciences, 2: 1193-1198.

Yokoo Y, Nakano T, Nishikawa M, et al. 2004. Mineralogical variation of Sr-Nd isotopic and elemental compositions in loess and desert sand from the central Loess Plateau in China as a provenance tracer of wet and dry deposition in northwestern Pacific[J]. Chemical Geology, 204: 45-62.

Zhang J, Huang W W, Letolle R, et al. 1995. Major element chemistry of the Huanghe (Yellow River), China-weathering processes and chemical fluxes[J]. Journal of Hydrology, 168 (1): 173-203.

第九章
黄河流域雾霾污染时空格局
与影响因素

    改革开放以来，经济发展突飞猛进，随之而来的是空前严重的环境污染。我国雾霾污染展现出持续性、大面积的特点，并且发生频率也在逐年增加。雾霾污染不仅严重影响了我国居民的身体健康，同时也不利于社会和谐稳定和经济的健康增长。因此治理雾霾污染迫在眉睫，但是雾霾污染的"关键诱因是什么"，"从何入手"是我国雾霾治理中亟待解决的问题。尽管气象因素在一定程度上造成了雾霾污染，但是追根溯源，人口的增长、经济的粗放式发展、产业结构的失衡、能源效率的低下、环境治理措施治标不治本等社会经济因素难辞其咎。因此，众多学者从不同的视角对雾霾污染的社会经济根源进行了大量的研究，如何从根本上治理雾霾污染也成为各级政府的重大议题。

    对于雾霾污染形成机制的研究不单单要关注气象因素，同时还要关注社会经济因素。因为雾霾污染的形成表象在气象，根源在人类的社会生活与生产活动（马晓倩等，2016）。研究内容上，现有诸多研究（刘华军和彭莹，2019；姜磊等，2018；李欣等，2017；严雅雪和齐绍洲，2017）考察了对外开放、财政分权、地方竞争、第二产业占比、交通运输等因素对雾霾污染形成的影响。冷艳丽等（2015）基于静态面板模型对雾霾形成的根源进行了详尽的考察，发现外商直接投资、煤炭消费、机动车辆、贸易开放度、房屋建筑施工面积及产业结构加剧

本章内容主要来自陈世强，张航，齐莹，等. 2020. 黄河流域雾霾污染空间溢出效应与影响因素［J］. 经济地理，40（5）：40-48.

了雾霾污染的恶化，而 GDP 与雾霾污染呈负相关。李欣等（2017）在空间视角下分析长江三角洲雾霾污染的形成根源发现，城市化水平的提升是加剧长江三角洲地区雾霾污染的主要根源。姜磊等（2018）认为外商直接投资对长江中游城市群和东北城市群的空气质量具有明显的改善作用。

研究尺度上，现有研究多集中于省域和市域尺度。严雅雪和齐绍洲（2017）在全国范围内省域尺度上，基于动态空间计量模型的研究表明外商直接投资（FDI）是导致雾霾污染恶化的影响因素之一。邵帅等（2016）使用空间动态面板模型对我国省域尺度雾霾污染的研究发现，人口密度、技术水平、第二产业所占比例、能源结构、交通运输对雾霾污染都具有显著的正向促进作用，对外开放具有显著的"污染晕轮"效应。张生玲等（2017）同样采用空间计量模型，在市域尺度上研究发现第二产业所占比例畸高、交通运输压力增大对雾霾污染具有显著的正向促进作用，人口密度和绿化面积对雾霾没有显著的影响。上述研究表明，由于区域差异的存在，不同尺度上影响雾霾污染的社会经济根源不尽相同。

相关研究在方法上大致可以分为三种。第一种是投入产出（input-output）模型，这类研究往往基于非连续数据，从而忽略了雾霾污染的时间变化趋势，并且只对单个因素进行分解，不能对雾霾污染的形成根源进行综合考察（张生玲等，2017；王桂芝等，2016；潘媛，2015）。第二种是可计算一般均衡模型，虽然这类研究可以考察多个社会经济因素，但是此模型是基于投入产出模型展开的，同样具有非连续性和存在滞后性问题（魏巍贤和马喜立，2015；姜春海等，2017）。第三种是计量模型分析方法。计量模型众多，可分为截面模型和面板模型两大类。截面模型由于只有单年数据，结论具有偶然性（冯少荣和冯康巍，2015；孙梓滢，2017）。面板模型虽然可以系统地考察经济增长、外商直接投资、能源结构等对雾霾污染长时间序列的影响机制，但是对空间要素考虑不足。

雾霾极易在空中溢散，使得雾霾污染的程度在空间上具有明显的自相关性，即空间溢出效应，因此，空间计量专家 Anselin（2001）明确提出，当使用计量模型对雾霾污染进行研究时，需要将空间因素考虑在内。Rupasingha 等（2010）对美国 3029 个县的人均收入与大气污染之间的联系进行了探讨，结果表明空间变量的引入大大提升了计量模型的精准度。全国范围内，邵帅等（2016）基于地理距离权重矩阵、地理经济距离权重矩阵和地理与经济距离的嵌套权重矩阵的空间溢出效应检验均显示，1998～2012年我国雾霾污染具有明显的空间溢出效应，高雾霾污染集中于京津冀、长江三角洲及这两大增长极的中间连接地带。在邻接权重矩阵下的结果显示，2001～2012年我国雾霾污染的高值集聚区域呈现出扩大态势（王美霞，2017）。较小范围内，不同的省内（郑翔翔等，2015）、市内（王占山等，2015），由于工业布局、建筑物形态、土地利用类型等因素的不同，在污染空间溢出效应中起到主要作用的区域也会存在差异。

黄河流域横跨我国东中西部，作为我国重要的生态屏障和经济地带，在我国经济社会发展和生态安全方面具有十分重要的地位。习近平总书记指出："黄河流域生态保护和高质量发展，同京津冀协同发展、长江经济带发展、粤港澳大湾区建设、长三角一体化发展一样，是重大国家战略"（习近平，2019）。中华人民共和国成立以来，黄河治理取得了突飞猛进的成就，经济也得到了很大的提升，但是黄河流域生态脆弱，发展质量有待提高的问题尤为突出。黄河流域雾霾污染的时空集聚特征是什么，其背后的社会经济影响机制是什么，存在不存在影响机制的区域差异，这些问题对黄河流域的生态的保护和雾霾治理对策的制定至关重要。基于此，本章以PM2.5浓度表征雾霾污染严重程度，在检验黄河流域雾霾污染空间溢出效应的基础上，通过构建黄河流域时空面板模型分析黄河流域雾霾污染产生的社会经济根源及其区域差异，据此提出相应的治霾对策。本章的主要贡献体现在以下三个方面：①结合黄河流域资源禀赋与发展水平，从经济增长、人口密度、城镇化、产业结构、能源消费、技术水平、交通运输、对外开放等方面构建了黄河流域雾霾污染社会经济影响因素的STIRPAT分析框架。②利用夜间灯光数据，采用掩膜去噪、回归融合、回归建模的方法反演了黄河流域市域能源消费年度总量，将市域能源消耗数据加入模型中。③构建了黄河流域1998～2016年空间动态面板模型，采用系统广义矩阵（SGMM），对黄河全流域及上中下游流域雾霾污染形成的关键诱因进行了全面系统的建模分析。本章力图通过上述系统性的研究探索导致黄河流域雾霾污染的社会经济因素，从而为黄河流域雾霾治理提供合理、科学、有针对性的政策建议。

第一节　黄河流域大气污染时空格局

本章采用 Moran's I（全局和局部 Moran's I）来分析黄河流域市域 PM2.5 污染的空间溢出效应。

一、全局空间自相关模型

全域空间相关性通常采用 Moran's I 和 Geary's C 指数进行测度，其计算公式为

$$\text{Moran' s } I = \frac{n\sum_{i=1}^{n}\sum_{j=1}^{n} w_{ij}\left(x_i - \bar{x}\right)\left(x_j - \bar{x}\right)}{\left(\sum_{i=1}^{n}\sum_{j=1}^{n} w_{ij}\right)\sum_{i=1}^{n}\left(x_i - \bar{x}\right)^2}, \ \left(i \neq j\right) \tag{9-1}$$

$$\text{Geary' s } C = \frac{\sum_{i=1}^{n}\sum_{j=1}^{n} w_{ij}\left(x_i - x_j\right)}{2\sum_{i=1}^{n}\sum_{j=1}^{n} w_{ij}\sum_{i=1}^{n}\left(x_i - \bar{x}\right)^2}, \ \left(i \neq j\right) \tag{9-2}$$

式中，n 为样本个数；w_{ij} 为空间权重矩阵，考虑到 PM2.5 的空间流动性主要受到自然因素的影响，所以本章选用地理距离空间权重矩阵，即 w_{ij} 为 i 城市和 j 城市中心距离倒数；x_i 和 x_j 分别为 i 点和 j 点的 PM2.5 浓度；$\bar{x}$ 为各市 PM2.5 均值。

二、局部空间自相关模型

全局空间指标可以反映黄河流域 PM2.5 污染的整体空间集聚状态，但可能会忽略局部地区的非典型性特征，这在一定程度上掩盖了局部状态的不稳定性，对研究范围内局部空间异质性刻画不足。因此，为了更直观、更全面地考察 PM2.5 污染的空间集聚态势，采用 Local Morans'I 指数对黄河流域各

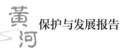

市 PM2.5 浓度的局部分异性特征进行检验。其计算公式如下：

$$\text{Local Moran's } I = \frac{n(x_i - \bar{x})\sum\limits_{j=1}^{m} w_{ij}(x_j - \bar{x})}{\sum\limits_{i=1}^{n}(x_i - \bar{x})^2}, \quad i \neq j \qquad (9\text{-}3)$$

式中，各变量含义同式（9-2）。

三、黄河流域 PM2.5 时空格局（Morans'I）

1998 ～ 2016 年黄河流域 PM2.5 全局空间自相关检验结果如表 9-1 所示，在地理距离空间权重矩阵下 Morans'I 指数均大于 0.7，且 Z 得分为正，均在 1% 的水平下显著，表明黄河流域雾霾污染呈现出高度的空间集聚特征。G 指数（General）均等于 0.02，Z 得分均大于 10，并且都显著，说明高－高聚类区域占据主导地位。

表 9-1　1998 ～ 2016 年黄河流域各城市 PM2.5 Local Morans'I 和 G 指数

年份	Morans'I	Z 得分	p 值	G 指数	Z 得分	p 值
1998	0.76	12.52	0.00	0.02	10.06	0.00
1999	0.74	12.32	0.00	0.02	10.17	0.00
2000	0.74	12.27	0.00	0.02	11.05	0.00
2001	0.79	12.99	0.00	0.02	10.81	0.00
2002	0.81	13.37	0.00	0.02	11.03	0.00
2003	0.85	13.94	0.00	0.02	11.77	0.00
2004	0.84	13.80	0.00	0.02	11.74	0.00
2005	0.85	13.94	0.00	0.02	12.03	0.00
2006	0.85	14.07	0.00	0.02	12.16	0.00
2007	0.86	14.12	0.00	0.02	12.19	0.00
2008	0.86	14.20	0.00	0.02	12.18	0.00
2009	0.86	14.22	0.00	0.02	12.15	0.00
2010	0.87	14.37	0.00	0.02	12.27	0.00
2011	0.87	14.37	0.00	0.02	12.28	0.00
2012	0.87	14.39	0.00	0.02	12.48	0.00
2013	0.85	13.99	0.00	0.02	12.24	0.00

续表

年份	Morans'I	Z 得分	p 值	G 指数	Z 得分	p 值
2014	0.85	14.09	0.00	0.02	12.17	0.00
2015	0.88	14.57	0.00	0.02	12.59	0.00
2016	0.88	14.52	0.00	0.02	12.75	0.00

局部自相关检验结果显示，1998～2016 年黄河流域 PM2.5 在空间上均存在显著且稳定的高－高和低－低集聚，不存在高－低集聚区域。其中低－低集聚区集中于西部欠发达的黄河上游城市，高－高集聚区集中于经济相对较好的黄河下游城市。

整体来看，黄河流域 PM2.5 浓度在空间上存在显著的高－高和低－低集聚，而低－高集聚和高－低集聚在空间并不明显，这说明黄河流域 PM2.5浓度存在明显的正向空间溢出效应，而且空间溢出效应具有持续性和广泛性，因此在制定治霾政策时必须坚持区域联控、根源治理的治霾措施。从集聚位置来看，高－高集聚主要集中在黄河下游城市群。从动态变化来看，1998～2016 年，中国高雾霾集聚区域变化不大。1998～2013 年新乡市、鹤壁市、郑州市相继进入高雾霾污染区，郑州市于 2016 年退出高雾霾污染区。从图中也可看出，经济发达的东部，是高值集聚的重污染区域，而西部欠发达地区是低值集聚区，污染程度低。

第二节　黄河流域大气污染影响因素分析

一、变量选取及数据来源

STIRPAT 模型主要探讨人口、经济以及科技给环境带来的影响（York et al.，2003；Shi，2003），是目前分析环境问题的主流框架之一。该模型最早来源于 Ehrlich 和 Holdren（1971）的研究，主要评估人口增长对环境的影响，发展到后来的 IPAT 模型（York et al.，2003），进而演变成为可扩展的STIRPAT 研究框架。该模型的面板数据形式为

$$I = cP^{\beta_1} A^{\beta_2} T^{\beta_3} e \qquad\qquad (9\text{-}4)$$

$$\ln I = c + \beta_1 \ln P + \beta_2 \ln A + \beta_3 \ln T + e \qquad\qquad (9\text{-}5)$$

式中，I 为环境影响指标；P 为人口规模；A 为财富水平；T 为科技水平；e 为误差项；β 为变量系数。

STIRPAT 模型作为一个重要的可扩展的随机性环境影响评估模型，既可以将各个系数作为参数进行估计，又能够对各个影响因素进行适当的分解与改进（邵帅等，2016）。因此本章选取 STIRPAT 模型作为基本框架分析影响黄河流域雾霾污染的社会经济因素。具体指标选取及解释如下。

（1）人口密度（pop）。本章选取单位面积的人口数表征人口密度，以避免各市域行政区面积和人口规模具有较大差异所导致的不可比性。由于雾霾污染与人类的生产、生活活动密切相关，因此该因素预期系数为正。

（2）城市建成区面积占比（bpa）。城市建成区往往存在较高强度的土地利用开发以及能源消耗，能够在一定程度上表征人口分布和人类活动强度的空间差异，城市建成区会产生更多的污染物使得空气质量变差。此外，随着建成区域面积的增大，原始森林、草地等被破坏，环境承载力以及自我净化能力下降，雾霾更易产生。因此该因素预期系数为正。

（3）经济增长（lgdp）。经济发展是环境污染的直接驱动力之一，由于本章的因变量为区域 PM2.5 的平均浓度，因此选取地均 GDP 表征区域经济发展水平。基于环境库兹涅茨曲线（environment Kuznets curve，EKC）假说，为了进一步验证经济增长对于空气污染贡献的非平稳性，本章在模型中加入了地均 GDP 的一次项和二次项，以考察 EKC 曲线态势。

（4）产业结构（sec）。雾霾是工业化进程的产物，工业化进程中第二产业所占比例的畸高会导致空气质量的不断恶化。因此本章选取第二产业增加值占 GDP 比例反映各地市的产业结构，预期系数为正。

（5）能源消费（ene）。我国的能源消费以化石能源为主，化石能源（煤炭、石油、天然气等）的燃烧是雾霾污染重要的来源。本章选取地均能源消费量作为分析雾霾污染影响因素的重要指标。然而，由于地级市尺度的能源消耗量不可获得，统计年鉴中仅有省域能源消耗数据（万吨标准煤），所以本章基于夜间灯光数据和能源统计数据之间的定量关联（吴健生等，2014），采用如下流程得到了地级市尺度上黄河流域 1998～2016 年市域能源消耗量：①对美国国防气象卫星计划/可见红外成像（DMSP/OLS）数据进行过饱和处理（曹子阳等，2015）。②使用 2015 年官方已去噪图像，在假设短时间内稳定像元范围不会有较大波动的前提下，对其他年份对地观测卫星搭载的可见光/红外辐射成像仪（NPP-VIIRS）数据采用掩膜擦除的方法进行异常噪声过滤（Wu, 2018）。③利用 2013 年 DMSP/OLS 与 NPP-VIIRS 两种数据之间的定量关联，构建回归模型，将 NPP-VIIRS 数据矫正到 DMSP/OLS 数据的数量级上（Wu, 2018），使得两种数据的灯光亮度（DN）值在时间变化曲线上光滑，而又不过多损失 NPP-VIIRS 的精度。④利用多项式回归，计算得到 1998～2016 年市域能源消耗量。经过模拟值与真实值相关关系检验（苏泳娴，2015），本章计算得到的 1998～2016 年市域能源消费的精度高于 80%。

（6）技术水平（rd 和 ed）。生产技术的创新是提高生产力发展的重要途径，节能减排技术的创新无疑是减轻雾霾污染的关键。本章参照邵帅等（2016）的做法，将技术水平分解为研发强度（rd）和能源强度（ed）。其中研发强度为研发从业人数与总从业人数的比值，研发强度越大，表明市域内的研发投入越多，通过创新减少污染物排放和生产力提升的效果更加明显，预期系数为负；能源强度为煤炭消费量与不变价 GDP 的比值，单位 GDP 消耗煤炭越少，表明能源效率越高，预期系数为正。

（7）交通（carp）。汽车尾气排放是城市雾霾污染重要源头。本章选取市域万人汽车保有量衡量区域交通对于雾霾污染的影响，预期系数为正。

（8）对外开放（fdi）。现有研究表明外商直接投资（FDI）对环境的影响具有正向促进效应（"污染避难所"假说）或者负向缓解效应（"污染晕轮"假说）（陈刚，2009；李国平等，2013；周杰琦等，2019）。改革开放以来，黄河流域经济迅猛发展，对外开放是黄河流域环境问题不可或缺的影响因素。因此，本章采用 FDI 占 GDP 比例表征对外开放程度，预期系数不确定。

上述社会经济指标主要来源于《中国能源统计年鉴》《中国城市建设统计年鉴》《中国交通年鉴》《中国城市统计年鉴》《中国区域经济统计年鉴》及黄河流域各省市统计年鉴，夜间灯光数据来源于美国国家海洋和大气管理局。

二、模型计算与结果分析

本章构建了 1998 ～ 2016 年黄河流域社会经济因素对雾霾污染影响效应的空间面板模型。对于模型参数估计，需要先依据拉格朗日乘数（Lagrange multiplien, LM）检验对比空间滞后模型和空间误差模型。由表 9-2 可以看到，在地理距离空间权重矩阵下，针对空间误差模型的稳健 LM 检验和针对空间滞后模型的 LM 检验都显著，但是空间滞后模型的极大似然值大于空间误差模型的极大似然值，表明空间滞后模型优于空间误差模型。

表 9-2　空间面板模型的 LM 检验（地理距离空间权重矩阵）

LM 检验	极大似然值	p 值
非稳健的空间滞后模型	56.93	0.00
稳健的空间滞后模型	42.65	0.00
非稳健的空间误差模型	34.32	0.00
稳健的空间误差模型	20.04	0.00

由于雾霾污染属于较为复杂的局部环境问题，并且存在明显的空间溢出效应，所以气象、温度、地形等会引起内生性问题。而系统广义矩估计（SGMM）在不引入外部工具变量的情况下，也可以根据变量的时间变化趋势选取合适工具变量，从而解决内生性问题，使回归结果更加稳健可靠。因此，本章采用 SGMM 方法估计所构建的空间动态面板模型，估计结果如表 9-3 所示。黄河全流域以及上、中、下游模型均通过了 Sargan 检验和 Arellano-Bond 检验［AR（2）］，表明模型成立并且本章选用工具变量是合理有效的，不存在过度识别问题。总体来看，黄河流域以及上、中、下游模型的空间滞后系数 θ 在地理距离空间权重下均在 1% 的水平下显著为正，再次印证了黄河流域地级市尺度上雾霾污染存在明显的空间溢出效应，表现出"近朱者赤近墨者黑"的区域性雾霾污染的特征。结果显示，在邻近地区的影响下，周围区域 PM2.5 浓度每提高 1%，本地区 PM2.5 浓度就会上涨约 0.45%，而上游、中游和下游上涨比例分别约为 1.16%、1.03% 和 1.02%。

表 9-3　空间动态面板模型回归结果

变量	黄河流域	黄河上游	黄河中游	黄河下游
$w \cdot \ln\text{PM}(\theta)$	0.45**	1.16***	1.03***	1.02***
$w \cdot \ln\text{PM}t-1(\rho)$	−0.24	−0.41***	−0.69***	−0.19***
lnlgdp	−0.64***	−0.28	0.50	1.17
lnlgdp2	0.12***	0.02	−0.10*	−0.12
lnpop	0.27**	0.01	0.68***	−0.58***
lnbpa	−0.10	0.01	−0.01	0.19
lnsec	0.045	0.02	0.50**	−0.01
lnene	−0.51***	−0.17**	0.25	0.52***
lnrd	−0.02	0.11**	0.10**	−0.06**
lned	0.38***	0.22***	−0.19	−0.48***
lncarp	0.04	−0.01	0.10*	−0.05*
lnfdi	−0.04**	−0.05***	0.01	0.01
Sargan P	0.43	0.79	0.92	0.57
AR(2) P	0.42	0.15	0.60	0.44
拐点	2.72	—	—	—

注：w 为空间权重矩阵，PM 为 PM2.5 浓度，t 为时间，ρ 为时间滞后系数
* 表示在 10% 的水平下显著，** 表示在 5% 的水平下显著，*** 表示在 1% 的水平下显著

1. 整体流域回归结果

经济增长对于雾霾污染影响的一次项系数显著为负，二次项系数显著为正，表明在黄河流域全域内 PM2.5 浓度与经济增长呈现 U 形关系。计算结果显示，黄河中下游流域的大部分城市早在 1998 年就已经处于雾霾污染程度随经济增长而加剧的阶段，随着时间的推移，到 2006 年处于该阶段的城市已经全部覆盖了黄河的中下游城市，并延伸到了黄河上游流域城市。这意味着，随着经济的发展，一旦越过拐点，黄河流域的环境污染会持续加重。

人口密度显著地促进了黄河流域的雾霾污染。结果显示，人口密度每增加 1%，PM2.5 浓度上升 0.21%。一般而言，人口密度的增加可以通过规模效应和集聚效应影响雾霾污染。从规模效应来讲，人口的增长会带来能源与消费需求的增加，进而增加污染物排放。人口的集聚也会产生集聚效应，通过提高城市基础设施的分担率、能源使用效率，以及共享治污减排设施等途径

降低污染物的排放。很显然，在黄河流域，人口密度的规模效应对雾霾污染起到了主导作用。这与邵帅等（2016）的研究结论一致。

地均能源消费对 PM2.5 浓度存在显著的负向影响。正常来讲，化石能源的燃烧是雾霾污染的直接来源，能源消费越多意味着污染物的排放越多。然而从全流域来看，地均能源消费每增加 1%，地均 PM2.5 浓度却下降 0.44%。事实上，近年来随着"气十条""水十条""土十条"[①]相继实施到新《中华人民共和国环境保护法》的出台，我国的环境保护制度日趋严格，从能源消费的源头到污染物排放的清洁处理都有着严格的监管。因此该指标表明，黄河流域在工业的清洁生产上取得了显著的成效。

能源强度对黄河流域雾霾污染具有显著的正向影响，而研发强度在模型中并不显著。技术研发包括生产性技术创新和节能减排技术创新，前者可以提高生产率，在一定程度上会加剧雾霾污染，后者可以减轻雾霾污染。结合上述地均能源消费对雾霾污染存在显著负向影响的事实，可以推测，对于雾霾污染，黄河流域由生产性技术创新带来的正向影响与节能减排技术创新带来的负向影响存在抵消效应。

对外开放会减缓雾霾污染。FDI 占 GDP 比例每增加 1%，PM2.5 浓度就会减少 0.03%。尽管减少比例较小，但是该指标系数表明在黄河流域全域内"污染晕轮"假说成立，各市整体上在对外开放的过程中实施着较为规范的、比当地企业更加严格的环保准则，从而减少了当地的污染排放量。

由于黄河流域存在较大的区域差异，城镇化、产业结构和交通对黄河流域的雾霾污染影响并不显著。

2. 分影响因素分异分析

黄河流域横跨我国东部、中部、西部，是我国经济发展中具有全局性、战略性作用的重要区域。当前黄河流域的经济空间格局呈现明显的东高西低的空间分异格局（周晓艳等，2016），流域经济、能源消费结构等诸多因素的空间异质性明显，空间聚集与空间极化显著。从表 9-3 中分区回归结果也可

---

① "气十条"是指《大气污染防治行动计划》，"水十条"是指《水污染防治行动计划》，"土十条"是指《土壤污染防治行动计划》。

以看出，各种社会经济因素对雾霾污染的影响在不同区域存在显著的分异。

在上中下游子流域中，地均 GDP 一次项与雾霾污染均不显著。这可能由于在子流域尺度上，雾霾污染的形成受到了其他社会经济因素的影响，从而掩盖了经济增长对于雾霾污染的影响。第二产业所占比例仅在中游流域对雾霾起到显著的正向作用，事实上，黄河中游区域中较多的城市经济发展仍为当地政府的第一要务，发展方式相对粗放，随着第四次产业转移的进程，大量的污染性企业迁入中部地区，进一步导致了雾霾污染的加剧。

人口密度在黄河中游流域对于雾霾污染具有正向影响，在下游流域则呈现负向影响。由于黄河中游流域城市化进程相对落后，人口的规模效应起主导作用，城市基础设施以及污染治理设施共享并未取得良好的成效。而黄河下游流域城市经济发展水平相对较高，人口的集聚效应有所显现。在上游流域，人口密度对于雾霾污染的影响不显著。

能源消费在黄河上游流域对雾霾污染呈现显著的负向影响，在下游流域则显著促进了雾霾污染。黄河上游流域生态脆弱，多为限制开发区域或禁止开发区域，对能源的使用和污染排放有着更为严格的标准，因而能源消费降低了黄河上游流域的雾霾污染。由于化石能源的燃烧是雾霾污染重要的来源，下游流域工业化进程中对能源的消费促进了当地雾霾污染，这一结论符合预期，也与其他经济发展水平较高的区域一致。

表征技术水平的研发强度和能源强度两个指标在黄河上中游流域对雾霾污染呈正向影响，在下游流域则起到了降低雾霾污染的作用。在研发投入上，很明显，黄河中游流域城市主要偏向于生产技术研发以扩大生产规模，而忽略了清洁生产技术的研发。尽管在下游流域研发强度的系数仅为 -0.06，但该结果表明黄河下游流域在清洁生产技术研发上的收益要高于生产技术的投入，取得了有效降低雾霾污染的作用。

交通对雾霾污染的影响在黄河中游流域呈显著的正向影响，下游流域为负向，在上游流域则不显著。汽车尾气排放也是城市雾霾污染重要源头之一，上述结果显示，在黄河中游流域，除了工业排放外，汽车的使用对雾霾污染的加剧也起到了不可忽略的促进作用。在黄河下游流域，汽车清洁能源的使用对减轻雾霾污染也取得了良好的效果。

对外开放仅在黄河上游流域对雾霾污染存在负向影响，对中下游流域影响不显著。黄河上游流域脆弱的生态系统使得当地政府在引进企业时有着更高的环保标准，加之外商投资能够带来先进的清洁技术和环保管理体系，因此对外开放降低了雾霾污染，这也表明黄河上游流域存在"污染晕轮"效应。

总体来看，黄河上中下游流域分别处于雾霾污染的初期、加剧期和恢复期，主导各子流域雾霾污染的影响因素也不尽相同。在黄河上游流域，能源利用效率低下以及偏向于生产技术提升的研发投入是黄河上游流域雾霾加重的主要原因；人口密度、第二产业所占比例、技术研发投入以及万人汽车保有量显著促进了黄河中游流域城市雾霾污染的加剧；而在黄河下游流域，仅有能源消费对雾霾污染起到显著的正向作用。

第三节　黄河流域大气污染治理对策

上述实证结果在一定程度上揭示了黄河流域雾霾污染的社会经济影响因素，可以为雾霾治理提供重要的政策启示。

1. 建立区域协同联防治霾机制

无论是全流域还是分区域的研究显示，黄河流域雾霾污染均存在显著的正向空间溢出效应，高－高集聚类城市占据主导地位。这意味着对于雾霾污染集聚的中下游区域，单一城市的雾霾治理将会收效甚微，而对于环境相对较好的上游区域，单一城市雾霾污染加剧又会迅速影响到周围区域，形成更为广泛的雾霾污染。因此，地方政府之间应该建立区域协同的联防机制，实现合理有效的雾霾跨界融合治理与预防的顶层设计。在区域总体环境容量的前提下，首先要明确环境污染的主体，划分好污染治理的责任，进一步通过区域协商形成统一的环境管理标准以及政策体系，同时建立区域内部城市之间的污染补偿机制，加强区域协同的环境监督与执法，最终形成雾霾治理的区域合力。

2. 实施差异化分区治理策略

本章研究结果显示，黄河上中下游流域分别处于雾霾污染的初期、加剧期和恢复期，不同子流域社会经济因素对雾霾污染的影响机理也存在显著的差异。黄河上游地区雾霾治理的重点在于防范，提高能源利用效率、促使政府研发经费向节能减排技术转向是第一要务，同时也要加大外商直接投资力度，更好地发挥"污染晕轮"效应。黄河中游流域是全流域雾霾治理的重中之重，该区域城市均处于雾霾污染随经济发展而加剧的阶段，低质量的城镇化和工业化进程主导了该区域雾霾污染的加剧。因此，提高城镇化质量，加强城市基础设施以及污染治理设施的共享，加大地方财政对清洁生产技术研发的投入，优化产业结构，尤其是要优化污染产业空间布局等方面是黄河中游流域城市雾霾治理的重要策略。黄河下游流域则需要加大清洁能源的普及。

3. 实现全流域的高质量发展，从根本上治理雾霾

本章研究结果表明，黄河流域处于雾霾污染程度随经济增长而加剧阶段的城市已经从下游发达城市延伸到了上游欠发达地区。从全流域来看，低效率的能源使用、低水平的人口集聚、粗放式的经济发展方式等主导了雾霾污染的加剧。因此，要想从根本上对雾霾污染进行有效治理，推动城市跨过环境库兹涅茨曲线（EKC）的拐点，必须要转变流域城市的经济发展方式，推动城市产业结构和能源结构的绿色升级，从创新活力、空间协调、绿色持续、开放包容、社会共享等方面全面促进黄河流域城市的高质量发展。

参考文献

曹子阳，吴志峰，匡耀求，等. 2015. DMSP/OLS 夜间灯光影像中国区域的校正及应用［J］. 地球信息科学学报，17（9）：1092-1102.

陈刚. 2009. FDI 竞争、环境规制与污染避难所——对中国式分权的反思［J］. 世界经济研究，（6）：5-9，45，89.

冯少荣，冯康巍. 2015. 基于统计分析方法的雾霾影响因素及治理措施［J］. 厦门大学学报（自然科学版），54（1）：114-121.

姜春海，宋志永，冯泽. 2017. 雾霾治理及其经济社会效应：基于"禁煤区"政策的可计算一般均衡分析［J］. 中国工业经济，（9）：44-62.

姜磊，周海峰，柏玲. 2018. 外商直接投资对空气污染影响的空间异质性分析——以中国150 个城市空气质量指数（AQI）为例［J］. 地理科学，38（3）：351-360.

冷艳丽，冼国明，杜思正．2015．外商直接投资与雾霾污染——基于中国省际面板数据的实证分析［J］．国际贸易问题，396（12）：76-86．

李根生，韩民春．2015．财政分权、空间外溢与中国城市雾霾污染：机理与证据［J］．当代财经，（6）：26-34．

李国平，杨佩刚，宋文飞，等．2013．环境规制、FDI与"污染避难所"效应——中国工业行业异质性视角的经验分析［J］．科学学与科学技术管理，（10）：124-131．

李欣，曹建华，孙星．2017．空间视角下城市化对雾霾污染的影响分析——以长三角区域为例［J］．环境经济研究，2（2）：81-92．

林楚海．2018．中国雾霾污染的空间计量分析［J］．统计与决策，34（16）：96-101．

刘飞宇，赵爱清．2016．外商直接投资对城市环境污染的效应检验——基于我国285个城市面板数据的实证研究［J］．国际贸易问题，（5）：130-141．

刘华军，彭莹．2019．雾霾污染区域协同治理的"逐底竞争"检验［J］．资源科学，（1）：185-195．

马晓倩，刘征，赵旭阳，等．2016．京津冀雾霾时空分布特征及其相关性研究［J］．地域研究与开发，35（2）：134-138．

潘媛．2015．环境-经济投入产出模型设计核算研究［J］．统计与决策，（16）：23-25．

覃成林，李敏纳．2010．区域经济空间分异机制研究——一个理论分析模型及其在黄河流域的应用［J］．地理研究，29（10）：1780-1792．

邵帅，李欣，曹建华．2016．中国雾霾污染治理的经济政策选择——基于空间溢出效应的视角［J］．经济研究，51（9）：73-88．

苏泳娴．2015．基于DMSP/OLS夜间灯光数据的中国能源消费碳排放研究［D］．广州：中国科学院研究生院（广州地球化学研究所）．

孙梓滢．2017．雾霾污染的影响因素——基于中国监测城市PM2.5浓度的实证研究［J］．低碳世界，（2）：8-10．

王桂芝，顾赛菊，陈纪波．2016．基于投入产出模型的北京市雾霾间接经济损失评估［J］．环境工程，34（1）：121-125．

王会，王奇．2011．中国城镇化与环境污染排放：基于投入产出的分析［J］．中国人口科学，（5）：57-66，111-112．

王美霞．2017．雾霾污染的时空分布特征及其驱动因素分析——基于中国省级面板数据的空间计量研究［J］．陕西师范大学学报（哲学社会科学版），46（3）：37-47．

王美望．2018．基于空间计量经济学的中国区域雾霾影响因素研究［D］．西安：西北大学．

王占山，李云婷，陈添，等．2015．2013年北京市PM2.5的时空分布［J］．地理学报，70（1）：110-120．

魏巍贤，马喜立．2015．能源结构调整与雾霾治理的最优政策选择［J］．中国人口·资源与环境，25（7）：6-14．

吴健生，牛妍，彭建，等．2014．基于DMSP/OLS夜间灯光数据的1995—2009年中国地级市能源消费动态［J］．地理研究，33（4）：625-634．

习近平．2019．在黄河流域生态保护和高质量发展座谈会上的讲话［J］．中国水利，（20）：

1-3.

严雅雪, 齐绍洲. 2017. 外商直接投资对中国城市雾霾（PM2.5）污染的时空效应检验［J］. 中国人口·资源与环境, 27（4）: 68-77.

张生玲, 王雨涵, 李跃, 等. 2017. 中国雾霾空间分布特征及影响因素分析［J］. 中国人口·资源与环境, 27（9）: 15-22.

张征宇, 朱平芳. 2010. 有测量误差时空间自回归模型的估计与检验［J］. 统计研究, 27（4）: 103-109.

郑翔翔, 洪正昉, 陈浩, 等. 2015. 浙江省 PM2.5 质量浓度分布特征研究［J］. 环境与可持续发展, （3）: 168-170.

周杰琦, 夏南新, 梁文光. 2019. 外资进入、自主创新与雾霾污染——来自中国的证据［J］. 研究与发展管理, 31（2）: 82-94.

周晓艳, 郝慧迪, 叶信岳, 等. 2016. 黄河流域区域经济差异的时空动态分析［J］. 人文地理, （5）: 119-125.

Anselin L. 2011. Spatial effects in econometric practice in environmental and resource economics［J］. American Journal of Agricultural Economics, 83 (3): 705-710.

Ehrlich P R, Holdren J P. 1971. Impact of population growth［J］. Science, 171 (3977) : 1212-1217.

Elhorst J P. 2012. Van ruimtelijke economie naar regionaal beleid (oratie)［J］. Economics, Econometrics and Finance.

Kelejian H H, Robinson D P. 1995. Spatial correlation: a suggested alternative to the autoregressive model［M］. //Anselin L,Flonax R J. New Directions in Spatial Econo mic. Berlin: Springer: 75-95.

Rupasingha A, Goetz S J, Debertin D L, et al. 2010. The environmental Kuznets curve for US counties: A spatial econometric analysis with extensions［J］. Papers in Regional Science, 83 (2): 407-424.

Shi A. 2003. The impact of population pressure on global carbon dioxide emissions, 1975-1996: evidence from pooled cross-country data［J］. Ecological Economics, 44 (1): 29-42.

Wu R, Yang D, Dong J, et al. 2018. Regional inequality in China based on NPP-VIIRS night-time light imagery［J］. Remote Sencing, 10: 240.

York R, Rosa E A, Dietz T. 2003. STIRPAT, IPAT and ImPACT: analytic tools for unpacking the driving forces of environmental impacts［J］. Ecological Economics, 46 (3): 351-365.

第十章
黄河流域"三生空间"
时空格局及调控

改革开放以来，我国经济快速增长大量占用国土空间导致人地关系紧张，争地现象突出。城镇空间扩张占用优质耕地；一味地追求新增耕地，大量的林地、草地被占用；未利用地是中国耕地的后备资源，但其向建设用地的调整具有很大的随意性，很多具有重要生态价值的土地正在被农用地和建设用地蚕食（于莉等，2017）。随着中国工业化、城市化进程的加快，区域"生态 – 生产 – 生活"空间结构比例趋于失衡，空间冲突愈演愈烈（廖李红等，2017），生产、生活和生态用地之间的博弈不断升级反映了中国国土空间无序开发普遍存在，制约了区域可持续发展，衍生出导致区域发展竞争力下降的一系列社会问题，影响到生态环境、投资环境、人居环境。近年来，为有效保障国土空间的合理开发利用，中国高度重视"三生空间"的协调发展。2015 年中央城市工作会议提出"统筹生产、生活、生态三大布局，提高城市发展的宜居性。城市发展要把握好生产空间、生活空间、生态空间的内在联系，实现生产空间集约高效、生活空间宜居适度、生态空间山清水秀"。2017年党的十九大报告提出"完成生态保护红线、永久基本农田、城镇开发边界三条控制线划定工作"，旨在统筹生产、生活和生态的空间格局关系，推动城市经济环境的可持续发展。国家对"三生空间"的重视标志着中国城乡建设、国土开发的模式从以生产空间主导，向包含生产、生活、生态的"三生空间"

本章部分内容已发表，见：李江苏，孙威，余建辉．2020.黄河流域三生空间的演变与区域差异——基于资源型与非资源型城市的对比［J］.资源科学，42（12）：2285-2299.

协调发展转变（张红娟和李玉曼，2019）。

　　黄河流域面积 79.5 万千米^2，占中国国土面积的 8.28%，人口占全国的 12%，是中国重要的生态屏障和重要的经济地带，是乡村振兴的重要区域，在我国经济社会发展和生态安全方面具有十分重要的地位。近几十年，由于黄河流域复杂的自然环境和工业化、城市化进程的加快，生产、生活和生态用地之间博弈不断升级，这种状况已成为制约黄河流域经济社会可持续发展的重要因素。探究黄河流域"三生空间"时空格局可为黄河流域"三生空间"的协同优化，促进黄河流域生态保护和高质量发展提供相关决策依据。

第一节　黄河流域"三生空间"分类体系

　　土地资源的多功能属性兼顾了粮食安全、经济发展和生态保护之间的关系，激发了学者对土地"三生空间"相关科学问题的探索（程婷等，2018）。"三生空间"是生产空间、生活空间和生态空间的简称。"三生空间"在学术界尚无明确的概念界定，基于通俗的理解和学术界的相关解释，其涵盖的三个内容术语被概括为三点：生活空间是人们日常生活活动的空间载体，为人们的生活提供必要的空间场所；生产空间具有专门化特征，是人们从事生产活动在一定区域内形成特定的功能区；生态空间是具有生态防护功能，对于维护区域生态环境健康具有重要作用，能够提供生态产品和生态服务的地域空间（朱媛媛等，2015；刘燕，2016；柳冬青等，2019；张浚茂和臧传富，2019）。"三生空间"分类问题是开展"三生空间"其他相关研究的基础，现有文献做了大量讨论（张红旗等，2015；于莉等，2017；刘继来等，2017；Zhang et al.，2017；程婷等，2018；李明薇等，2018；Geng et al.，2019）。部分学者从土地利用类型主导功能出发，明确界定了"三生空间"土地利用类型目录（刘继来，2017；Geng et al.，2019），然而也有部分学者由于考虑了某类土地利用类型的交叉功能（程婷等，2018；李明薇等，2018），在生产空间、生活空间、生态空间的基础上，增加了生活生产用地、生产生态用地、生态生产用地等类型，使之与"三生空间"并列，这样使"三生空间"的分类趋于复杂。

通过对比当前有关对"三生空间"分类的研究成果,本书基于"三生空间"的概念,综合借鉴耿守保、李明薇、郁璐琳等学者(Geng et al., 2019;李明薇等, 2018;郁璐琳等, 2018)的"三生空间"分类结果(不在"三生空间"一级分类目录中增加除生产空间、生活空间、生态空间之外的空间类型),将黄河流域的土地利用/覆被变化分类体系进行了整合和重新分类,分类情况见表 10-1。

表 10-1　黄河流域"三生空间"分类体系

一级分类	二级分类
生产空间	水田、旱地、其他林地(未成林造林地、迹地、苗圃及各类园地)、其他建设用地(指厂矿、大型工业区、油田、盐场、采石场等用地以及交通道路、机场及特殊用地)
生活空间	城镇用地(指大、中、小城市及县镇以上建成区用地)、农村居民点(指城镇以外的农村居民点)
生态空间	有林地(指郁闭度 > 30% 的天然林和人工林)、灌木林(指郁闭度 > 40%、高度在 2 米以下的矮林地和灌丛林地)、疏林地(指林木郁闭度为 10% ~ 30% 的林地)、高覆盖度草地(指覆盖 > 50% 的天然草地、改良草地和割草地)、高覆盖度草地(指覆盖度在 20% ~ 50% 的天然草地和改良草地)、中覆盖度草地(指覆盖度在 20% ~ 50% 的天然草地和改良草地)、低覆盖度草地(指覆盖度在 5% ~ 20% 的天然草地)、河渠、湖泊、水库坑塘、永久性冰川雪地、滩涂、滩地、沙地、戈壁、盐碱地、沼泽地、裸土地、裸岩石质地、海洋

第二节　全流域尺度"三生空间"时空格局

基于黄河流域"三生空间"分类体系,本书在对"三生空间"进行分类的基础上,提取了黄河流域"三生空间"数据并进行相关分析,发现黄河流域过去几十年生活空间明显增长,为了进一步观测整个流域不同时段"三生空间"变化情况,对不同时间节点"三生空间"用地面积进行了栅格统计,以观测其变化趋势(图 10-1)。

图 10-1 显示,1970 ~ 2015 年,黄河流域"三生空间"呈现剧烈的变动状态,主要表现为生产空间先升后降再升、生活空间持续上升、生态空间先降后

升再降。具体而言,生产空间在 1970 ～ 1995 年处于增长状态,1995 ～ 2010
年处于下降状态,2010 ～ 2015 年处于上升状态;生态空间在 1970 ～ 2000 年
处于下降状态,2000 ～ 2010 年处于上升状态,2010 ～ 2015 年处于下降状
态。结合三者的变动趋势,可以得到基本的判断为:① 1970 ～ 1995 年,生
产和生活空间共同挤压了生态空间;② 1995 ～ 2000 年,生活空间挤压了生
产和生态空间;③ 2000 ～ 2010 年,生活、生态空间共同挤压了生产空间;
④ 2010 ～ 2015 年,生产和生活空间挤压了生态空间。进一步发现,时期①和
时期④的特征一致,生产和生活空间蚕食生态空间,不利于黄河流域的生态环
境保护与可持续发展。

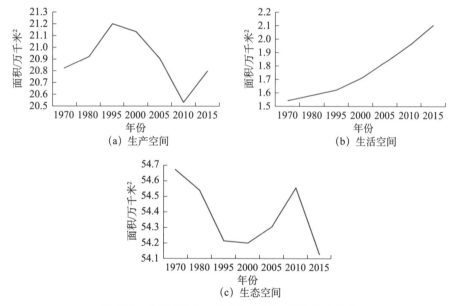

图 10-1　黄河流域全流域尺度"三生空间"演变趋势

第三节　省区尺度"三生空间"时空格局

黄河自上游至下游流经青海、四川、甘肃、宁夏、内蒙古、陕西、山西、
河南、山东九省区。1970 年以来,九省区内部"三生空间"演变趋势差异较

大。对于青海、河南而言，1970～1980年，生产空间趋于稳定，生活空间挤压生态空间；1980～1995年，生产、生活空间挤压生态空间；1995～2005年，生活空间挤压生产、生态空间；2005～2015年，生产、生活空间挤压生态空间［图10-2(a)，图10-2(h)］。对于四川而言，1970～2000年，生产空间趋于稳定，生活空间挤压生态空间；2000～2005年，生产空间挤压生产、生态空间；2005～2015年，生产、生活空间挤压生态空间［图10-2(b)］。对于甘肃而言，1970～1980年，生活空间趋于稳定，部分生产向生态空间转移；1980～1995年，生产空间挤压生态、生活空间；1995～2000年，生产、生活空间挤压生态空间；2000～2015年，大量生产空间转变为生活、生态空间［图10-2(c)］。对于宁夏而言，1970～2000年，生产、生活空间挤压生态空间；2000～2005年，部分生产空间向生活、生态空间转移；2005～2015年，生产、生活空间挤压生态空间［图10-2(d)］。对于内蒙古而言，1970～1980年，生产、生活空间挤压生态空间；1980～1995年，"三生空间"趋于稳定；1995～2000年，部分生产空间向生活和生态空间转移；2000～2010年，生产、生活空间挤压生态空间；2010～2015年，生产空间挤压生活、生态空间［图10-2(e)］。对于陕西而言，1970～2000年，生活空间挤压生产和生态空间；2000～2010年，部分生产空间向生活、生态空间转移；2010～2015年，生产、生活空间挤压生态空间［图10-2(f)］。对于山西而言，1970～2000年，生产、生活空间挤压生态空间；2000～2010年，部分生产空间向生活、生态空间转移；2010～2015年，生活空间挤压生产、生态空间［图10-2(g)］。对于山东而言，1970～1980年，生产、生活空间挤压生态空间；1980～2000年，生活空间挤压生产和生态空间；2000～2005年，生产、生活空间挤压生态空间；2005～2015年，生态空间趋于稳定、生活空间挤压生产空间［图10-2(i)］。总体来看，九省区的生活空间长时期处于增长态势，生态空间被生产、生活空间挤压现象频发，不利于区域可持续发展。

采用综合土地利用动态度模型进一步测度黄河流域九省区"三生空间"综合动态度，将不同时期综合动态度分别按自然间断点分级法，划分为4个等级（弱、中、强、较强）（表10-2）。

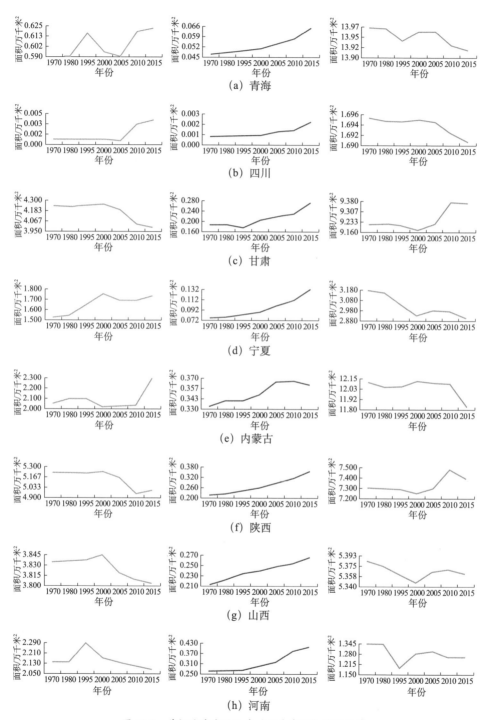

图 10-2 黄河流域省区尺度"三生空间"演变趋势

(i) 山东

—— 生产空间   —— 生活空间   —— 生态空间

图 10-2（续）

表 10-2 黄河流域省区尺度"三生空间"综合动态度

省区	1970～1980年	等级	1980～1995年	等级	1995～2000年	等级	2000～2005年	等级	2005～2010年	等级	2010～2015年	等级
青海	0.0000	弱	0.0002	中	0.0034	强	0.0008	弱	0.0002	中	0.0001	弱
四川	0.0000	弱	0.0000	弱	0.0000	弱	0.0269	较强	0.0001	弱	0.0001	弱
甘肃	0.0002	弱	0.0059	强	0.0004	中	0.0014	中	0.0039	较强	0.0010	中
宁夏	0.0007	强	0.0033	强	0.0037	强	0.0035	中	0.0004	中	0.0021	强
内蒙古	0.0004	中	0.0001	弱	0.0035	强	0.0002	弱	0.0001	弱	0.0034	较强
陕西	0.0001	弱	0.0003	中	0.0005	中	0.0015	中	0.0040	较强	0.0012	中
山西	0.0002	弱	0.0003	中	0.0003	中	0.0007	弱	0.0003	中	0.0003	弱
河南	0.0003	中	0.0112	较强	0.0050	较强	0.0017	中	0.0041	较强	0.0013	中
山东	0.0082	较强	0.0027	强	0.0003	中	0.0064	强	0.0009	强	0.0006	中

研究发现，不同时期各省区"三生空间"综合动态度差异较大。

（1）1970～1980年，大部分省区处于弱动态度状态，包括青海、四川、甘肃、陕西、山西；内蒙古和河南为中动态度；宁夏和山东分别为强和较强动态度。

（2）1980～1995年，中动态度和强动态度省区数量较多，青海、山西、陕西为中动态度，甘肃、宁夏、山东为强动态度，河南为较强动态度。

（3）1995～2000年，在强度等级中，表现出"两端小、中间大"的趋势，两端即为弱、较强动态度类型，分别为四川、河南；中间即为中、强动态度类型，前者为青海、宁夏、内蒙古，后者为甘肃、陕西、山西、山东。

（4）2000～2005年，大部分省区呈现中、弱动态度，中动态度省区为甘肃、宁夏、陕西、河南，弱动态度省区为青海、内蒙古、陕西，四川和山东分别为较强、强动态度。

（5）2005～2010年，较强、强动态度省区数量较多，为甘肃、陕西、河南、山东，弱动态度省区为四川和内蒙古，中动态度省区为青海、宁夏和山西。

（6）2010～2015年，弱、中动态度省区数量多，强、较强动态度省区数量少；此时期除内蒙古和宁夏，其他省区分别属于弱、中动态度省区。

第四节　黄河流域市域尺度"三生空间"
时空格局

本节研究基于黄河水利委员会的自然流域边界研究所涉及的61个地级市、9个自治州、1个盟，共71个地级行政区的"三生空间"时空格局。采用综合土地利用动态度模型，测度了黄河流域71个地级行政区的"三生空间"综合动态度，将不同时期动态度分别划分为四个等级（较强、强、中、弱）。

研究发现，不同时期内不同地级市"三生空间"综合动态度差异较大。

（1）1970～1980年，大部分行政区为中、弱动态度，在71个行政区中，67个行政区为此两种类型，占行政区总数的78.87%，中动态度、弱动态度行政区数量分别为10个和57个；较强动态度的行政区1个，为果洛藏族自治州，强动态度的行政区3个，为东营市、菏泽市和滨州市。

（2）1980～1995年，弱动态度行政区数量较多，包括铜川市、兰州市、包头市等47个行政区；中动态度行政区13个，包括宝鸡市、三门峡市、乌海市、临夏市、天水市、银川市、西安市、石嘴山市、德州市、洛阳市、渭南市、郑州市、阿拉善盟；较强动态度行政区6个，包括甘南藏族自治州、濮阳市、新乡市、安阳市、平顶山市、开封市；强动态度行政区5个，包括焦作市、菏泽市、济宁市、聊城市、济源市。

（3）1995～2000年，弱动态度行政区数量较多，包括焦作市、榆林市、铜川市等53个行政区；中动态度行政区13个，包括海南藏族自治州、银川市、三门峡市、咸阳市、包头市、洛阳市、海北藏族自治州、临河市①、安阳市、吴忠市、延安市、石嘴山市、菏泽市；较强动态度行政区1个，为平

---

① 2004年8月26日临河市更名为临河区。

顶山市；强动态度行政区 4 个，包括开封市、济源市、渭南市、黄南藏族自治州。

（4）2000～2005 年，弱动态度行政区数量较多，包括泰安市、平凉市、晋城市、莱芜市等 40 个行政区；中动态度行政区 22 个，包括定西市、银川市、西安市、集宁市①、西宁市、延安市、甘南藏族自治州、焦作市、乌海市、朔州市、聊城市、固原市、忻州市、济南市、菏泽市、平顶山市、宝鸡市、天水市、包头市、新乡市、咸阳市、铜川市；较强动态度行政区 5 个，为陇南市、东营市、安阳市、阿坝藏族羌族自治州、黄南藏族自治州；强动态度行政区 4 个，包括吴忠市、郑州市、济源市、德州市。

（5）2005～2010 年，弱动态度行政区数量较多，包括兰州市、临汾市、大同市、甘孜藏族自治州等 41 个行政区；中动态度行政区 23 个，包括西峰区、定西市、焦作市、海北藏族自治州、三门峡市、石嘴山市、银川市、濮阳市、开封市、固原市、西安市、榆林市、洛阳市、济南市、海南藏族自治州、德州市、武威市、东营市、天水市、阿拉善盟、甘南藏族自治州、铜川市、新乡市；较强动态度行政区 4 个，为玉树藏族自治州、安阳市、平顶山市、郑州市；强动态度行政区 3 个，包括延安市、平凉市、济源市。

（6）2010～2015 年，弱动态度行政区数量较多，包括运城市、阳泉市、安康市、鹤壁市、果洛藏族自治州等 49 个行政区；中动态度行政区 14 个，包括兰州市、阿拉善盟、榆林市、吴忠市、西宁市、海西蒙古族藏族自治州、临夏市、呼和浩特市、集宁区、开封市、新乡市、德州市、焦作市、咸阳市；较强动态度行政区 1 个，为临河区；强动态度行政区 7 个，包括乌海市、平顶山市、石嘴山市、郑州市、包头市、西安市、银川市。

总体来看，黄河流域地级市行政区尺度不同阶段"三生空间"综合动态度处于弱、中动态度的行政区数量相对较多，处于强、较强动态度的行政区数量相对较少。由于综合动态度可反映"三生空间"不同类型土地的变化强度，综合动态度得分越低（级别越低），表明"三生空间"越稳定，反之亦然。据此，可以看出黄河流域大部分地级行政区在不同时期"三生空间"较稳定，但局部地级市行政区"三生空间"的土地利用变化较剧烈。

---

① 2003 年 12 月 1 日集宁市撤销，设乌兰察布市集宁区。

第五节 黄河流域"三生空间"优化调控策略

一、加强生态空间管制，提升黄河流域整体生态功能

黄河流域在我国生态安全格局中占据十分重要的地位，然而黄河流域生态脆弱性问题突出。在国家确定的 63 个重要生态系统服务功能区（以下简称重要生态功能区），黄河流域包含 10 个重要生态功能区，其中包含防风固沙、水土保持和生态多样性保护等类型的生态功能区。黄河流域生态脆弱性问题主要表现在：水资源严重短缺，开发利用率高，生态环境用水难以保障；部分区域环境质量差，改善难度大；生态系统退化，服务功能下降；生态环境潜在风险高，且易转化为社会风险；经济社会发展水平偏低，不利于生态环境保护。基于黄河流域在国家生态安全格局中的重要地位和突出的生态脆弱性，生态空间作为生态环境保护的基本空间载体，未来首要任务是加强管控，明确生态空间开发管制界限，应联合国家多部门尽快编制黄河流域生态环境保护总体规划并尽快实施。

二、增强"非农产业功能区"的承载能力，促使"非农产业功能区"成为高质量生产空间的载体

产业功能区建设是区域经济组织方式的一次重大变革，是实现高质量发展的必由之路，是区域治理体系和治理能力现代化的有效探索，是形成区域比较竞争优势的制度创新。产业功能区作为支撑高质量发展的空间载体，将成为黄河流域破解"非农生产空间瓶颈"的必由之路，在黄河流域社会经济发展中起着十分重要的作用。未来，黄河流域各省区应各自科学编制或完善"省区-地市（州、盟）-县（市、区）"三级行政区划的产业功能区规划，出台相关对策措施引导产业"入区"，提高"非农生产空间"的国土空间利用效率。此外，应注重"三生空间"协调，坚持功能复合、职住平衡、服务完善、宜业宜居的发展导向，加强产业功能区的公共服务、民生等配套设施建设，

努力提升产业功能区承载能力。

三、严控城市建成区盲目扩张，集约利用农村生活空间

针对黄河流域一直以来不同空间尺度下生活空间不断扩张的趋势，未来生活空间管控上应做好两篇文章。一是科学划定城市增长边界，严控城市建成区盲目扩张的局面。未来城镇化建设中，应遵循新型城镇化建设的理念，科学划定城市增长边界，避免不同等级的城市建成区盲目扩张，充分开发现有城市建成区的地上、地下空间，促使单位平方米建成区的人口承载力、人均用地品质等指标不断提升。二是集约利用农村生活空间。科学评价黄河流域不同空间尺度农村生活空间土地集约利用状况，在此基础上，在土地利用集约程度低且适合乡村人口集中布局的区域（如黄河中下游地区），引导乡村人口集中布局，为农业生产空间腾出相关土地。

参考文献

程婷，赵荣，梁勇. 2018. 国土"三生空间"分类及其功能评价 [J]. 遥感信息，33（2）：114-121.

邬璐琳，闫弘文，孙世清，等. 2018. 海阳市"三生"空间时空演变特征分析 [J]. 国土资源情报，（1）：49-56.

李明薇，郧雨旱，陈伟强，等. 2018. 河南省"三生空间"分类与时空格局分析 [J]. 中国农业资源与区划，39（9）：13-20.

廖李红，戴文远，陈娟，等. 2017. 平潭岛快速城市化进程中三生空间冲突分析 [J]. 资源科学，39（10）：1823-1833.

刘纪远，布和敖斯尔. 2000. 中国土地利用变化现代过程时空特征的研究——基于卫星遥感数据 [J]. 第四纪研究，（3）：229-239.

刘继来，刘彦随，李裕瑞. 2017. 中国"三生空间"分类评价与时空格局分析 [J]. 地理学报，72（7）：1290-1304.

刘燕. 2016. 论"三生空间"的逻辑结构、制衡机制和发展原则 [J]. 湖北社会科学，03：5-9.

柳冬青，张金茜，巩杰，等. 2019. 基于"三生功能簇"的甘肃白龙江流域生态功能分区 [J]. 生态学杂志，38（4）：1258-1266.

吴琳娜，杨胜天，刘晓燕，等. 2014. 1976年以来北洛河流域土地利用变化对人类活动程度的响应 [J]. 地理学报，69（1）：54-63.

于莉，宋安安，郑宇，等. 2017. "三生用地"分类及其空间格局分析——以昌黎县为例 [J]. 中国农业资源与区划，38（2）：89-96.

张红娟，李玉曼. 2019. 北方平原地区"三生空间"评价及优化策略研究 [J]. 规划师，35（10）：18-24.

张红旗，许尔琪，朱会义. 2015. 中国"三生用地"分类及其空间格局 [J]. 资源科学，37（7）：1332-1338.

张浚茂，臧传富. 2019. 东南诸河流域1990—2015年土地利用时空变化特征及驱动机制 [J]. 生态学报，39（24）：9339-9350.

张冉，王义民，畅建霞，等. 2019. 基于水资源分区的黄河流域土地利用变化对人类活动的响应 [J]. 自然资源学报，34（2）：274-287.

朱媛媛，余斌，曾菊新，等. 2015. 国家限制开发区"生产—生活—生态"空间的优化——以湖北省五峰县为例 [J]. 经济地理，35（4）：26-32.

Geng S B, Zhu W R, Shi P L. 2019. A functional land use classification for ecological, productionand living spaces in the Taihang Mountains [J]. Journal of Resources and Ecology, 10 (3): 246-255.

Zhang H Q, Xu EQ, Zhu H Y. 2017. Ecological-living-productive land classification system in China [J]. Journal of Resources and Ecology, 8 (2): 121-128.

第十一章
黄河流域生态问题调查评估
及修复措施

第一节　黄河源区沼泽湿地退化与水源涵养问题

习近平总书记提出，"上游要以三江源、祁连山、甘南黄河上游水源涵养区等为重点，推进实施一批重大生态保护修复和建设工程，提升水源涵养能力"（习近平，2019）。黄河源区是指唐乃亥水文站以上流域，该区域属于高寒气候，内有高山、盆地、峡谷、草原、沙漠、湖泊、沼泽、冰川及冻土等地貌。黄河源区湿地占流域湿地总面积40.9%，径流量占全河的35%，而且居高临下，作为黄河水源的主要来源区，该源区的生态保护问题对黄河流域的生态安全具有举足轻重的作用。

黄河源区主要的湿地类型有沼泽湿地、湖泊湿地、河流湿地和水库／坑塘湿地。其中，沼泽湿地面积最大，约占黄河源区湿地总面积的66.73%，其主要分布在黄河源区的西部以及东南部地区；其次为湖泊湿地，约占黄河源区湿地总面积的22.26%，其主要分布在黄河源区西部的扎陵湖、鄂陵湖以及其他一些湖泊；河流湿地则主要为黄河，面积约为475千米^2，约占黄河源区湿地总面积的6.42%；水库／坑塘湿地主要分布在龙羊峡水库。

黄河源区同黄河流域一样，湿地面临着严重威胁。由于气候变化和人为活动的影响，源区出现了包括草场退化、湖泊萎缩、湿地消减、生物多样性锐减等一系列生态问题，源区水源涵养调节功能明显下降，表现为湿地缩小、湖泊萎缩、径流减少。近年来源区许多小湖泊消失或成为盐沼地，湿地变为旱草滩。2000 年黄河源区湿地面积为 14 906.38 千米 ^{2}（王文杰等，2016），而 2015 年黄河源区湿地面积为 8745.79 千米 ^{2}。黄河源区的两大"蓄水池"鄂陵湖和扎陵湖水位已经下降了 2 米以上，并且两湖间曾经发生过断流。黄河源头河段 1997 年也出现了断流，1998 年曾创下了断流 98 天的记录。由于径流减少、水位低，黄河源头的玛多县水电站建成后长期不能发电。黄河干流上游青海段 1988 ~ 1996 年平均径流量比 1954 ~ 1988 年的平均径流量减少了23.2%。黄河源区径流量锐减也是黄河中下游断流时间提前、持续时间延长的重要原因之一。

祁连山是石羊河、黑河、疏勒河等内陆河流域地表水资源发源地。自 20 世纪 50 年代以来，由于人为和气候的因素，祁连山森林覆盖率下降近 50%（丁文广等，2019）。另外，祁连山位于我国气候敏感区和省生态环境脆弱区，其草场退化，自然生态环境日趋恶化，严重影响祁连山的生态系统服务功能，制约区域社会经济可持续发展。祁连山涵养水源植被减少，生态逆向演替，森林功能弱化；荒漠化明显，草场退化，载畜能力下降；祁连山东段出山径流量减少，中西段略有增加趋势；气候变暖，生物多样性受损；冰川明显萎缩，雪线逐年上升；水土流失严重，林草地质量下降。

第二节　中游水土保持和污染治理问题

"黄河之患，患在多沙"。黄河是世界入海泥沙量每年超过 10 亿吨的三大河流之一，而黄河泥沙的 90% 来自黄河中游所处的黄土高原地区。根据黄河水利委员会 2010 年发布的《黄河流域水土保持公报》，中华人民共和国成立以来，国家高度重视黄河流域的水土流失治理工作，大力开展了兴修基本农田、营造水土保持林、人工种草、封禁治理、建设淤地坝及各种小型水土保持工程等一系列水土保持工程，取得了显著水土流失治理成效，累计治理水土流失面积 22.56 万千米 ^{2}，黄河输沙量近年来呈现降低趋势。从 20 世纪 50 ~ 70 年代的（13.4±6.4）亿吨，逐渐降低至 80 ~ 90 年代的（7.3±2.8）

亿吨，再到 21 世纪初至 2010 年的（3.2±2.4）亿吨。改善了流域生态环境，水土流失得到遏制，改善了农业生产和群众生活条件。但第一次全国水利普查公报结果显示（2011 年），黄河流域水土流失形势依然险峻（主要是水力侵蚀和风力侵蚀），水土流失仍然是黄河流域面临的重大生态问题。就水力侵蚀而言，黄河流域（尤其是黄土高原地区）是我国水力侵蚀最严重、最集中的地带，水土流失面积 46.5 万千米^2，占全国水力侵蚀总面积的 33%，占总流域面积的 62%，其中强烈、极强烈、剧烈水力侵蚀面积分别占全国相应等级水力侵蚀面积的 39%、64%、89%。就风力侵蚀而言，黄河流域内的内蒙古、宁夏、甘肃是我国轻度及以上风力侵蚀区最主要的集中连片分布区，风力侵蚀面积达 42.7 万千米^2，占全国风力侵蚀总面积的 47.42%，占流域国土空间总面积的 68.87%。从县域单元来看，中上游的内蒙古、宁夏、甘肃、山西及陕西北部等地是水土流失极严重和严重的主要分布区；从县域水土流失严重性等级的空间分布情况来看，土壤侵蚀程度严重和极严重的县域单元分别占黄河流域省区县域单元总量的 36.16%、11.20%，61.28% 的县级行政单元土壤侵蚀程度在较严重及其以上。2019 年黄土高原水土流失面积 21.01 万千米^2，占土地总面积 57.46 千米^2 的 36.56%。其中水力侵蚀面积 15.99 万千米^2，风力侵蚀面积 5.02 万千米^2[①]。总体来说，黄河流域是中国水土流失最为严重、最为集中的地区之一，是国家水土流失防治、保障生态安全的主要阵地。

2016 年，黄河流域 145 个国控断面仍有 13.8% 的断面劣于 V 类，主要分布在汾河、涑水河、大黑河、都斯兔河、昆河、清水河、三川河和乌兰木伦河等。其中汾河流域为重度污染，劣 V 类断面比例为 61.5%。《2018 中国生态环境状况公报》显示，支流中，上游的清水河、都思兔河，中游的延水、仕望川、昕水河和北洛河，以及下游的金堤河和天然文岩渠等属于 IV 类水质。劣 V 类水质主要分布在汾河流域，其他支流基本为 III 类以上水质。

---

① 来源于《中国水土保持公报（2019 年）》。

第三节　下游滩区综合提升和三角洲
生态修复问题

黄河滩区既是黄河行洪、滞洪、沉沙的场所,也是区内群众生产生活的基本空间,生态管控、治理与滩区发展之间的矛盾亟须解决。根据中国国情网资料,黄河滩区涵盖河南和山东2个省份15个地市43个县(区)的2052个村庄,居住人口180多万人,耕地面积25千米^2(张宝森等,2005)。受特殊的地形地貌、水文环境及气候等因素影响,黄河滩区不仅面临着洪水威胁,还面临着严峻的旱涝灾害,滩区群众历年来饱受洪灾旱灾之苦。

党中央、国务院高度重视黄河下游滩区治理和滩区群众脱贫致富工作。在《国务院关于支持河南省加快建设中原经济区的指导意见》(国发〔2011〕32号)中明确提出"因地制宜开展整村推进扶贫开发,对偏远山区、生态脆弱区和自然条件恶劣地区的贫困村,加大易地扶贫搬迁力度";国务院已于2017年批复河南省和山东省黄河滩区的移民搬迁规划,对滩区建设与发展做出重要指示;李克强总理多次就黄河下游滩区居民迁建工作做出重要指示批示,于2017年5月赴河南省黄河滩区考察并主持召开现场会,对黄河滩区发展与建设高度重视。

尽管滩区防洪治理、经济发展取得了一定成效,但滩区发展依旧面临系列严峻的问题。一是滩区群众的生命财产安全保障程度依然较低。小浪底水利枢纽建成后,下游出现大洪水的概率降低,但黄河支流及小浪底下泄流量等共同影响,中小洪水出现概率仍然较大,大面积漫滩现象仍会出现。二是滩区产业结构单一,社会经济发展相对滞后,贫困发生率高。长期以来,滩区产业发展严重受阻,产业结构以农业为主,经济发展滞后,居民收入水平低下,滩区已成为黄河下游较为集中的连片落后区。三是基础设施建设薄弱,人居环境欠佳。因滩区建设条件限制,滩区投入严重不足,难以布局建设较大的基础设施,交通、水利、电力、污水处理等设施薄弱,教育、医疗、文化等社会事业发展滞后,生活生产条件比较恶劣,滩内外经济社会发展差距不断加大。四是生态管控与滩区发展的空间需求之间存在矛盾，滩区发展空间受到严重制约。黄河滩区拥有丰富的湿地生态资源，是黄河下游重要的生态安全屏障，对于维护区域生态稳定和平衡具有重要意义；同时为保证下游防洪安全，黄河滩区实行了严格的生态管护政策，以确保黄河滩区人民群众的生命财产安全。这与滩区发展的土地利用需求存在激烈矛盾，滩区国土空间的开发利用存在生态管控与开发需求之间冲突激烈的问题。

黄河三角洲是东北亚内陆和环西太平洋的鸟类迁徙的重要中转站、越冬栖息地和繁殖地，1992 年经国务院批准建立了黄河三角洲国家自然保护区，以保护黄河口新生湿地生态系统和珍稀濒危鸟类。黄河三角洲特殊的地理位置和较短的成陆时间使得其土壤熟化程度低，养分少，而且受到海水影响，其含盐量高，且极易盐碱化。另外，黄河三角洲湿地生态系统发育层次低，适应变化能力弱，整个生态系统不成熟、不稳定，使得黄河三角洲湿地生态系统常常处于一种物质与能量、结构与功能的分均衡状态，缺乏自我调节能力，抵抗外界干扰能力差，属于脆弱的生态敏感区。

同时，黄河三角洲面临着较为严重的生态问题。①湿地淡水资源缺乏。黄河三角洲的淡水资源主要包括当地水资源和黄河水资源，而黄河是黄河三角洲唯一可大规模开发利用的淡水资源（孙志高等，2011）。自 20 世纪 70 年代开始，黄河断流加剧了黄河三角洲生态环境恶化，进入 90 年代以来，断流时间不断延长，范围不断扩大。虽然"调水调沙"工程使得黄河下游断流得到有效控制和缓解，但黄河上游注入河口湿地的水量明显减少。②湿地与近岸生态退化。黄河上游来水量的减少可导致土壤盐碱化加剧、地下水位下降、地面蒸发减少和生境退化等一系列生态问题，而一些依赖于湿地生存的生物（特别是鸟类和水生生物）也由于湿地水环境功能的下降而明显减少；受黄河上游净流量和安县变化等自然因素的影响，海水倒灌引起的侵蚀作用使得整个湿地面积增加有限甚至处于减少状态。③湿地污染问题仍未解决，而据2017 年山东省海洋环境质量公报显示，黄河口典型生态系统仍处于亚健康状态，氮磷比失衡现象及海域富营养化状况仍然存在，富有动物生物量、底栖生物生物量偏低。

第四节　黄河的生态修复目标及措施

一、总体目标

　　根据习近平总书记 2019 年 9 月 18 日在黄河流域生态保护和高质量发展座谈会上的讲话，黄河流域生态保护和高质量发展的主要目标任务包括：第一，加强生态环境保护；第二，保障黄河长治久安；第三，推进水资源节约利用；第四，推动黄河流域高质量发展；第五，保护、传承、弘扬黄河文化（习近平，2019）。

　　黄河流域连接了青藏高原、黄土高原、华北平原，沿河两岸分布有东平湖和乌梁素海等湖泊、湿地，河口形成三角洲湿地。根据新时代"绿水青山就是金山银山"的生态文明发展理念，依据山水林田湖草沙综合治理原则，坚持生态优先、绿色发展，以水而定、量水而行，因地制宜、分类施策，上下游、干支流、左右岸统筹谋划，共同抓好大保护，协同推进大治理，着力加强生态保护治理、保障黄河长治久安、促进全流域高质量发展、改善人民群众生活、保护传承弘扬黄河文化，让黄河成为造福人民的幸福河。

二、总体布局

　　黄河是资源型缺水流域，大多数河段已高度人工化，黄河生态保护以维持河流健康为目标，以确保防洪安全为前提，以干流为主线，以源区和河口为重点区域，以湿地和鱼类为重点保护对象，以黄河可供水量和水质为约束条件，妥善处理开发与保护之间的关系，基本保障断面生态流量和河道外生态用水，基本保证流域湿地面积不萎缩、水源涵养等生态功能不退化，保障流域水质安全，保持重要河段连通性，促进流域生态系统良性循环。

　　黄河源区属于生态脆弱区，是黄河流域重要水源涵养地和黄河特有土著鱼类重要栖息地。源区生态保护应与国家政策和法律法规相协调，坚持保护优先，限制或禁止各种不利于水源涵养功能发挥的经济社会活动和生产方式，严格限制水电资源开发，以自然保护为主，生态建设为辅，加强监测、监督和管理，建立生态补偿等机制，采取综合措施保证源区水源涵养、生物多样性保护等功能的正常发挥。

黄河上游（不包括源区）仍是生态脆弱区，属于国家农产品主产区和重点开发区，气候干旱、水资源贫乏，生态与生产用水矛盾极为突出。生态保护应根据国家生态保护的战略要求，加强天然湿地和土著鱼类栖息地保护，保护措施以水而定、量水而行，严格限制人工湿地的规模和数量，将生态用水纳入省区水资源配置指标，协调农业发展与生态用水之间的关系。

黄河中下游（不包括河口）大部分属于国家水土保持、农产品主产等功能区，人口密集，水资源紧张，防洪形势也严峻。黄河中游地区途经黄土高原，水土流失形势严峻；河道管理范围内还分布有大面积洪漫湿地。水土保持、湿地保护与农业生产、河道治理矛盾突出。要保障黄河长治久安，必须合理调节水沙关系，统一配置和调度水资源，严格黄河用水的管理，推进高效节水农业的建设，严格控制高耗水人工水景观的无序建设，基本保障主要断面生态水量，保护沿黄洪漫湿地等生境。

三、修复措施

黄河源区属于生态脆弱区，是黄河流域重要水源涵养地和黄河特有土著鱼类重要栖息地。源区生态保护应与国家政策和法律法规相协调，坚持保护优先，限制或禁止各种不利于水源涵养功能发挥的经济社会活动和生产方式，严格限制水电资源开发，以自然保护为主，生态建设为辅，加强监测、监督和管理，建立生态补偿等机制，采取综合措施保证源区水源涵养、生物多样性保护等功能的正常发挥。

黄河流域水土保持的主要实施对象为黄土高原，控制了黄土高原土壤侵蚀状况，就能基本完成对入黄泥沙的控制，解决黄河水少沙多、水沙关系不协调的问题。黄土高原小流域综合治理是控制黄土高原水土流失的成功之路，按照水土流失特点和规律，因地制宜，因害设防，采取包括工程措施、植物措施和农业技术措施相结合，山水林田湖草沙综合治理，合理利用水土资源，优化农林牧结构，形成以小流域为单元的综合防治体系。坡耕地通过退耕恢复植被后，有效控制了坡面侵蚀产生的泥沙，从源头减少入黄泥沙。在黄土高原退耕还林还草建设中，因地制宜，根据立地条件和林草生态学特征，营建混交植被。南部地区降水量较高，以林木植被为主；北部地区降水量少、潜在蒸散发能力高，生态承载力较低，以灌草植被为主。植被恢复格局配置对于坡面侵蚀产沙控制也具有重要作用。调整农业产业结构，在坡耕地转化为林草地过程中，以市场为导向，调整种植产业结构，发展具有区域优势的特色产业，快速而稳定地增加农民收入，为生态修复提供物质保障。

对黄河下游地区，以湿地水源涵养功能保护为重点，采取综合措施确保源区湿地现有规模不再萎缩，水源涵养、生物多样性等生态功能的正常发挥，为黄河提供充足的高质量水源。以水源涵养和生物多样性保护为主，加强退化草原的防治，保护湿地及草原植被，加强天然林、湿地和高原野生动植物保护，实施退耕（牧）还林还草、牧民定居和生态移民，恢复湿地，涵养水源，逐步恢复湿地水源涵养功能。制定湿地生态补水规划，严格限制忽视水资源支撑条件实施湿地过度修复、重建，避免区域湿地过度修复影响流域湿地整体功能正常发挥。加大湿地周边区域污染源治理力度，实施富营养化湖泊生物治理工程，控制芦苇区、水草区面积，防止湖泊沼泽化，保障湖泊湿地主体功能正常发挥。

参考文献

丁文广，勾晓华，李育. 2019. 祁连山生态绿皮书：祁连山生态系统发展报告［C］.

孙志高，牟晓洁，陈小兵等. 2011. 黄河三角洲湿地保护与恢复的现状、问题与建议［J］.
　　湿地科学，9（2）：107-115.

王文杰，蒋卫国，房志等. 2016. 黄河流域生态环境十年变化评估［M］. 北京：科学出
　　版社.

习近平. 2019. 在黄河流域生态保护和高质量发展座谈会上的讲话. 求是，（20）：4-11.

张宝森，张厚玉，马卫东. 2005. 黄河下游滩区现状及存在问题分析［J］. 资源调查与评
　　估，22（5）：61-65.

第十二章
黄河流域农业文明演进

第一节 引 言

　　"农，天下之大业也"（桓宽，1957）。作为衣食之源和生存之本，农业在中国政治、经济与社会发展中历来占有重要地位。对于整个古代世界而言，农业更是一个决定性的生产部门（恩格斯，1972）。中国是世界农业的发源地之一，在近代农业出现以前，中国农业一直在世界上处于领先地位，对人类文明做出的巨大贡献并不亚于四大发明（陈文华，1981）。黄河流域是中华农耕文明的发祥地之一，作为人类历史上源远流长而又唯一延续下来的文明，黄河流域的农业文明在世界农业发展史上具有重要内涵（Macklin and Lewin，2015；Feng et al.，2019）。

　　2012 年，党的十八大就做出"大力推进生态文明建设"的战略决策。尤其是 2019 年 9 月 18 日，习近平总书记在河南郑州主持召开黄河流域生态保护和高质量发展座谈会，明确提出"坚持生态优先、绿色发展"（习近平，2019）。这就将建设生态文明与挖掘黄河文化蕴含的时代价值结合起来，为保护、传承、弘扬黄河文化找到了方向。那么，如何推进黄河流域传统农业文明走向现代生态文明？推动农业文明演进的内在核心要素到底是什么？这些问题的解决对保护、传承、弘扬和创新黄河文化具有重要意义。

　　从考古出土资料来看，中国农业历史可追溯到距今一万年左右（陈文华，

2005）。中国农业历史是人类发展史上光辉的一笔，在考古学、人类学、历史学、科学史、经济学等不同的学科领域皆有涉及相关研究。其中，关于推动黄河流域农业文明演进的核心要素，相关研究主要从地理环境介绍、生产力进步、作物栽培、水利建设与治理、政策制度和文化交流传播等方面展开。例如，地理环境被看作是导致中华农业文明源远流长而又缓慢发展和长期延续的重要因素（陈绵水和冷树青，2010）。对自然生产力的认识和利用达到了一个较高的水平则是中华农业文明从未中断的根基（李根蟠，2014）。与此同时，水井等水利设施的建设与运用也为农业文明做出了很大贡献，河南凿井技术是中原农业文明的主要内容之一（贾兵强，2012）。从现代经济学的角度考察农耕文明演变的历史发现，农耕文明是人类历史上公共经济制度变迁的飞跃（宋丙涛，2008）。另有学者考虑到多种因素的综合作用提出，维系中国长达几千年农业文明的是制度安排的恒久性、科技创新的循序性和制度创新的助推性这三个因素（胡岳岷，2003），等等。另外，关于农业分期问题，相关研究存在四种视角：其一，农史研究者常从生产工具和技术特征的角度出发，将农业分为原始农业、传统农业和现代农业等不同的历史形态（韩茂莉，2012）；其二，考古研究者根据生产工具的变革将人类社会分为石器时代、青铜器时代和铁器时代（张之恒，1991），由于中国这三个考古时代的划分基本和原始社会、奴隶社会、封建社会的人类社会发展的三个阶段并行，故对农业发展阶段的划分也有新石器时代的氏族公社农业、青铜器时代的奴隶社会农业和铁器时代的地主封建社会农业一说；其三，部分史学家依照中国农业中精耕细作技术发展的内在规律所呈现的阶段性，将农业发展分为先秦农业、秦汉南北朝农业、隋唐宋元农业及明清农业（梁家勉，1989），展现精耕细作技术从萌芽到体系成型到体系成熟再到发展深入的历程；其四，有农业发展经济学家从农业技术资本投入的角度出发，把农业发展分成以技术停滞、生产的增长主要依靠传统投入为特征的传统农业阶段，以技术的稳定发展和运用、资本使用量较少为特征的低资本技术农业阶段，以及以技术的高度发展和运用、资本集约使用为特征的高资本技术农业阶段（Mellor，1966）。

　　由此可见，现有研究多将农业的发展过程和农业文明的演进看成是单项因素作用的结果，其视角要么多偏重对农业生产技术成就的整理，要么多偏重农业领域生产关系等农业经济形态的变革，明显存在技术与经济、生产力与生产关系研究的脱节。然而文明是人类所创造的物质财富和精神财富的总和。探索文明的演进需要一种综合的方法。技术创新经济学中的技术经济范式理论（杨虎涛和冯鹏程，2019）能有机联系技术与经济、生产力与生产关系各方，可以为农业文明的演进研究提供全新的综合视角。纵观从黄河流域农业文明起源到现代农业文明形成过程中的历史节点，农业技术经济范式均发生了革命性变革。那么，技术经济范式的变化是否是推动农业文明演进的核心要素？其机理如何？在当前我国加快农业改革力度、推进传统农业文明向现代农业文明转变的背景下，从农业技术经济范式变化视角来考察农业文明的发展与演化对找出农业文明演进的内核、传承与创新中华优秀农耕文化、把握农业文明演进的方向具有重要意义。为此，本章拟从农业技术经济范式的内涵入手构建分析框架，剖析以农耕文明为主体的黄河流域农业文明的嬗变过程，划分黄河流域农耕文明演进的历史阶段，以挖掘农业文明传承规律和演进机理，旨在对黄河流域农业文明精髓的承继和现代农业生态文明的建设提供参考。

第二节　农业技术经济范式驱动农业文明演进的理论分析

一、农业技术经济范式的内涵

"范式"（paradigm）的概念最早由美国科学哲学家托马斯·库恩（T. S. Kuhn）于 1962 年在其著作《科学革命的结构》一书中提出，用来阐释科学研究活动中基本模式或结构的转换对科学革命的意义。1982 年，技术创新经济学家乔瓦尼·多西（G. Dosi）将这个概念引入技术创新之中，提出了技术范式的概念，将其定义为立足于自然科学原理解决技术经济问题的一种模式（Dosi，1982）。而后，克里斯托夫·弗里曼（C. Freeman）和卡洛塔·佩雷兹（C. Perez）在继承多西"技术范式"的基础上，使用"技术经济范式"这一术语来描述被广泛传播的技术通过经济系统影响企业行为和产业发展的现实（丁明磊等，2011）。技术变革与经济运行之间的联系是技术经济范式形成的理论基础，目前技术经济范式的内涵已在创新经济学和演化经济学等领域得到广泛扩展。我国学者王春法在解释新经济问题时，将技术经济范式定义为一定社会发展阶段的主导技术结构以及由此决定的经济生产的范围、规模和水平（王春法，2001）。受以上学者观点的启发，本章在吸收技术创新与经济结构互动思想的基础上，构建技术经济范式框架并将其引入农业发展的研究中，提出"农业技术经济范式"的概念。在此，将农业技术经济范式定义为不同的农业发展阶段所特有的技术经济结构，它包括以人为主体的农业通用技术，以及由此推动的人与人、人与社会之间的农业生产组织方式和人与地（自然环境）之间的农业地理环境三个部分。农业技术经济面貌及其特征折射出农业文明的形态，当农业技术经济范式由量变发生质变时，农业文明也会实现新的飞跃。

二、农业文明的内涵

"见龙在田，天下文明"（朱熹和李剑雄，1995）。在中国，"文明"一词最早出自于此，取"文采光明"之意。随着时代进步，文明的含义不断延伸，除了泛指人类所创造的物质财富和精神财富的总和之外，方今更多释义为一个地区或一个社会发展到较高阶段显示出来的状态和特征。作为一个既古老又常新的概念，文明可以因时代与地域或民族的差别而有所不同，亦可以因不同的人有不同的理解（王震中，1994）。从地理学的角度出发，李小建等（2012）学者曾提出"文明的产生与扩散是人地相互作用的反映，不同的文明与不同的地理环境密切相关，不同发展阶段的文明又反映了不同类别的地理要素的组合及其共同作用"。在现有的关于"文明"概念和内涵的研究成果的基础上，结合地理学的人地思想，本章定义"文明"为人类在与自然环境相互作用中所创造的物质和精神成果的总和。本章界定农业文明为在一定地域空间从事农业活动的人类在利用和改造地理环境的过程中创造的农业物质和精神财富的总和，包括农业生产技术、农耕方式、文化传统、农政思想和适应农业生产生活需要的各种制度等多方面，其中农业生产力、生产关系的进步与创新是农业文明演进的灵魂。我国农业最早可以追溯到距今一万年前左右，但农业文明并不是在农业刚出现时就形成了。当农业生产发展到一定的规模、农业技术形成一定的体系、农业生产经验积累到一定程度并开始上升到理性的认识时，农业文明才孕育而生（张素蓉，2012）。在人类学和考古学研究中，农业文明仅被当作人类文明的一小部分，在此本章将其抽丝剥茧，单独提出来细致剖析，一方面吸取考古学界普遍接受的中国文明最早追溯到三皇五帝时代（公元前5000年左右）的共识，确定农业文明肇始于7000年前左右；另一方面对18世纪60年代的大机器生产标志工业文明的开创与农业文明的湮灭的主张持有异议，认为农业文明绵绵不断，一直延续至今。与此同时，需要说明的是本章探索的农业为狭义农业范畴，特指种植业。

三、基于技术经济范式的农业文明演进分析框架构建

按照农业技术经济范式的内涵，农业文明包括人、地和社会三个主体。农业技术经济范式的变革包括以人为主体的农业通用技术的革命，人与人、人与社会之间生产组织方式的变化，以及人与地（自然环境）之间农业生产环境的改变。通用技术作为人与地的中介，是人类适应、利用、控制和改造自然环境的能动手段，决定生产力水平的高低；组织方式是与生产力相适应的人与人之间的社会关系，它决定了生产关系的组织形态；地理环境是人类文明进化的物质基础。人类以技术为手段能动地适应着自然环境，创造着适应区域自然环境、体现区域人地关系特征的文明模式（张慧芝等，2007）。由此可以看出，通用技术、组织方式和地理环境及其决定的生产力和生产关系的变革之间均具有协同性，导致农业文明形态由量变到质变跳跃性变化，进而引致农业发展和文明演进表现出明显的阶段性。通用技术、组织方式和地理环境之间的协同创新以及由此带来的生产力和生产关系之间的协同演化正是农业文明演进的根本动力。据此，本章构建了一个"通用技术－组织方式－地理环境"的协同分析框架（图12-1），来分析农业文明演进过程中技术经济范式的驱动机理。

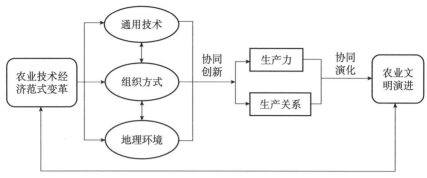

图 12-1　基于农业技术经济范式的农业文明演进分析框架

第三节　黄河流域农业文明演进阶段的划分

黄河流域是中国文明的摇篮，尤其是其农耕文明。黄河流域农业文明的形成与演进和黄河独特的地理环境密不可分。黄河在古代称"河"，因其流经黄土地带，挟大量泥沙，水色黄浊，因而得名（马世之，1989）。河流挟带泥沙在中下游地区形成关中平原和华北大平原。全新世中国出现一个大暖期，黄河流域在此期间基本上属于暖温带气候类型，其温暖湿润的气候条件为黄河流域率先突破原始农业的低水平发展、形成以旱地粟作农业为基础的农耕文明提供了独特的地理条件（马世之，1989；王星光，2005；张慧芝等，2007）。这与南方的"稻作文明"形成了鲜明的对比（刘壮壮和樊志民，2015）。深入了解黄河文明的历史发展与变迁进程对全面认识中华文明也起着重要的引领作用。本节将以黄河流域为例，从农业技术经济范式的角度对农业文明的演进进行探究。

一、阶段划分

农业技术经济范式是测量农业文明程度的工具。根据农业技术经济范式的变革，将黄河流域农业文明的演进划分为如下几个阶段，即新石器时代木石锄耕农业文明（从距今 7000 年前左右农业由年年迁徙的生荒农作制过渡到相对定居的熟荒农作制，到距今 4000 年前新石器时代结束）、青铜时代金属器锄耕农业文明（从距今 4000 年前后进入青铜时代到距今 2500 年前青铜时代结束，大体上相当于文献记载的夏、商、西周和春秋时期，与中国奴隶制国家的产生、发展及衰亡相伴始终）、铁器时代精耕细作农业文明（从战国到 19 世纪 60 年代晚清洋务运动以后，中国近代工业化起步，铁器时代结束）、机器时代工业化农业文明（从晚清到 20 世纪末基本实现工业化，鸦片战争后中国积极学习西方先进的近代农业科技，中国传统农业向近代农业转变，中华人民共和国成立后开始农业工业化的现代征程，目前工业化总体上还处于纵深发展阶段）、计算机时代信息生态农业文明（当今全球都更加关注土地可持续发展和食品安全，绿色发展方式得到空前重视，绿色供应链、清洁生产、物联网追踪、土壤整治、生态修复等都成为研究热点）。这些趋势预示着农业文明必将走向更高层次的信息化生态文明。

二、农业文明形态

中国农业起源于一万年以前，黄河流域因黄土覆盖广泛，具有良好的保水和供水性能，土质肥沃疏松，使用简单的木石工具即可垦耕，加之气候温暖，优越的农业地理环境使之成为我国原始农业出现最早的地区之一。然而最初农业形态较为低级、原始和粗放，农业生产工具和农作物加工工具以石斧、石锛、石磨盘等打制石器为主，磨制石器极为罕见。对土地的利用主要是刀耕火种，人们无固定耕地，生活迁徙无定。故在新石器时代的早期，原始农业虽应运而生，但农业文明尚未登上历史舞台。但不可否认，原始农业的产生改变了采集渔猎经济时代"饥则求食，饱则弃余"的状况，使之可以形成稳定的剩余产品，从而为文化积累、社会分工以及新石器中晚期农业文明的诞生奠定一定的物质基础（阎万英，1992）。以下以新石器中晚期作为农业文明的开端，以农业技术经济范式的变化为线索，概况描述黄河流域农业文明每一阶段演进的主要特征（表 12-1）。

表 12-1 黄河流域农业文明演进阶段划分

阶 段	时 代	技术经济范式			
		工艺与技术	工具与动力	基础设施	劳动组织方式
新石器时代木石锄耕农业文明	从距今 7000 年前左右开始,到新石器时代结束	木石,磨制,锄耕	木石器、骨器、蚌器、角器等;手工操作	治水凿井	氏族公社、部落成员间协作
青铜时代金属器锄耕农业文明	虞夏时代起,经商、西周迄春秋	青铜铸造;农田沟洫系统	青铜器,如锛、耒、斧、斨、镈、铲、耨、镰等;人力操作	河灌、井灌、开沟排水,蓄水工程	三人"协田"、两人"耦耕"、大规模集体劳动
铁器时代精耕细作农业文明	从战国开始到晚清	冶铁技术;耕－耙－耱一整套耕作技术体系;轮作倒茬、连作和复种	铁器,如铁犁、铁锸、铁镬、铁铧犁、耙、耱、耧车、曲辕犁、水车、石磨、粮食加工机械等;牛耕,畜力、水力和风力	渠系建设,坎儿井	各自生产经营,小农经济
机器时代工业化农业文明	从晚清到 20 世纪末基本实现农业／农村工业化	机械化收种	农业机械	引黄工程,黄河渡口,道路交通	规模经营
计算机时代信息生态农业文明	从 21 世纪初开始	绿色信息技术	科学信息系统;机械自动化	物联网、大数据、云计算、移动互联网	规模经营与精耕细作并存

1. 新石器时代木石锄耕农业文明

炎帝神农氏时代,"斫木为耜,揉木为耒,耒耨之利,以教天下",黄河流域农耕文明已经萌生。到新石器时代中晚期,农业生产工具和耕作技术有了很大的发展。在工具技术方面,农具逐渐配套成龙,从砍伐林木的石斧、石锛到整地播种的石铲、石耜再到收割加工的石刀、石镰等一应俱全,且这些石器以磨制为主,器型精致小巧,同时陶器也有长足的进步(荆三林和李趁有,1985)。由于农业通用技术的改进,农作物种类增加,产量提高,农业生产比原始农业刚刚发生时更为发达和繁荣。农作制度由一年后易地而种的生荒农作制转入连种若干年的熟荒农作制,农业形态由居无定所的刀耕农业转入定居的锄耕农业。人们生活在以集体共有为组织基础的氏族社会,农业聚落遗址（如裴李岗遗址和磁山文化遗址等）的出现更标志着人们过着较为稳定的定居生活。地理环境为黄河流域农业文明的形成提供了物质基础。例如，在晚更新世早期汾河流域，具有典型黄土河谷和河流阶地双相结构的丁村，就发现了28种哺乳动物化石，如纳玛象、印度象、水牛等基本是生活在疏林、草原湖泊和沼泽的温暖而湿润的气候环境中（张慧芝等，2007）。出于农业生产的需要，黄河流域开始防范水患，水井等基础设施在这个时期得以发明并改造了地理环境。由此可以看出，通用技术、组织方式和地理环境三方面的发展在农业文明起源过程中发挥了巨大作用。随着生产力的提高和定居生活的稳固，黄河流域进入发达的农业经济阶段，农业文明时代由此到来。

2. 青铜时代金属器锄耕农业文明

公元前21世纪到公元前5世纪中叶（夏、商、西周、春秋），是中国的奴隶制时代，亦是中国考古学中的青铜时代。本时期内，人们改造自然的能力有了很大的提升，农业通用技术产生划时代的进展。青铜工具逐步应用到农业生产中，铜镢、铜铲、铜臿等青铜农具比之木器、石器、蚌器等更为锋利坚硬（徐学书，1987），其使用大大提高了农业效率，在一定程度上推进农业生产和农业技术的进步。森严的社会等级结构与富有弹性的奴隶制为大规模公共工程的兴修（如农田沟洫系统的形成）和奴隶集体劳作提供了社会组织基础。从原始社会末期开始，黄河流域的劳动人民逐步向土壤比较湿润、地势比较低洼的河岸平原地区发展（张慧芝等，2007）。这些地区虽能够缓解干旱的威胁，却也由于降雨集中，河流经常泛滥，特别是黄河中下游地区，地下水位高，内涝盐碱相当严重。为在低地平原地区发展农业，首先需要开沟排水洗碱，农田沟洫体系正是在这种形势下产生。因此，人类文明正是在对一项特别困难的挑战进行应战的过程中形成的，文明生长的动力来源于富有创造性的应战主体和富有创造性的人类群体（张慧芝等，2007）。农田沟洫系统是当时农业技术经济范式体系的根基和核心，在此基础上，起亩畦作、耦耕协作、耘籽治虫等农业技术陆续出现。农业耕作制度渐渐由撂荒耕作制转变为休闲耕作制，原始的农业技术经济范式向以精耕细作为特点的传统农业技术经济范式蜕变，孕育出青铜时代金属器锄耕农业文明。

3.铁器时代精耕细作农业文明

从春秋中期开始，中国开始步入铁器时代。铁器作为一种新的生产力代表在奴隶制瓦解、封建制兴起的社会变革中产生，到战国时期已成为主要的农业生产工具被广泛使用，不仅利于开垦从而扩大耕地面积，而且促进了农业生产效率的提升。特别是铁犁的出现，更是我国农具发展史上的一项重大革新。在农业动力方面，畜力耕作相伴而生，改变了单纯依靠人力的粗放的农业耕作方式，大大提高土地的单位面积产量。农业工具和农业动力的这种变化促使农业劳动者个体独立性加强，农业生产组织开始演变为以家庭为单位的个体农业经营（郭文韬，1982）。农业生产力的跃进也为耕作制度的变化提供了物质基础，农作制由休闲制逐步过渡到连种制。为了缓解黄河流域气候苦旱、水资源不足的限制，劳动者对农业环境的改造更加突出，以灌溉为目的的大型农田水利建设兴起，逐渐减弱自然环境对农业生产的影响。对于黄河流域而言，这一时期农业发展的重要特点是形成了耕、耙、耱、压、锄相结合的防旱、节水、灌溉、保墒耕作技术体系。以深耕熟耱、不违农时、人工施肥、防治害虫、选育良种等为标志的精耕细作技术体系在延续2000多年的封建社会中形成、确立、发展和成熟。黄河流域最终在适应自然、改造自然的过程中创造高度精耕细作、集约经营的农业文明。

4.机器时代工业化农业文明

明末清初，黄河流域遭受了严重的战乱破坏，荒榛蔓草，庐舍丘墟，明代以前经营的农业景观荡然无存。明清两代政府为了改变国初的凋敝之状，颁发诏令鼓励开垦荒地，恢复农业生产。对于黄河上游的西北边境地区，则组织戍边将士利用"军屯"的形式进行开垦。黄河流域的山西西北、陕西北部、宁夏平原、青海西宁地区、甘肃河湟地区、内蒙古河套地区，都是屯田的重点所在（马雪芹，1997）。清中期大规模的垦殖活动向山区不断扩展。平原地区无山田可开的农民竟不顾生命安危，在黄河大堤的柳树空隙间进行耕种。虽然该时期充分利用了土地，但过度的、掠夺性的开垦活动使地理环境遭到了严重的破坏。例如，黄河流域内平原地区的森林植被全被破坏，山区森林面积迅速减少乃至消失（如周至县的辛峪、黑峪、西骆峪直至渭河河谷，原来均为林地，至明清也成为农田）。森林的破坏又引起严重的水土流失、土壤沙化、黄河下游土壤盐碱化（马雪芹，1997）。1840年鸦片战争爆发后，西方近代农业科技开始传入中国。西方的农业机具、选种育种方法、施肥栽培技术等先进科学技术的引进促使黄河流域农业生产效率大大提高，弥补了地理环境破坏造成的损失。中国近代农业科技的创新与发展虽未使传统农业得到根本改造，但对传统农业向现代农业转变具有重大现实意义。到中华人民共和国成立，特别是改革开放后，我国大规模引进机械生产装备，逐渐用现代生产技术、现代科学知识、现代经营管理方法等改造落后传统农业面貌，基本实现机器作业对人畜力作业的替代，工业化农业实现较高程度的发展，同时推进了农业文明新的进程。

5. 计算机时代信息生态农业文明

按照工业化的模式改造农业，虽大大提高农业劳动生产率，但高投入、高消耗的方式也同样不可避免地造成土壤退化、环境污染、水土流失、生态恶化等一系列问题。全球各国都更加关注土地的可持续发展和食品安全，绿色发展方式得到空前重视。中国在21世纪初也将可持续发展提到战略高度，绿色设计、清洁生产、绿色供应链、绿色食品链、土壤整治、生态修复、物联网追踪技术等都成为研究和实践热点。这些趋势预示着未来农业将是现代化信息技术和生态技术相结合的农业，农业文明必将是以绿色化、信息技术为核心所引领的资源节约、环境友好的信息生态农业文明。

三、技术 - 组织 - 环境协同机理

农业文明的演进是农业技术经济范式的组成部分——农业通用技术、农业生产组织方式和农业地理环境三者内部协同互动，进而推动生产力和生产关系二者外部协同互动的结果。首先，人类在长期生产实践中不断积累历史知识，对作物栽培、耕作技术、工具器具等方面的革新创造提高了整个社会农业生产的通用技术，占据主导地位的农业技术是推进农业进步的重要力量，伴随其以革命性的方式日益渗透扩散到农业经济发展的各个领域，在一定程度上促进了农业生产力的进步；其次，农业生产力的进步要求生产协作、文

化交流和政策制度等方面不断调整，与生产力相适应；与此同时，人类改造自然能力的提升也推动了（如凿井技术的发明、水利交通等）公共基础设施的建设，改变了农业生产的地理环境与条件。因此，农业技术经济范式三个组成部分的变化与生产力和生产关系的变化具有协同性。随着农业主导技术及与其相适应的生产方式和生产环境由量变到质变的协同变化，农业的生产范围、生产规模、生产水平也会发生相应的变化，从而改变原有的农业运行模式，导致农业文明形态按照上述五个阶段演进。随着农业通用技术由刀耕火种到木石锄耕、金属器锄耕到铁犁牛耕再到机器作业、信息化管理的提升，农业生产组织方式经历了由氏族或部落成员协作到三人"协田"、两人"耦耕"到小农经济个体经营再到农业规模化经营的变化，农业生产环境经历了由原始、简陋、恶劣到现代化、自动化、信息化的改善。农业技术经济范式在技术、组织和环境三个组成部分的互动协作和交互影响中不断更替与升级，促使生产力与生产关系不断递进与发展，从而驱动了农业从无到有、农业文明从新石器时代木石锄耕到青铜时代金属器锄耕到铁器时代精耕细作再到机器时代工业化农业文明、计算机时代信息生态农业文明的动态演进。由此可见，农业通用技术的变化决定了农业生产组织方式的变化，并与农业发展环境协同演化，其共同决定了农业文明的演进。同时农业文明演进的五个阶段并不是断然分开的，而是前后衔接、密切联系、相互贯通的螺旋上升式过程。前一阶段是后一阶段的基础，后一阶段是前一阶段的递进，农业文明在多次积累传承中实现创新和发展。

第四节 结论与讨论

农业技术经济范式的变革是推动农业文明演进的核心动力。本章基于农业技术经济范式构建了一个"技术－组织－环境"的分析框架，探究了黄河流域农业文明的演进阶段，并挖掘推进农业文明演进的内在机理，得出以下结论。

第一，农业技术经济范式的变革包括以人为主体的农业通用技术的革命，生产组织方式的变化，以及农业生产环境的变迁。技术、组织、环境三者的协同创新及其带来的生产力和生产关系的协同演化是农业文明演进的内在精髓。

第二，基于农业技术经济范式的变化，以农耕文明为主体的黄河流域农业文明演进经历了五个阶段，即新石器时代木石锄耕农业文明、青铜时代金属器锄耕农业文明、铁器时代精耕细作农业文明、机器时代工业化农业文明和计算机时代信息生态农业文明。

第三，黄河流域农业文明的演进呈螺旋式上升趋势。在纵向每一个阶段，农业通用技术、生产组织方式和农业制度环境之间不断协同改进提高，使得生产力与生产关系相协调，而在横向方面，农业文明区域逐渐由黄河流域扩展至全中国。

文明与创新密不可分。本章的创新点是从农业技术经济范式的变革视角构建"技术－组织－环境"的分析框架，能更好地理解推动农业文明演进的精髓。在生态文明建设的战略背景下，促进农业技术经济范式的绿色化转型是黄河流域传统农业文明走向生态文明的关键内核。其中，绿色化通用技术的突破是决定绿色生产方式和组织方式的关键。例如，包含绿色能源技术、材料技术、生物技术、污染治理技术、资源回收技术、环境监测技术以及从源头、过程加以控制的清洁生产技术和物联网信息技术等的绿色技术体系能否被创新突破决定了绿色创新链、绿色商品链和绿色供应链能否被有效组织。同时，在政府法规、市场力量和全民绿色生活、绿色消费意识提高的共同作用下，绿色化的社会经济发展环境才能被有序营建。因此，建设以绿色技术为核心的资源节约、环境友好的信息生态农业文明将是未来农业文明的发展方向。

参考文献

陈绵水，冷树青. 2010. 中华农业文明的早熟、融合发展与再生性［J］. 河南大学学报（社会科学版），50（2）：72-78.

陈文华. 1981. 中国古代农业科技史讲话（一）［J］. 农业考古，（1）：114-124.

陈文华. 2005. 中国原始农业的起源和发展［J］. 农业考古，（1）：8-15.

丁明磊, 庞瑞芝, 刘秉镰. 2011. 全球化与新技术经济范式下区域产业创新路径研究 [J]. 科技管理研究, 31 (21): 161-164.

董恺忱, 范楚玉. 2000. 中国科学技术史: 农学卷 [M]. 北京: 科学出版社.

恩格斯. 1972. 家庭、私有制和国家的起源 [M]. 北京: 人民出版社.

郭文韬. 1982. 中国古代的农作制 [J]. 中国农史, (1): 55-59.

韩茂莉. 2012. 中国历史农业地理 [M]. 北京: 北京大学出版社.

胡岳岷. 2003. 制度、技术与中国农业文明 [J]. 经济评论, (4): 64-66.

桓宽. 1957. 盐铁论读本 [M]. 北京: 科学出版社.

贾兵强. 2012. 河南先秦水井与中原农业文明变迁 [J]. 华北水利水电大学学报 (社会科学版), 28 (1): 13-16.

荆三林, 李趁有. 1985. 中国古代农具史分期初探 [J]. 中国农史, (1): 40-44.

李根蟠. 2014. 自然生产力与农史研究 (下篇): 中国传统农业利用自然生产力的历史经验 [J]. 中国农史, 33 (4): 3-21.

李小建, 许家伟, 任星, 等. 2012. 黄河沿岸人地关系与发展 [J]. 人文地理, 26 (1): 1-5.

梁家勉. 1989. 中国农业科学技术史稿 [M]. 北京: 中国农业出版社.

刘壮壮, 樊志民. 2015. 文明肇始: 黄河流域农业的率先发展与文明先行 [J]. 中国农史, 34 (5): 12-23.

马世之. 1989. 黄河流域文明起源问题初探 [J]. 中州学刊, (4): 103-106.

马雪芹. 1997. 明清时期黄河流域农业开发和环境变迁述略 [J]. 徐州师范大学学报, (3): 122-124.

宋丙涛. 2008. 黄河农耕文明辉煌和衰落的制度性和经济性原因分析 [J]. 黄河文明与可持续发展, 1 (2): 1-33.

王春法. 2001. 新经济: 一种新的技术 - 经济范式? [J]. 世界经济与政治, (3): 36-43.

王星光. 2005. 中国全新世大暖期与黄河中下游地区的农业文明 [J]. 史学月刊, (4): 6-14.

王震中. 1994. 中国文明起源的比较研究 [M]. 西安: 陕西人民出版社.

习近平. 2019. 在黄河流域生态保护和高质量发展座谈会上的讲话. 求是, (20): 4-11.

徐学书. 1987. 商周青铜农具研究 [J]. 农业考古, (2): 171-194.

阎万英. 1992. 中国农业发展史 [M]. 天津: 天津科学技术出版社.

杨虎涛, 冯鹏程. 2019. 技术 - 经济范式演进与资本有机构成变动: 基于美国 1944—2016 年历史数据的分析 [J]. 马克思主义研究, (6): 71-82.

张慧芝, 王尚义, 董靖保. 2007. 环境·技术与流域文明: 以晚更新世早期汾河流域为例 [J]. 太原师范学院学报 (社会科学版), 6 (4): 100-102.

张素蓉. 2012. 论农业文明的历史演进与近代转型 [J]. 求索, (10): 214-216.

张之恒. 1991. 中国考古学通论 [M]. 南京: 南京大学出版社.

朱熹注, 李剑雄标点. 1995. 周易 [M]. 上海: 上海古籍出版社.

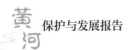

Dosi G. 1982. Technological paradigms and technological trajectories: a suggested interpretation of the determinants and directions of technical change ［J］. Research Policy, 11(3): 147-162.

Feng Z D, Wu P F, Qin Z. 2019. Climate change, Yellow River dynamics and human civilization in Central Plains of China ［J］. Quaternary International, 521: 1-3.

Macklin M G, Lewin J. 2015. The rivers of civilization ［J］. Quaternary Science Reviews, 14: 228-244.

Mellor J W. 1966. The Economics of Agricultural Development ［M］. New York: Cornell University Press.

第十三章
黄河流域经济、人口与粮食重心的
空间演变及耦合特征

第一节 研 究 背 景

黄河是中华文明的发源地，是中国的母亲河，同时也是我国的第二大长河。黄河流域横跨我国东、中、西地区，流域内具有丰富的土地、矿产以及能源资源，对我国的经济发展具有全局性和战略性作用（李敏纳等，2011）。但受历史和自身发展局限性（自然灾害频发、城市化水平低、工业基础薄弱等）的影响，黄河流域的经济社会发展相对落后。同时，黄河流域内部差异显著，区域经济、人口以及粮食产量空间分布不均，东部地区（环渤海、山东半岛）经济实力强，中西部地区相对较弱（雷仲敏等，2009；刘晨光等，2016）。据统计，2013 年山东、河南两省 23 个地级市的生产总值占流域生产总值的 55.19%（周晓艳等，2016）。那么如何缩小黄河流域内区域间差异，保障流域内经济协调发展，成为维护社会稳定，缩小城乡差距所必须要解决的问题（李小龙，2014）。另外，由于人口、粮食和经济在不断的发展变化过程中是相互联系、相互制约的，所以研究人口重心、粮食重心和经济重心的运动轨迹，分析其驱动因子和三者间的耦合关系，有利于促进区域人口、经济、资源和环境的协调与可持续发展（仲俊涛等，2014；高军波等，2018）。因此，本章以黄河流域地级市为研究单元，选取 1990 年、1995 年、2000 年、2005 年、2010 年和 2016 年作为研究的时间节点，借助 ArcGIS 技术平台，绘制黄河流

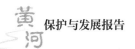

域的经济重心、人口重心和粮食重心，进行重心空间重叠性与变动一致性分析，并对比分析黄河流域经济重心、人口重心和粮食重心的空间演变轨迹，探索三者间的耦合关系，以期为黄河流域的高质量均衡发展提供理论参考。

第二节　研究方法与数据

"重心"分析是一种分析地理现象空间变异及动态变化过程的方法，借用重心点及其移动方向、移动距离等指标不仅可以刻画出区域地理现象的空间差异，还可以进一步探寻其动态过程及演化规律（乔伟峰等，2015；徐建华和岳文泽，2001）。

一、重心分析模型

1.重心模型

假设某个大区域由 n 个小区域组成，第 i 个小区域的地理坐标为（x_i，y_i），m_i 表示第 i 个小区域的某种属性值（如地区生产总值、人口总量）。那么，这个大区域某种属性的重心地理坐标就可以表示为

$$\bar{x} = \sum m_i x_i / \sum m_i , \quad \bar{y} = \sum m_i y_i / \sum m_i \qquad （13\text{-}1）$$

式中，m_i 为黄河流域各地级市的地区生产总值以及人口数；x_i 和 y_i 分别为各地级市的行政中心坐标；$\bar{x}$ 和 $\bar{y}$ 分别为黄河流域某一属性（地区生产总值或人口总量）重心的经度和纬度值。

2.重心移动距离

不同年份间区域经济和人口重心的空间移动距离计算公式如下：

$$D_{s-k} = \mathrm{K} \cdot \sqrt{(\bar{x}_s - \bar{x}_k)^2 + (\bar{y}_s - \bar{y}_k)^2} \qquad （13\text{-}2）$$

式中，D_{s-k} 为两个不同年份间重心移动距离；s 和 k 为两个不同年份；$\bar{x}_s$ 和 $\bar{x}_k$

分别为第 s 年和第 k 年黄河流域经济和人口重心所在地理位置的经度值，$\bar{y}_s$ 和 $\bar{y}_k$ 分别为第 s 年和第 k 年黄河流域经济和人口重心所在地理位置的纬度值；常数 K=111.111，表示将地球表面坐标单位（度）转化为平面距离（千米）的系数。

二、重心耦合性分析模型

1. 空间重叠性

空间重叠性用两者的空间距离来度量，距离远表示耦合性低，距离近则表示耦合性高，(x_E, y_E)、(x_P, y_P) 表示不同重心相同年份的坐标。其计算公式可表达为

$$S = \sqrt{(x_E - x_P)^2 + (y_E - y_P)^2} \qquad (13\text{-}3)$$

2. 变动一致性

变动一致性是指两种重心相对于上一时间点所产生的位移的矢量夹角，用 θ 来表示，θ 越大则变动越不一致。由于 θ 的取值范围为 $0° \leqslant \theta \leqslant 180°$，因此用它的余弦值 C 作为一般性指数，$-1 \leqslant C \leqslant 1$，$C = 1$ 表示二者方向相同；$C = -1$ 表示二者的方向相反。设重心较上一个时间点经度和纬度的变化量分别为 Δx 和 Δy，根据余弦定理可得：

$$
\begin{aligned}
C &= \cos\theta \\
&= \frac{(\Delta x_E^2 + \Delta y_E^2) + (\Delta x_P^2 + \Delta y_P^2) - \left[(\Delta x_E^2 - \Delta y_E^2) + (\Delta x_P^2 - \Delta y_P^2)\right]}{2\sqrt{\left[(\Delta x_E^2 + \Delta y_E^2) + (\Delta x_P^2 + \Delta y_P^2)\right]}} \\
&= \frac{\Delta x_E \Delta x_P + \Delta y_E \Delta y_P}{\sqrt{(\Delta x_E^2 + \Delta y_E^2)(\Delta x_P^2 + \Delta y_P^2)}}
\end{aligned}
\qquad (13\text{-}4)
$$

三、数据来源与处理

本章选择黄河流域的 73 个地级市、州或盟为研究单元，以 1995 ～ 2016 年为研究时段，使用各个区域的地区生产总值（以 1990 年为基期，按可比价

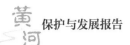

计算）、人口数以及粮食产量数据计算黄河流域的经济、人口和粮食重心。研究数据来源于相应省份统计年鉴或年鉴。使用 Excel 2016、ArcGIS 10.3 等软件，对相关数据进行统计分析、模型计算和空间分析。

第三节　黄河流域经济重心空间演变

根据式（13-1），计算出不同时间节点黄河流域的经济重心坐标及其移动距离和方向（表 13-1）。根据表 13-1，1990 ～ 2016 年，黄河流域经济重心主要在山西省、河南省和河北省的三省交界地带移动，地理坐标在113.203° E ～ 113.742°E，36.282°N ～ 36.604°N，位于黄河流域的东部地区。

表 13-1　黄河流域经济重心坐标及其移动距离与方向

时间节点	经度 /（°E）	纬度 /（°N）	移动距离 / 千米	移动方向
1990 年	113.203	36.302	—	—
1995 年	113.666	36.282	51.470	东南
2000 年	113.742	36.341	10.711	东北
2005 年	113.694	36.496	18.062	西北
2010 年	113.415	36.604	33.284	西北
2016 年	113.294	36.512	16.848	西南

从移动方向来看，黄河流域经济重心转移主要分为两个阶段：第一阶段（1990 ～ 2000 年）经济重心由西南向东北移动；第二阶段（2000 ～ 2016年）经济重心由东南向西北移动。经济重心经度值以 2000 年为分界点，1990 ～ 2000 年经济重心向东移动，2000 年以后又向西移动。从移动速度来看，在第一阶段，1990 ～ 1995 年经济重心移动迅速，达到 10.294 千米 /年，直线移动距离为 51.470 千米；1995 ～ 2000 年经济重心移动速度放缓，为 2.142 千米 / 年，直线移动距离较小，仅为 10.711 千米。在第二阶段，2000 ～ 2005 年经济重心移动平稳，速度为 3.612 千米 / 年，直线移动距离为 18.062 千米；2005 ～ 2010 年经济重心以 6.657 千米 / 年的速度加速向西北移动，直线移动距离为 33.284 千米；2010 ～ 2016 年经济重心移动速度

又有所放缓，以 3.370 千米 / 年的速度向西南移动，直线移动距离为 16.848 千米。

　　观察黄河流域经济重心移动方向和速度特征可发现，黄河流域经济空间格局在 2000 ～ 2005 年发生了重大转变，由东西部经济差异迅速扩大转变为东西部差异逐步缩小。第一阶受重点发展沿海经济开放区政策的影响，环渤海地区经济得到了迅速发展，所以经济重心快速向东北方向移动，该阶段黄河流域东西部经济发展差距迅速扩大。在第二阶段，2000 ～ 2005 年受西部大开发政策以及中部崛起政策的影响，国家投资与外商投资转向中西部地区，同时中西部地区也承接了东部地区的产业转移，使黄河流域中西部地区经济得到了发展，一系列原因导致经济重心逐步向西北方向移动。2005 ～ 2010 年，受 2008 年经济危机的影响，外向型经济发展受挫，环渤海地区对外贸易额下降，东部地区经济发展有所放缓。另外，中西部地区借助国家的政策支持以及自身丰富的自然资源条件，经济发展较快，所以经济重心加速向西北移动，东西部经济差异逐步缩小。2010 ～ 2016 年，经济重心又开始向西南移动，这是因为 2010 年以后，黄河流域经济发展平稳并有所减缓，再加上东部地区受世界经济疲软的影响，经济发展增速相对较慢。同时，国家政策继续支持黄河流域的中西部地区发展，使得中西部地区投资与消费潜力得到释放，保障了经济良好发展的势头。另外，由于黄河流域北部地区的经济发展过度依赖于自然资源的开发，而南部地区经济发展对资源和环境的依赖相对较小，这就导致南部地区经济的综合性明显高于北部地区，从而经济增速也高于北部地区。因此，在该时间段内黄河流域经济重心向西南移动。

第四节　黄河流域人口重心空间演变

　　同样，根据式（13-1）可计算出不同时间节点黄河流域的人口重心坐标及其移动距离与方向。根据表 13-2：1990 ～ 2016 年，黄河流域人口重心主要在山西省临汾市地带和长治市地带移动，地理坐标在 112.338°E ～ 112.500°E，36.077°N ～ 36.172°N，也位于黄河流域的东部地区。

从移动方向来看，黄河流域人口重心在 1990 ～ 2016 年主要向西北方向移动。从移动速度来看，1990 ～ 1995 年人口重心移动较快，达到 1.356 千米 / 年，直线移动距离为 6.782 千米；1995 ～ 2000 年人口重心移动速度有所放缓，为 1.185 千米 / 年，直线移动距离为 5.924 千米；2000 ～ 2005 年人口重心移动速度进一步下降，为 0.532 千米 / 年，直线距离为 2.661 千米；2005 ～ 2010 年人口重心以 1.520 千米 / 年的速度高速向西北移动，直线移动距离为 7.598 千米；2010 ～ 2016 年人口重心移动速度又急剧下降，为 0.220 千米 / 年，直线移动距离为 1.100 千米。1990 ～ 2016 年，黄河流域人口重心持续向西北方向移动，可能由于黄河流域东西部经济发展不平衡，东西部地区人们的生育观念明显不同，如西部地区"养儿防老"的传统思想仍然存在，再加上西部地区"计划生育"政策的实行比东部地区相对宽松，所以人口出生率要明显高于东部地区。

表 13-2　黄河流域人口重心坐标及其移动距离与方向

时间节点	经度 / （°E）	纬度 / （°N）	移动距离 / 千米	移动方向
1990 年	112.500	36.085	—	—
1995 年	112.440	36.077	6.782	西南
2000 年	112.391	36.098	5.924	西北
2005 年	112.367	36.102	2.661	西北
2010 年	112.347	36.168	7.598	西北
2016 年	112.338	36.172	1.100	西北

第五节　黄河流域粮食重心空间演变

通过式（13-1）也可计算出不同时间节点黄河流域的粮食重心坐标及其移动距离与方向（表 13-3）。从表 13-3 中可看出：1990 ～ 2016 年，黄河流域粮食重心主要在山西省长治市内移动，地理坐标在 113.042°E ～ 113.587° E，36.164°N ～ 36.284°N，同样位于黄河流域的东部地区。

从移动方向来看，黄河流域粮食重心转移变动纷乱复杂，没有明显规律。但从移动速度上来看，1990 ～ 2000 年黄河流域粮食重心移动速度较快，移动

距离大，说明该时间段内粮食产量波动较大；而在 2000 年之后黄河流域粮食
重心移动较慢，移动距离变小，粮食重心进入稳定期。1990～1995 年粮食重
心移动迅速，以 5.602 千米 / 年的速度向东北方向移动，直线移动距离为 28.010
千米；1995～2000 年粮食重心移动速度进一步加快，以 9.413 千米 / 年的速度
向西南方向快速移动，直线移动距离达到 47.067 千米；2000～2005 年粮食重
心向西北移动，速度比较平稳，为 2.273 千米 / 年，直线移动距离为 11.363 千米；
2005～2010 年粮食重心以 2.435 千米 / 年的速度向东（微偏南）移动，直线移
动距离为 12.173 千米；2010～2016 年粮食重心又以 4.040 千米 / 年的速度向西
北移动，直线移动距离为 20.201 千米。

表 13-3 黄河流域粮食重心坐标及其移动距离与方向

时间节点	经度 / (°E)	纬度 / (°N)	移动距离 / 千米	移动方向
1990 年	113.340	36.234	—	—
1995 年	113.587	36.284	28.010	东北
2000 年	113.181	36.164	47.067	西南
2005 年	113.105	36.234	11.363	西北
2010 年	113.215	36.228	12.173	东南
2016 年	113.042	36.283	20.201	西北

总体来看，1990～2016 年粮食重心由东南向西北方向移动。粮食重心
向北移动是因为，1990～2016 年北部地区的粮食自给率普遍高于南部地
区，其中华北和西北地区的粮食能保证供求基本平衡，而青海地区粮食则供
不应求。另外，宁夏北部灌溉区为黄河冲积平原，其土壤质量、灌溉条件都
显著优于黄河流域的南部地区。粮食重心向西移动说明，在 1990～2016 年
黄河流域西部地区粮食产量增长明显快于东部地区。从移动速度和距离来看，
1990～2000 年粮食重心移动比较明显，年均重心移动距离超过 7.508 千米，
该时间段内粮食重心不稳定，究其原因在于该时间段内粮食产量更容易受旱
涝等自然条件变化的影响。2000 年之后，粮食重心出现东西和南北小幅摆动，
移动距离较小，这表明黄河流域粮食产量格局已趋向稳定。出现该现象的原
因是随着经济的发展以及灌溉等条件的改善，粮食产量受自然条件的影响相
对减小。

第六节　经济、人口与粮食重心的耦合特征

　　对计算得到的三种重心进行两两比较，把各个重心的地理坐标代入式（13-3）和式（13-4），计算得出各重心之间的空间重叠性和变动一致性（表13-4），然后分析其空间耦合态势。

表 13-4　黄河流域经济、人口与粮食重心的空间重叠性与变动一致性

时间节点	经济与人口		经济与粮食		人口与粮食	
	空间重叠性	变动一致性	空间重叠性	变动一致性	空间重叠性	变动一致性
1990 年	81.711	—	17.019	—	94.775	—
1995 年	138.109	−0.985	8.707	0.971	129.554	−0.998
2000 年	152.603	−0.498	65.405	−0.935	88.110	0.774
2005 年	153.788	0.464	71.601	0.865	83.328	0.846
2010 年	128.154	0.618	47.330	−0.950	96.657	−0.342
2016 年	112.731	0.432	37.881	0.573	79.120	0.987

　　从表13-4中可看出，经济重心和人口重心的空间重叠性呈现先增加后降低的趋势，其中，1990～2005年不断增加，2005年之后开始降低，并趋于平稳；经济重心和人口重心的变动一致性在2000年之前小于0，2000年之后大于0，表明在2000年之前二者变动方向相反，2000年之后二者变动方向趋于一致。可见，2000～2005年是经济重心和人口重心由弱至强的转折点。这可能是因为2000年之前地区间经济发展差距相对较小，对大规模劳动力要素流动影响较弱。2000年以后地区间经济发展差距逐渐拉大，经济发展能力较强地区强烈吸引着发展能力相对较弱地区人口的流动，农村地区的剩余劳动力不断涌向城市，所以使二者间的空间耦合性显著增强。经济重心和粮食重心的空间重叠性也同样呈现先增加后降低的趋势，其中1990～2005年不断增加，2005年之后开始降低，并趋于平稳；经济重心和粮食重心的变动一致性指数在1990～1995年以及2005～2010年波动幅度较大，差不多朝相反的方向发展。粮食重心和人口重心的空间重叠性整体波动幅度相对较小，变动一致性除1990～1995年以及2005～2010年以外的其他年份都大于0，表

明二者变化方向基本一致。

　　总体来看，经济重心、人口重心以及粮食重心均位于研究区域的东部地区，说明东部地区是整个黄河流域人口分布、经济分布和粮食分布最为集中的区域。其中经济重心和粮食重心总体位于人口重心的东北方向，经济重心又位于粮食重心的东北方向。这充分表明黄河流域经济、人口和粮食的空间格局分布明显不均衡。但黄河流域经济重心和人口重心的变动方向逐步趋于一致，说明人口向经济发展好的地区迁移。同时，黄河流域人口重心移动的幅度较小，表明人口的移动是一个缓慢的过程，会受到自身因素（思想、文化等）和各种外界因素的影响，故具有明显滞后性。由经济重心和粮食重心的关系可发现：经济的不均衡发展势必会影响粮食产量，但粮食重心也同时受自然条件的影响，经济重心和粮食重心的空间耦合性并不强。人口通常向自然条件优越的地方迁移，这就会导致迁入区农业开发强度加大，而迁出区的粮食产量减小，故人口和粮食重心趋于集聚。

参考文献

高军波，谢文全，韩勇，等. 2018. 1990～2013 年河南省县域人口、经济和粮食生产重心的迁移轨迹与耦合特征——兼议与社会剥夺的关系［J］. 地理科学，38（6）：919-926.

雷仲敏，刘志远，黄华，等. 2009. 黄河可持续发展的经济学分析与评价［M］. 北京：中国环境科学出版社.

李敏纳，蔡舒，覃成林. 2011. 黄河流域经济空间分异态势分析［J］. 经济地理，31（3）：379-383，419.

李小龙. 2014. 黄河流域经济带与人口时空格局演变及空间耦合研究［D］. 开封：河南大学.

刘晨光，乔家君. 2016. 黄河流域农村经济差异及空间演化［J］. 地理科学进展，35（11）：1329-1339.

乔伟峰，刘彦随，王亚华，等. 2015. 城市三维重心算法与实验分析——以南京市为例［J］. 地球信息科学学报，17（3）：268-273.

徐建华，岳文泽. 2001. 近 20 年来中国人口重心与经济重心的演变及其对比分析［J］. 地理科学，21（5）：385-389.

仲俊涛，米文宝，侯景伟，等. 2014. 改革开放以来宁夏区域差异与空间格局研究——基于人口、经济和粮食重心的演变特征及耦合关系［J］. 经济地理，34（5）：14-20，47.

周晓艳，郝慧迪，叶信岳，等. 2016. 黄河流域区域经济差异的时空动态分析［J］. 人文地理，5：119-125.

第十四章
黄河流域新型工业化
与制造业高质量发展研究

　　工业和制造业是国民经济的主体和支柱，也是区域经济增长的主导部门，制造业的先进性往往决定着现代农业、现代服务业的现代化程度，决定着区域的整体竞争力。所以，制造业高质量发展更是区域高质量发展的核心，也是保持经济持续健康发展的必然要求。作为北方经济的重要支撑，黄河流域高质量发展对于缓解流域内部发展不平衡，促进各地区基于自身优势实现高质量发展有着重大而深远的意义，而制造业的高质量发展是黄河流域高质量发展的重要方面。21 世纪以来，黄河流域的工业化进程和制造业发展均有了长足的进步，劳动生产率水平持续提升，技术创新和产业绿色化成效显著。但从发展质量看，在劳动力、技术、能源等关键要素的投入产出效率方面，黄河流域与国内制造业先行区的差距依然明显，工业或制造业本身发展仍存在一些问题、面临诸多挑战，如水平不高、结构性矛盾突出、两化融合和创新水平低等。更好地推进黄河流域新型工业化的发展，特别是制造业的高质量发展，需要在明晰黄河流域工业发展面临挑战的基础上，进一步厘清推进新型工业化与制造业高质量发展的基本思路，提出有针对性的务实举措。

第一节 黄河流域新型工业化与制造业
高质量发展的现状分析

一、工业总量稳步提升

2000～2017 年，黄河流域的工业平稳较快发展，总量再上新台阶（图 14-1）。在增长态势上，除了 2015 年的工业增加值出现下降外，整体上升态势明显。其中，2000 年，黄河流域的工业增加值为 8029 亿元。至 2017 年，工业增加值上升至 70 367 亿元，是 2000 年的 8.76 倍，工业增加值占全流域 GDP 比例为 38.19%。

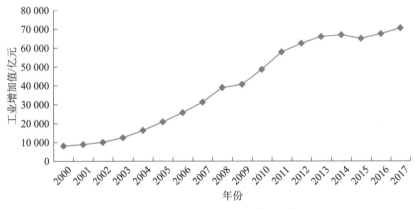

图 14-1 2000～2017 年黄河流域工业增加值

二、重化工业化特征明显

采用区位商分析方法揭示区域产业结构中的规模化和专业化程度，区位商的计算结果表明：黄河流域专业化部门主要集中于资源能源产业和重化工业。黄河流域 8 个省区① 中，煤炭开采和洗选业是其中 5 个省区排名前五位的专业化行业部门，其中山西、内蒙古的区位商分别达到 18.94、10.13，宁夏、陕西

---

① 因四川已经纳入长江经济带这一重大国家战略，本节中的黄河流域主要包括宁夏、青海、甘肃、内蒙古、河南、山东、山西、陕西八省区。

的区位商也大于5。有色金属冶炼和压延加工业是山西、内蒙古、河南、甘肃、青海、宁夏6个省区排名前五位的专业化行业部门，其中青海、甘肃的区位商分别达到6.69、5.67。石油和天然气开采业是内蒙古、陕西、甘肃、青海4个省区排名前五位的专业化行业部门，其中青海、甘肃的区位商分别达到10.50、10.45，陕西、内蒙古的区位商也大于5。有色金属矿采选业是内蒙古、山东、河南、陕西、青海5个省区排名前五位的专业化行业部门，其中内蒙古的区位商达到5.67，陕西、河南、青海的区位商也大于3。石油加工、炼焦和核燃料加工业是内蒙古、山东、陕西、甘肃、宁夏5个省区排名前五位的专业化行业部门，其中宁夏、甘肃的区位商达到5.12和3.60。化学原料和化学制品制造业是青海、宁夏、山东3个省区排名前五位的专业化行业部门，其区位商分别为1.91、1.61、1.56。此外，山东的通用设备制造业、河南的食品制造业、甘肃的烟草制品业均是位列各省区排名前五位的专业化行业部门。在技术密集型产业方面，除山东个别部门外，整体发育水平不高（表14-1）。

表 14-1 黄河流域制造业区位商

制造业行业	山西	内蒙古	山东	河南	陕西	甘肃	青海	宁夏
煤炭开采和洗选业	18.94	10.13	0.64	0.91	5.90	2.25	0.54	7.49
石油和天然气开采业	0.57	6.75	0.56	0.23	8.35	10.45	10.50	0.07
黑色金属矿采选业	3.49	5.95	0.42	0.30	1.61	1.86	0.21	0.50
有色金属矿采选业	0.34	5.67	1.39	3.62	3.79	1.95	3.18	0.00
农副食品制造业	0.43	1.55	1.43	1.34	0.89	1.07	0.71	0.61
食品制造业	0.48	1.78	0.89	1.91	1.17	0.62	0.86	2.38
酒、饮料和精制茶制造业	0.55	1.01	0.60	1.24	1.62	1.32	1.32	0.78
烟草制品业	0.43	0.68	0.25	0.66	1.09	2.97	0.00	0.72
纺织服装、鞋、帽制造业	0.07	0.40	1.22	1.03	0.23	0.10	0.42	1.12
造纸和纸制品业	0.11	0.42	1.31	1.03	0.57	0.22	0.01	0.37
石油加工、炼焦和核燃料加工业	2.39	1.04	1.82	0.48	1.83	3.60	0.20	5.12
化学原料和化学制品制造业	0.45	0.96	1.56	0.70	0.74	0.57	1.91	1.61
医药制造业	0.57	0.67	1.26	1.14	1.10	0.82	1.03	0.61
化学纤维制造业	0.00	0.01	0.29	0.20	0.10	0.01	0.00	0.00
非金属矿物制品业	0.52	0.75	0.99	2.19	1.07	1.12	1.25	0.63
黑色金属冶炼和压延加工业	2.49	1.54	0.62	0.84	0.80	0.93	1.17	1.32
有色金属冶炼和压延加工业	1.20	2.02	1.11	1.49	1.56	5.67	6.69	1.85

续表

制造业行业	山西	内蒙古	山东	河南	陕西	甘肃	青海	宁夏
金属制品业	0.23	0.47	1.12	0.81	0.41	0.59	0.19	0.34
通用设备制造业	0.26	0.33	1.31	1.02	0.56	0.27	0.17	0.36
专用设备制造业	0.44	0.37	1.28	1.49	0.92	0.55	0.15	0.44
交通运输设备制造业	0.21	0.11	0.70	0.60	1.02	0.05	0.04	0.01
电气机械和器材制造业	0.21	0.26	0.64	0.69	0.63	0.34	0.71	0.36
计算机、通信和其他电子设备制造业	0.71	0.04	0.45	0.56	0.42	0.15	0.02	0.00
仪器仪表制造业	0.21	0.06	0.71	0.69	0.88	0.07	0.15	0.80

三、竞争力强的部门以采矿业为主，资源及其加工业比重高

区位商仅仅是描述了某一时间点的产业的相对优势，为了较全面地认识各产业的相对优势，需从一个时间段对其进行研究。为此，采用偏离－份额分析法分析黄河流域的制造业竞争力。以全国为参考区域，用偏离－份额分析法对2010～2016年黄河流域两位数制造业行业部门进行分析。

总体而言，竞争力强的部门以采矿业为主，不同省域差异较大。根据2010～2016年黄河流域工业行业的偏离－份额分析可知（表14-2），份额偏移分量均大于0，说明所有部门在全国都属于增长性部门，具有良好的发展势头；从不同省份看，山东各部门的份额偏移分量明显高于其他省区，资本技术密集型产业更为突出。从产业结构偏离分量看，沿黄地区大多小于0，不同省域区别较大，煤炭开采和洗选业除山东外均大于0，说明煤炭开采和洗选业是具有一定优势的部门。从区位偏离分量看，山东、河南大于0的部门主要为资本技术密集型产业，说明这些产业部门具有一定的竞争优势，区域竞争力相对较强；而山西、内蒙古、山东、河南、陕西、甘肃、青海、宁夏的大于0的部门更多地表现为采矿业。

从资源开采及其加工业的增加值占比看，黄河流域2016年所占比例为36.34%，而全国、长江经济带的比例则相对较低，分别为27.17%和22.72%。从内部差异看，除山东、河南和陕西外，其他省区的资源开采及加工业比重均达到60%以上，山西的比例甚至高达73.93%。长江经济带不同省域的资源

开采及加工业所占比例整体较低，除云南和贵州外，多在 30% 以下，最低的上海仅为 18.09%。

表 14-2　黄河流域制造业行业的偏离 – 份额分析

制造业行业	偏离量	山西	内蒙古	山东	河南	陕西	甘肃	青海	宁夏
煤炭开采和洗选业	增长	366.43	370.84	2452.43	992.63	330.74	138.29	41.02	50.85
	结构	3792.17	1945.76	−225.01	792.08	932.90	20.18	37.51	193.8
	竞争	20.17	1014.17	−572.96	−512.54	1020.8	91.15	−55.29	226.5
石油和天然气开采业	增长	125.10	126.60	837.23	338.87	112.91	47.21	14.00	17.36
	结构	−112.26	−67.77	−132.25	−58.40	707.75	141.48	108.27	−16.39
	竞争	29.85	698.40	−206.15	−168.99	282.37	207.07	32.50	0.52
黑色金属矿采选业	增长	114.75	116.13	767.98	310.84	103.57	43.30	12.84	15.92
	结构	41.38	250.46	−307.93	−143.10	−68.40	−22.37	−5.83	−13.68
	竞争	84.86	245.92	−120.62	−36.63	160.46	43.73	−4.14	7.61
有色金属矿采选业	增长	116.75	118.15	781.39	316.27	105.38	44.06	13.07	16.20
	结构	−95.75	462.16	161.35	1190.03	104.40	27.60	180.27	−16.20
	竞争	2.63	13.52	208.16	108.14	257.48	−2.83	−149.5	0.00
农副食品制造工业	增长	1271.57	1286.84	8510.25	3444.54	1147.7	479.87	142.33	176.4
	结构	−899.47	646.38	6335.25	2073.89	−356.6	−155.1	−99.20	−84.79
	竞争	−41.80	−160.77	−2009.54	1009.85	402.14	87.14	62.98	42.40
食品制造业	增长	434.78	440.01	2909.89	1177.78	392.43	164.08	48.67	60.33
	结构	−271.44	869.53	1041.74	1331.98	17.22	−77.10	−10.23	37.09
	竞争	−38.19	−615.04	−1214.58	671.26	129.56	−5.06	5.81	80.23
酒、饮料和精制茶制造业	增长	351.50	355.72	2352.48	952.17	317.26	132.65	39.34	48.77
	结构	−165.26	37.14	−375.58	475.37	156.97	24.51	−4.67	−12.31
	竞争	−68.80	−73.20	−473.09	240.18	125.30	−16.20	20.19	10.58
烟草制品业	增长	163.54	165.50	1094.50	443.00	147.61	61.72	18.30	22.69
	结构	−124.06	−89.14	−555.72	−17.03	36.04	56.65	−18.30	−15.59
	竞争	2.80	22.93	−251.13	−15.39	5.26	28.91	0.00	13.25
纺织服装、鞋、帽制造业	增长	1461.49	1479.04	9781.31	3959.00	1319.1	551.54	163.59	202.8
	结构	−1382.61	−591.98	3879.47	−792.91	−1035.2	−518.2	−110.1	−35.82
	竞争	−21.50	−363.89	−1048.85	2564.72	78.60	10.26	18.48	114.5

续表

制造业行业	偏离量	山西	内蒙古	山东	河南	陕西	甘肃	青海	宁夏
造纸和纸制品业	增长	273.91	277.20	1833.20	741.99	247.23	103.37	30.66	38.01
	结构	−258.10	−156.82	830.85	428.74	−156.7	−90.44	−30.66	23.95
	竞争	1.61	−18.18	−133.22	−89.34	72.93	5.36	0.00	−44.40
石油加工、炼焦和核燃料加工业	增长	629.30	636.86	4211.69	1704.69	568.00	237.48	70.44	87.32
	结构	1021.13	−218.79	539.42	−589.04	923.87	802.85	−44.92	164.8
	竞争	−746.54	168.81	3345.57	42.97	−276.2	−353.9	−10.67	301.4
化学原料和化学制品制造业	增长	1602.71	1621.96	10726.47	4341.56	1446.6	604.83	179.39	222.4
	结构	−694.13	−250.36	4346.40	−1109.70	−835.1	−147.0	88.47	78.33
	竞争	−476.36	3.12	2644.59	1029.33	648.10	−181.0	92.07	143.3
医药制造业	增长	524.78	531.08	3512.19	1421.57	473.66	198.04	58.74	72.82
	结构	−292.55	−131.96	515.06	417.06	70.88	−77.97	−10.32	−17.81
	竞争	−51.53	−85.50	646.41	453.77	62.65	9.87	15.16	−0.17
化学纤维制造业	增长	145.51	147.26	973.88	394.18	131.34	54.91	16.29	20.19
	结构	−143.88	−147.26	−727.02	−202.34	−113.6	−43.57	−16.29	−20.19
	竞争	−1.63	0.00	50.88	−81.87	−2.51	−10.94	0.00	0.00
非金属矿物制品业	增长	1164.46	1178.45	7793.38	3154.38	1051.0	439.44	130.34	161.6
	结构	−597.20	−67.50	1468.60	4351.79	−255.2	−112.7	4.18	53.62
	竞争	−202.69	−325.36	−1140.88	2259.46	516.17	68.17	37.55	−88.77
黑色金属冶炼和压延加工业	增长	1114.34	1127.73	7457.99	3018.63	1005.8	420.53	124.73	154.6
	结构	1209.67	333.90	−3043.74	−750.38	−522.5	282.88	46.11	−20.45
	竞争	−651.80	78.88	510.36	1322.45	462.19	−390.6	−17.50	119.0
有色金属冶炼和压延加工业	增长	902.63	913.47	6041.04	2445.12	814.71	340.64	101.03	125.3
	结构	−219.02	1306.46	−1150.58	2403.77	260.49	1105.9	433.71	260.6
	竞争	−31.77	−582.61	2211.79	304.05	410.20	102.09	177.44	−98.40
金属制品业	增长	726.38	735.11	4861.47	1967.69	655.63	274.12	81.30	100.8
	结构	−629.70	−427.29	−979.04	−733.25	−507.3	−147.5	−67.09	−58.79
	竞争	2.99	−0.06	1876.02	1018.61	164.73	2.05	2.28	0.64
通用设备制造业	增长	892.62	903.35	5974.07	2418.01	805.68	336.86	99.91	123.9
	结构	−579.40	−670.53	2171.40	−143.62	−340.5	−259.1	−72.70	−65.85
	竞争	−171.01	34.23	136.09	1203.00	57.98	−5.87	−9.02	−3.08

续表

制造业行业	偏离量	山西	内蒙古	山东	河南	陕西	甘肃	青海	宁夏
专用设备制造业	增长	695.69	704.05	4656.06	1884.55	627.93	262.54	77.87	96.53
	结构	−53.78	−330.68	692.09	977.50	4.73	−154.7	−73.86	−36.00
	竞争	−456.33	−145.24	961.53	1099.96	43.42	7.06	8.46	−7.84
交通运输设备制造业	增长	1860.21	1882.55	12449.83	5039.09	1679.0	702.01	208.21	258.1
	结构	−1458.68	−1401.32	−2652.66	−2514.05	583.51	−645.6	−198.7	−256.4
	竞争	−164.13	−299.49	−598.30	1712.59	−264.8	−28.23	−0.42	1.07
电气机械和器材制造业	增长	1369.55	1386.01	9166.03	3709.97	1236.2	516.84	153.29	190.0
	结构	−1217.67	−1079.84	−1776.81	−1732.77	−544.3	−167.8	−136.7	−107.4
	竞争	21.44	7.46	−1157.53	1661.17	215.04	−208.6	97.84	3.24
计算机、通信和其他电子设备制造业	增长	1818.17	1840.01	12168.49	4925.22	1641.1	686.14	203.51	252.3
	结构	−1610.45	−1752.35	−6564.45	−4571.17	−1245.5	−646.7	−201.2	−252.3
	竞争	569.50	−26.88	121.58	3544.25	409.96	41.00	3.00	0.00
仪器仪表制造业	增长	174.35	176.45	1166.88	472.30	157.37	65.80	19.52	24.19
	结构	−146.86	−171.61	−653.56	−204.83	−44.61	−62.62	−17.96	−9.43
	竞争	−5.53	4.69	364.11	190.91	49.41	0.28	1.47	9.16

四、产业同构现象突出区域产业联动水平较低

采用联合国工业发展组织（United Nations Industrial Development Organization）推荐的相似系数分析黄河流域各省区的产业同构现象，根据二位数工业计算的沿黄地区间产业同构系数可以发现（表14-3），不同省域间的产业同构系数较高，除了山西与山东、河南、甘肃、青海的系数相对较低以外，其他地区间的同构系数均在0.5以上，部分省区间（如山西与内蒙古、陕西与内蒙古、宁夏与内蒙古、山东与河南、甘肃与青海）的产业同构系数高达0.8以上。

从行业部门所占比例看，山西、内蒙古、陕西、宁夏的煤炭开采和洗选业所占比例均超过5%，而且沿黄八省区在石油加工、炼焦和核燃料加工业，化学原料和化学制品制造业，化学纤维制造业，非金属矿物制品业，黑色金属冶炼和压延加工业，有色金属冶炼和压延加工业等产业部门均有着较高的占比。

表 14-3　黄河流域各省产业结构相似系数

省区	山西	内蒙古	山东	河南	陕西	甘肃	青海	宁夏
山西	1	0.851	0.334	0.354	0.712	0.415	0.278	0.710
内蒙古		1	0.609	0.621	0.845	0.663	0.603	0.805
山东			1	0.883	0.765	0.565	0.595	0.718
河南				1	0.779	0.601	0.610	0.585
陕西					1	0.694	0.603	0.756
甘肃						1	0.886	0.672
青海							1	0.570
宁夏								1

五、创新能力较低创新平台载体少

与长江经济带相比，黄河流域创新能力整体较低。根据科技部发布的《中国区域科技创新评价报告 2018》，在综合科技创新水平指数中，排名前十位的省（自治区、直辖市）中，黄河流域仅有陕西和山东，而长江经济带有 5 个省（自治区、直辖市）入围。黄河流域综合科技创新水平指数的均值为 52.83%，比长江经济带低仅 9.82 个百分点，仅相当于全国（不含港澳台）平均水平的 75.9%（图 14-2）。2017 年，黄河流域规模以上工业企业 R&D 经费支出额为 2536.93 亿元，仅相当于长江经济带支出额的 44.3%；黄河流域各省区规模以上工业企业 R&D 经费支出额的均值为 317.12 亿元，仅相当于全国平均水平的 81.83%、长江经济带平均值的 60.91%。亿元工业增加值 R&D 经费支出额为 304.13 万元，全国和长江经济带则分别达到了 365.21 万元和 337.53 万元。从国内三项专利申请数和授权数来看，黄河流域与长江经济带的差距更为明显。2017 年，黄河流域的专利受理数量是 491 636 件，而长江经济带则达到了 1 753 325 件，是黄河流域的 3.57 倍。黄河流域各省区国内三项专利申请数和授权数的平均值为 61 454.50 件和 27 945.13 件，分别相当于全国平均水平的 54.23%、50.81%；相当于长江经济带平均水平的 38.56% 和 37.72%（表 14-4）。从每万人专利受理量看，黄河流域与长江经济带分别为 14.66 件和 29.47 件，差距同样明显。

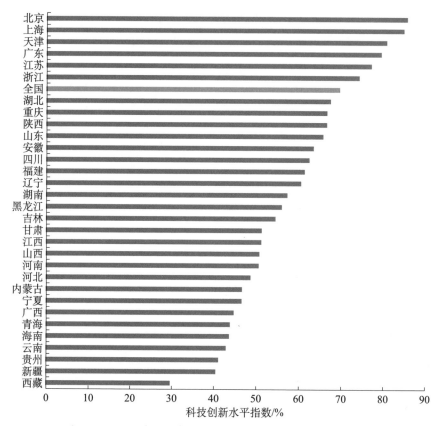

图 14-2 全国及各省（自治区、直辖市）综合科技创新水平指数

表 14-4 黄河流域与长江经济带创新投入产出对比

	省区	R&D 经费 / 万元	国内三项专利申请数 / 件	国内三项专利授权数 / 件
黄河流域	山西	1 122 323	20 697	11 311
	内蒙古	1 082 640	11 701	6 271
	山东	15 636 785	204 859	100 522
	河南	4 722 542	119 240	55 407
	陕西	1 963 697	98 935	34 554
	甘肃	466 911.6	24 448	9 672
	青海	83 275.6	3 181	1 580
	宁夏	291 101.4	8 575	4 244
	平均值	3 171 159	61 454.50	27 945.13

	省区	R&D 经费 / 万元	国内三项专利申请数 / 件	国内三项专利授权数 / 件
长江 经济带	上海	5 399 953	131 740	72 806
	江苏	18 338 832	514 402	227 187
	浙江	10 301 447	377 115	213 805
	安徽	4 361 175	175 872	58 213
	江西	2 216 865	70 591	33 029
	湖北	4 689 377	110 234	46 369
	湖南	4 617 716	77 934	37 916
	重庆	2 799 986	64 648	34 780
	四川	3 010 846	167 484	64 006
	贵州	648 576.1	34 610	12 559
	云南	885 587.7	28 695	14 230
	平均值	5 206 396	159 393.2	74 081.82

国家高新区是国家创新体系建设的重要载体，是促进技术进步和增强自主创新能力的重要载体，是带动区域经济结构调整和经济增长方式转变的强大引擎，是高新技术企业"走出去"参与国际竞争的服务平台，是抢占世界高技术产业制高点的前沿阵地。我国有 169 个国家级高新区，黄河流域有 37 个，占全国的 21.9%；与此同时，长江经济带有国家级高新区 80 个，占全国的 47.3%。黄河流域每个省平均拥有国家级高新区 4.63 个，分别低于全国平均水平和长江经济带 1 个和 2.65 个。国家自主创新示范区是在推进自主创新和高技术产业发展方面先行先试、探索经验、做出示范的区域。建设国家自主创新示范区对于进一步完善科技创新的体制机制，加快发展战略性新兴产业，推进创新驱动发展，加快转变经济发展方式等方面将发挥重要的引领、辐射、带动作用。当前，国家自主创新示范区已经成为支撑引领区域发展的创新高地，培育壮大新产业新动能的重要引擎，汇聚高端创新资源和要素的重要载体，开展国际科技竞争与创新合作的前沿阵地。自 2009 年国务院批复建设中关村国家自主创新示范以来，截至 2018 年共批复建设国家自主创新示范区 19 个，涉及 52 个国家高新区。其中，黄河流域仅有 4 个国家自主创新示范区，涉及 12 个高新区；而长江经济带有 9 个国家自主创新示范区，涉及 23 个高新区（表 14-5）。

表 14-5 我国 19 个国家自主创新示范区

序号	区域	示范区 / 个	自主创新示范区名称	涉及的国家高新区
1	北京	1	中关村国家自主创新示范区	中关村科技园区
2	湖北	1	武汉东湖国家自主创新示范区	武汉东湖高新区
3	上海	1	上海张江国家自主创新示范区	上海张江、紫竹高新区
4	江苏	1	江苏苏南国家自主创新示范区	南京、苏州、无锡、常州、昆山、江阴、武进、镇江及苏州工业园区
5	天津	1	天津国家自主创新示范区	天津滨海
6	湖南	1	湖南长株潭国家自主创新示范区	长沙、株洲、湘潭
7	四川	1	成都国家自主创新示范区	成都
8	陕西	1	西安国家自主创新示范区	西安
9	浙江	2	杭州国家级高新区	杭州、萧山
10			宁波、温州国家自主创新示范区	宁波、温州
11	广东	2	深圳国家自主创新示范区	涵盖了全市 10 个行政区和新区的产业用地
12			珠三角国家自主创新示范区	广州、中山火炬、东莞松山湖、佛山、惠州、珠海、肇庆、江门
13	山东	1	山东半岛国家自主创新示范区	济南、青岛、淄博、潍坊、烟台、威海
14	辽宁	1	沈大国家自主创新示范区	沈阳、大连
15	河南	1	郑洛新国家自主创新示范区	郑州、洛阳、新乡
16	福建	1	福厦泉国家自主创新示范区	福州、厦门、泉州
17	安徽	1	合芜蚌国家自主创新示范区	合肥、芜湖、蚌埠
18	重庆	1	重庆国家自主创新示范区	重庆
19	甘肃	1	兰—白银国家自主创新示范区	兰州、白银

六、工业污染严重，绿色化水平不高

黄河流域的工业污染整体较为严重，大气污染最为突出。首先，工业污染占区域污染排放的比例很高，黄河流域 2015 年工业 SO_2 和工业烟粉尘的排放量占黄河流域 SO_2 和烟粉尘排放量的比例分别达到 81.7% 和 76.8%。其次，从排放总量看，据《中国统计年鉴 2015》，山西、内蒙古、山东等地 2014 年工业 SO_2 排放量分别达到了 107.8 万吨、116.7 万吨和 135.9 万吨，位居全国前列，工业烟粉尘的排放量同样较高。最后，从污染排放强度看，黄河流域2014年每亿元工业增加值的工业 SO_2 和工业烟粉尘排放量分别为93.6吨和73.3吨，而全国层面两种工业污染物的排放强度分别为每亿元62.8吨和52.5吨，黄河流域的工业大气污染强度明显高于全国。

第二节 推动黄河流域新型工业化与制造业高质量发展的措施

一、稳步推进制造业转型升级，发展壮大新兴产业

首先，黄河流域要注重对已有制造业的改造升级，以"生产模式升级"和"生产要素升级"为抓手，持续加大企业技术改造力度，促进包括原材料、能源、化工、冶金、建材、农产品加工等产业的转型发展，延伸已有优势，化解过剩产能，大力发展准时生产、柔性生产、精益生产、大规模定制等现代生产方式，增强传统制造业企业对市场的反应能力。其中，青海和内蒙古应提升高原农业的产业化水平，逐步形成发展优势；山西和陕西要注重煤炭产业的产业链延伸和清洁化生产，提升新兴接替产业的规模；山东和河南应该在已有产业的基础上加强对传统制造业的提质增效。其次，黄河流域要以抢占特色新兴产业发展的制高点为目标，在传统产业升级改造的同时，大力发展包括新能源、新材料、电子信息、生物医药、高端装备制造在内的新兴产业，提高生产规模和精深加工水平。最后，黄河流域要以新一代信息技术和工业化、信息化融合为突破口，发展制造业产业组织新模式，培育包括智能制造、智能检测、工业自动化、机器人替代工程等新的工业增长点。

二、大力建设产业创新体系，实施创新驱动发展战略

强化企业创新主体地位。引导各类创新要素向企业集聚，使企业成为创新决策、研发投入、科研攻关、成果转化的主体。同时，要鼓励企业牵头建

设产业技术创新联盟，实施企业创新创业协同行动，支持大型企业开放供应链资源和市场渠道，开展内部创新创业，带动产业链上下游发展，促进大中小微企业融通发展。加快高端先进技术的研发创新，推动国家和企业共同投资建设先进制造技术研发机构，以掌握未来产业发展先机；突出关键技术、前沿引领技术、现代工程技术、颠覆性技术创新，鼓励企业和科研机构积极承担和参与国家重大科技项目。推进科技成果产业化，完善科技成果转化运行机制，建立完善科技成果信息发布和共享平台，健全以技术交易市场为核心的技术转移和产业化服务体系。打造区域创新发展载体，加快建设山东半岛、郑洛新、西安、兰白等国家自主创新示范区，深入推进创新型城市建设，支持创建国家级高新区。深入推进创新创业，支持国家"双创"示范基地、国家小型微型企业创业创新示范基地、国家中小企业公共服务示范平台建设，培育一批创业孵化示范基地和农村创新创业示范基地。

三、探索建立区域产业协作机制，加强区域优势互补和错位发展

黄河流域的八省区，自然条件悬殊、少数民族众多，在经济、人口、社会等方面有着明显的空间差异，不同地区有着各自的产业比较优势。但是，在原材料、能源、化工等诸多产业上，不少区域又有着较强的同质性，产业雷同现象突出。在生态保护和经济发展上，地方政府一方面难以有效解决生态型跨区域公共产品的供给问题，而且不同地区有着不同的发展侧重点与目标。所以，黄河流域新型工业化与制造业高质量发展需要进一步加强区域间的协作。首先，在产业发展方面需加强顶层设计和全流域的统筹谋划。在国家层面可以成立统筹整个黄河流域的产业发展领导小组，负责完善流域产业分工协作体系，打造区域优势产业链，实现产业对接、错位发展；支持黄河流域各省合作编制产业结构调整指导目录。按照扶持共建、托管建设、股份合作、产业招商等多种模式，创新园区共建与利益分享机制。加强科技合作协同创新，推动国家重大科研基础设施和大型科研仪器等科技资源开放共享；支持组建区域性行业协会、产业创新联盟、开发区联盟等社会团体；加快晋陕豫黄河金三角地区承接产业转移示范区建设，支持开展区域协调发展试验，打造中西部地区合作发展的重要平台；探索跨区域产业合作、利益共享、产业与生态融合发展、投融资

体制改革创新等新机制。建立省际联席会议制度，积极推动不同职能部门的跨区域合作机制构建，打造共建共享、合作共治平台，进一步加强黄河流域各省市之间的协调、沟通机制和利益再分配机制，让上下游、干支流、左右岸、多民族在产业发展方面实现协同协作。其次，要深化区域分工协作，明确各区域相应的产业职责；在明晰上中下游各地区比较优势和劣势基础上，给出区域间互补合作的重点，进而确定各区域推动制造业高质量发展的具体目标、重点任务、政策措施等具体落地方式的创新、互助与互补。

四、推动信息化与工业化深度融合

2002 年，党的十六大就提出了"以信息化带动工业化，以工业化促进信息化"的战略思想。当前，信息技术日新月异，全面推动信息化与工业化融合，是新形势下走中国特色新型工业化道路的必然要求，也是黄河流域的新型工业化与制造业高质量发展的重要动力。首先，要根据产品研发设计、生产、流通等不同环节的特点，强化信息化在计算机辅助设计、生产方式改进、企业资源计划、业务流程管理、供应链管理、市场营销信息化建设等方面的应用。其次，要加大信息产业园的建设力度，为两化融合提供良好的载体，以相关园区为主体，加强对信息产业的招商引资，积极承接有着较高知名度和较强产业关联度的信息产业入驻园区，对入园企业给予相应的政策扶持，同时要完善相关的基础设施，为信息产业的落地创造必要的条件。最后，加快两化融合管理体系标准普及。完善两化融合管理体系基础标准，从分类、组织管理、方法等方面制定新标准，研究制定框架体系和参考模型。加快构建开放式、扁平化、平台化的组织管理新模式，打造基于标准引领、创新驱动的企业核心竞争力。完善两化融合管理体系市场化服务体系，建立线上线下协同推进机制，加强政策引导和资金支持，加快形成两化融合管理体系评定结果的市场化采信机制。

五、提高工业生产的绿色化水平

首先，要加大对已有制造业的绿色化升级，提升先进装备、技术的研发力度，重点加强采矿、钢铁、化工、冶金等重污染行业的绿色化改造。其次，大力建设绿色工厂、绿色产品、绿色供应链、绿色园区。在绿色工厂方面，企业是制造业的基本单元，是实现绿色化发展的重要主体，在企业选址、设备购买、生产工艺、循环经济等方面严把绿色生产关，努力做到用地集约化、生产洁净化、废弃物资源化、能源低碳化；在绿色产品方面，要提高产品制造材料的无害化、产品使用的节能环保化以及产品的易回收性。在绿色园区方面，要按照绿色发展理念进行园区建设，在土地利用、原材料循环利用、废弃物再利用等方面统筹管理，以园区的龙头企业为核心构建企业间的生产联系，同时要加大对入园企业的筛选，注意入园企业与园区整体的联系度。在绿色供应链方面，要依据产品的生命周期理论，以龙头企业为引领实施绿色供应链管理战略，带动上中下游企业的绿色化水平。最后，加强区域协作。要加强黄河流域各区域间、上下游之间的联防联控，重视邻近区域的产业联系与环保合作，在联合监测与治理、信息共享、产业协同合作等方面协调一致，形成合力（邓祥征等，2021）。

参考文献

邓祥征，杨开忠，单菁菁，等. 2021. 黄河流域城市群与产业转型发展［J］. 自然资源学报，36（2）：273-289.

第十五章
黄河流域现代服务业
高质量发展研究

　　服务业是国民经济的重要组成部分，其发展状况和发展水平是衡量一个国家和地区社会经济现代化水平的重要标志之一。加快发展现代服务业既是经济社会发展的必然趋势，也是转变经济增长方式、促进产业结构优化的重要手段。近年来，黄河流域现代服务业虽然取得了长足发展，成为拉动经济增长、促进结构调整、保障改善民生的重要力量，但仍存在总量较小、层次较低、市场化程度不足、创新能力偏弱等问题。2019 年 9 月 18 日，习近平总书记在郑州主持召开黄河流域生态保护和高质量发展座谈会并发表重要讲话。在座谈会上，习近平（2019）提出：黄河流域生态保护和高质量发展是重大国家战略[①]。在此背景下，深入研究黄河流域现代服务业高质量发展，不仅事关当前的"稳增长"，又将深刻影响未来发展，具有重要的现实意义和战略价值。

第一节　黄河流域服务业发展现状及主要问题

　　黄河流域不仅是我国重要的生态屏障和经济地带，也是乡村振兴的重要区域，在我国经济社会发展和生态安全方面具有十分重要的地位，随着"黄

---

① 习近平. 在黄河流域生态保护和高质量发展座谈会上的讲话 [J]. 求是，2019，(20)：4-11。

河流域生态保护和高质量发展"上升为国家战略，黄河流域也将迎来"大治时代"。现阶段，全球经济正从"工业型经济"向"服务型经济"逐步转变，而中国作为世界上最大的发展中国家，经济发展模式仍旧多为粗放型模式，对质量和效益的重视程度较低，使得经济结构深层次矛盾突出，亟须调整。因此，党的十九大报告中提出"我国经济已由高速增长阶段转向高质量发展阶段，正处在转变发展方式、优化经济结构、转换增长动力的攻关期，建设现代化经济体系是跨越关口的迫切要求和我国发展的战略目标"。现代服务业是推动社会经济发展的重要推手，相对于传统服务业而言，它是在工业化高度发展阶段产生的，主要是依托电子信息高技术和现代管理理念而发展起来的，既是对传统服务业的演化和延伸，又是对传统发展理念的继承与革新。近年来，黄河流域的服务业虽然取得了长足进展，但仍存在若干典型问题，具体表现在以下几方面。

一、服务业比重上升，但仍属"总量较小、占比较高、层次较低"的工业化初中期阶段

黄河流域沿岸省份中（由于四川境内黄河干流河道长 174 千米，仅涉及阿坝藏族羌族自治州阿坝县、红原县、若尔盖县、松潘县和甘孜藏族自治州的石渠县 5 个县，并不具备典型性特征，因此本章分析黄河流域沿岸省份时，排除了四川省），山东属于东部地区，山西和河南属于中部地区，其他 5 个省份属于西部地区，受到资源禀赋、发展基础、国家区域发展政策等因素的影响，黄河流域内部经济发展极不平衡。作为东部沿海省份，基于 2018 年沿黄各省统计年鉴计算可知，2017 年山东省的 GDP 总量、服务业增加值、地方财政收入、服务业增加值的贡献率等指标分别是排名第二位的河南省的 1.63 倍、1.81 倍、1.79 倍和 1.08 倍，比青海、宁夏、甘肃、山西、内蒙古、陕西 6 个省份的总和还要多，其中青海省的 GDP 总量、服务业增加值、地方财政收入、服务业增加值的贡献率仅相当于山东省的 3.61%、3.51%、4.04% 和 1.98%。2001 ～ 2016 年，沿黄八省区中的山东、山西、甘肃的第三产业比重明显提高，产业结构实现了由"二三一"向"三二一"的转变，而河南、陕西、内蒙古、宁夏、青海的产业结构仍为"二三一"。2016 年，黄河流域的三

次产业的比为 8.59∶45.90∶45.51，尚为"二三一"结构，而全国和长江经济带均已实现"三二一"结构，三次产业的比分别为 8.16∶42.79∶49.05 和 8.05∶42.88∶49.07，黄河流域第三产业比重分别滞后于全国平均水平和长江经济带3.54、3.56 个百分点（图 15-1）。总体而言，黄河流域的产业结构与全国、长江经济带相比，总量仍然较少，层次仍然偏低。但是近年来，黄河流域服务业增加值出现了不断提升的态势，截至 2018 年，甘肃、陕西、山西、河南、山东 5 个省份的第三产业增加值增长率均高于全国平均水平，分别为 8.4%、8.8%、8.8%、9.2% 和 8.3%，服务业增加值总值达到 95 431.34 亿元，约占全国服务业增加值的 20.32%[①]。从发达国家发展历程来看，发达国家人均 GDP达到 5000 美元时，服务业将逐步起主导作用，虽然 2018 年黄河流域人均GDP 约为 7700 美元，但服务业所占比例仍然较低，说明黄河流域服务业的发展仍处于中级阶段，亟须提升。

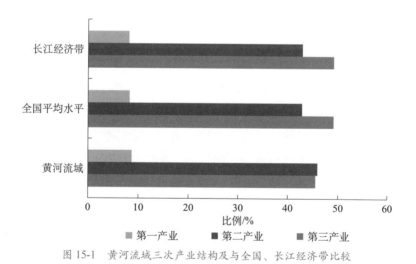

图 15-1　黄河流域三次产业结构及与全国、长江经济带比较

二、新行业新业态发展加快，但结构层次较低

基于 2018 年、2019 年沿黄各省统计年鉴分析可知，黄河流域服务业新行业新业态（如大数据信息服务业、大健康服务业、金融业、现代物流业、科技

---

① 此部分数据来源于 2019 年沿黄各省统计年鉴。

服务业、房地产业等）呈现出快速发展态势，部分传统服务业（如旅游业、商贸服务业）也出现了可喜的发展态势，但总体结构层次仍然较低。一是旅游业发展持续井喷。2018 年，黄河流域接待游客 34.92 亿人次，同比增长 18.33%，实现旅游总收入 37 563.83 亿元，同比增长 18.11%（图 15-2）。二是大数据信息服务业高速发展。2017 年 1～12 月，黄河流域软件和信息服务业收入达 6241.22 亿元，同比增长 4.63%；完成电信业务总量 5708.77 亿元，同比增长 48.34%；完成电信业务收入 2466.47 亿元，同比增长 3.14%（图 15-3）。三是大健康服务业体系加快完善。黄河流域沿岸省份健康管理与促进服务业得到快速发展，基本形成了一个包括医疗、医药、健康保险、保健品、健康食品、健康管理、美容养生、健康信息、健康文化等门类相对齐全、有一定基础的产业体系。以河南省为例，该省是具有重要影响的中医药大省，中药资源十分丰富，"四大怀药"在全国中药材市场居主导地位，中药种植面积长期保持在 120 余万亩以上；中药制药工业基本形成体系，仲景宛西制药股份有限公司、河南羚锐制药股份有限公司、河南太龙药业股份有限公司等已经形成规模效益和竞争优势；辅仁药业集团有限公司、天方药业有限公司、华兰生物工程股份有限公司等前 20 名企业，销售额比重已接近全省"半壁江山"。公立中医机构康复类专业实力显著增长，社会办中医养生保健机构快速发展，涌现一批中医特色浓厚的养生保健机构。社会资本快速进入健康体检和健康咨询行业，涌现出一批民营高端健康体检机构。四是金融业平稳运行。2017 年实现增加值 10 927.65 亿元，同比增长 10.49%，占黄河流域地区生产总值的比重为 5.98%，对经济增长的贡献率为 6.06%（图 15-4）。五是现代物流业稳步快速发展。2017 年，黄河流域交通运输、仓储和邮政业实现增加值 8986.31 亿元，同比增长 13.54%，占黄河流域地区生产总值的比重为 4.92%，对经济增长的贡献率为 6.26%（图 15-5）。六是科技服务业能力不断提升。2017 年，黄河流域有国家级科技企业孵化器 139 家、众创空间 1321 家（国家备案 425 家）（图 15-6）。七是商贸服务业持续稳定发展。2017 年黄河流域社会消费品零售总额 80 830.4 亿元，同比增长 9.33%。批发和零售业增加值 17 940.84 亿元，增长 4.00%；住宿和餐饮业增加值 4819.46 亿元，增长 12.87%（图 15-7）。八是房地产业总体保持稳定。房地产业实现增加值 8314.13 亿元，同比增长 13.10%，占黄河经济带地区生产总值的 4.5%，对经济增长的贡献率为 5.63%（图 15-8）。

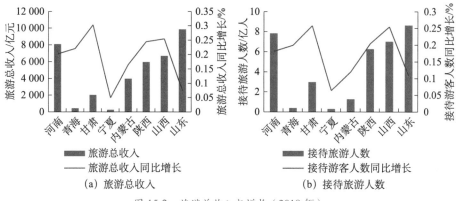

图 15-2　旅游总收入与增长（2018 年）

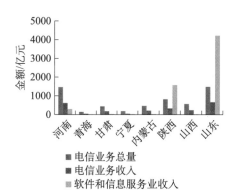

图 15-3　大数据信息服务业收入（2017 年）

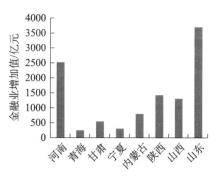

图 15-4　金融业增加值（2017 年）

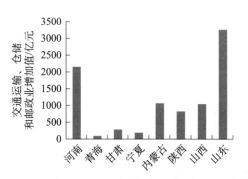

图 15-5　交通运输、仓储和邮政业增加值（2017 年）

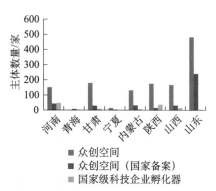

图 15-6　科技服务产业主体数量（2017 年）

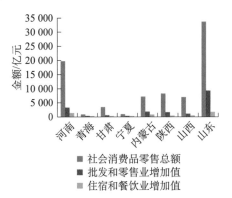

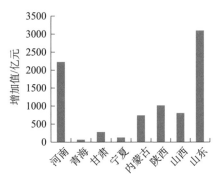

图 15-7　商贸服务业增加值（2017 年）　　　图 15-8　房地产业增加值（2017 年）

三、发展效益不断提高，但市场化程度仍然不足

近年来，黄河流域服务业法人单位数量保持快速增长，截至 2017 年底，黄河流域服务业法人单位合计 3 419 941 个，占全国服务业法人单位总量的 21.91%，占整个黄河流域三大产业法人单位总量的 71.34%；服务业就业人数合计 7355.44 万人，约占三大产业总人数的 35%，与 2014 年 32% 的占比相比有所上升，表明市场主体的繁荣扩张加大了对就业的吸纳和促进作用；第三产业占 GDP 的比例中，甘肃、内蒙古、山西均已超过 50%，分别为 52.8%、50% 和 53.5%（图 15-9）。但是，除批发零售贸易餐饮业、交通运输业中的公路运输和部分社会服务业等传统产业外，金融、电信、教育、卫生、文化、新闻出版、广播电视行业和公用事业，不同程度地存在着部分行业垄断情况，市场化步伐缓慢，服务创新不足，服务水平仍需提升。

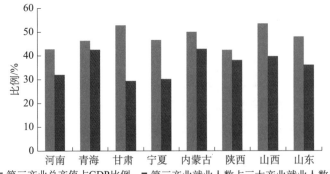

图 15-9　第三产业总产值占 GDP 比例及第三产业就业人数占三大产业就业人数比例

四、面临提质发展的历史性机遇和挑战

黄河流域交通区位重要，地处亚欧大陆桥中心，处于承东启西、连接南北的战略要地，是全国"两横三纵"城市化战略格局中陆桥通道的重要组成部分。开放型经济快速发展，全方位开放格局逐步形成。黄河流域一系列重大基础设施加快改善，为发展文化旅游、大数据、大健康、现代物流等奠定了基础和提供了重要支撑；生产性服务业需求正加快释放，企业对投融资、管理咨询、物流、教育科研等现代服务的需求规模正逐步加大；文化底蕴深厚，是中华民族和华夏文明的重要发源地，历史悠久，拥有大量珍贵的历史文化遗产和丰富的人文自然资源。教育文化、医疗卫生、旅游休闲、健康养老等个性化、多样化服务性消费需求不断上升；新一代信息网络技术催生了层出不穷的新兴服务领域和新业态，加速推进服务业向高端化、智慧化、精细化方向提升；政策红利持续释放，国家和各省出台了一系列促进养老健康、现代物流、创意设计、科技信息、服务外包等服务业发展的政策。这些都为服务业加快发展创造了更好环境、增添了新的动力。但是，由于宏观经济下行压力加大，消费增速减慢，有效投资增长乏力，地方债务负担较重，服务业发展面临的挑战仍然较多。

第二节　黄河流域现代服务业发展的实施路径

服务业的快速发展是现代经济的重要特征，党的十九大报告明确指出，支持传统产业优化升级，加快发展现代服务业，瞄准国际标准提高水平。因此，要着力从以下几个方面推动黄河流域现代服务业高质量发展。

一、创新发展理念，为现代服务业发展提供思想基础

一是创新服务业发展理念。摒弃服务业是"辅助性部门"的传统观念，把发展服务业放到改善民生、调整结构、引导经济发展的战略高度。二是强

化服务业引领作用的意识。从最基本概念入手，通过学习班、讲座、网络等各类渠道普及服务业基础知识；举办多层次、多类型黄河流域服务业发展的理论研讨、高层论坛等会议，强化服务业具有引领作用的意识。三是建立纠正以 GDP 多少考核干部的制度。探索建立科学的干部考核体系，形成环保、改革、税务和服务业等资源共享的联合考评机制和群众参与的干部考核体制，使干部执政兴奋点由"GDP 崇拜"向"多项指标"转变，为服务业发展提供思想基础。

二、制定发展规划和产业政策，为现代服务业发展保驾护航

一是制定规划方面，确立"腾笼换鸟""凤凰涅槃"的战略方针，用现代服务业改造提升传统优势产业，大力发展新兴服务业（如物联网、云计算、大数据等），促进区域合作和错位竞争，形成以高新技术服务业为先导，以先进制造业、现代农业为主体，现代服务业为支撑的发展新格局，实现黄河流域新型工业化、信息化、农业现代化和城镇化的融合。二是产业政策方面，产业政策目标从以"速度与产值"为核心转变为以"结构优化与升级"为核心，确立竞争政策的基础性地位，推动产业政策的转型，实现产业政策与竞争政策的互补与协同。三是创新政策体制。推动现代服务业集聚，坚持全产业链思维，补齐配套链、做强创新链、拉长价值链，升级发展商贸业，融合文化旅游业，加快发展互联网信息产业，大力发展健康养老产业，更好实现黄河流域高质量发展。

三、构建"有形"交通系统与"无形"交通系统融合而成的大交通网络体系，为现代服务业发展提供基础条件

"有形"交通系统，主要指铁路、公路、水路、航空和管道五种方式。"无形"交通系统是指 IT 基础设施，包括网络、硬件设备和基础软件。打破传统思维，改变过去一直将"有形"与"无形"分开的建设思路，树立融合观念，创新思维，少走弯路，为服务业高质量发展提供基础条件。

四、正确选择工业转型模式，为现代服务业发展提供有效途径

一是价值链转型模式，向"微笑曲线"两端继续发展。二是升级模式，鼓励服务业企业主动申请知识产权保护，推进服务企业规模化和专业化发展。三是外包模式，促进不同种类的服务业在产业链条的上游和下游之间进行协作，形成战略性的联盟，通过战略合作来接受并完成知识含量高、复杂性强的服务性工作。四是剥离模式，鼓励企业剥离非核心业务给比较专业的第三方服务业，也可在内部创立专业化服务公司，促进现代服务企业规模化、专业化发展。

五、农业转型升级，为现代服务业发展培育市场需求

一是创新发展方式，培育种植大户、家庭农场和农业合作社等形式的农业产业化龙头企业，传统农业向基于物联网的智慧农业发展，为现代服务业培育市场需求。二是探索高效生态农产品供应链一体化商业模式，以农业产业化龙头企业为基础，建立种养基地信息化、数字化、精准化和智能化的现代农业生产技术体系，借助网络技术和电子商务的发展，积极构建农产品销售网络体系，以提高农产品质量安全为目标，全面构建农产品生产质量安全保障体系，打造生态农产品供应链一体化的绿色商业发展模式。三是创新高效生态农业新技术的现代行政管理模式，打造高效生态农业的自主核心技术，增强竞争力。

六、培育高技术服务业载体，为现代服务业提供支撑

一是培育高技术服务业聚集区，以交通枢纽和信息网络集约发展为依托，以产业链为基础，与国家、省高技术产业基地相结合，有重点地培育优势产业，形成布局合理、功能配套、信息快捷、资源高效利用、主业高度突出，生态和人文环境协调的服务业园区。二是建设高技术服务业平台，加强共性技术平台建设，为行业共性技术标准研究、制定与推广等提供服务。三是做大做强一批高技术服务重点企业，选择一批规模效益好、管理基础扎实、发

展潜力大的骨干企业进行重点培育，不断提高企业的自主创新能力及其核心竞争力。四是组建企业发展联盟，通过企业发展联盟，推动中小服务企业集群化布局与发展，促进企业间的合作与交流；鼓励在黄河流域和全国范围内拓展会员，增强抵御风险能力，打开外围服务市场，积极探索建立中外服务企业合作联盟，加快国际化发展步伐。

七、重点发展"五大"工程，为现代服务业发展"强身健体"

一是研发设计服务，创建具有专业特色的科技服务平台，鼓励跨国公司和海内外高端人才在黄河流域设立研发服务机构，推动"黄河流域制造"向"黄河流域创造"跃升。二是电子商务服务，政府应重点支持面向中小企业的第三方电子商务服务企业，完善在线信用评估、电子认证、电子支付等技术服务体系，加快第三方电子商务发展。三是绿色智慧物流服务，进一步完善绿色物流标准化体系，建立智慧物流公共信息平台，借助信息化的手段，健全物流网络体系，不断提高物流服务的能力与水平。四是大数据产业，对大数据产业进行全方位的谋划，同时加强知识库建设和软件开发，提高大数据对社会生产与生活的服务能力。五是检验检测服务，黄河流域应培育第三方检验检测机构，确保从生产到消费各个环节可控且高度产业化，满足黄河流域产业发展需求。

八、不断提高人力资源水平，为现代服务业提供人才保障

高素质的人力资源是现代服务业发展不可缺少的条件之一。黄河流域发展现代服务业，吸引人才、培育人才和留住人才是关键。一是建立国际人才研究中心和人才数据库、创业基地或园区。二是探索建立智库一条街、智库园区。三是尝试实施"交叉领域创新团队专项工程"。四是争取举办国际现代服务业人才论坛年会。五是打造国际人才休闲、娱乐、生活的凝聚区，以留住人才。六是建立国际人才发展基金，为吸引和留住有用人才提供支持。七是培育人才。

第三节　黄河流域现代服务业发展的保障措施

一、完善政策法规，健全行业标准

在制造业生产的产品中增添服务功能是提高产品附加值的有力武器，也就是"制造业服务化"。当然，如果在服务业的工作流程中引入制造业标准化的管理模式，使"服务业制造化"，也必将提高服务业的效率、效益。

二、加强设施建设，奠定发展基础

加强黄河流域港口、机场、铁路等基础设施建设，使当地交通运输、物流业能够更快地提高层次。此外，黄河流域地方政府更积极地开展与各地商业银行间的合作，提高本地金融服务水平，为促进金融服务业的快速发展奠定基础，进而促进黄河流域信息服务效能的提升。

三、积极培养人才，强化智力支持

虽然某些自然禀赋能够促进传统服务业的发展，如区位优势便于交通运输行业发展，但从长期来看，知识、人才方面的优势才是支持服务业长期繁荣、持续发展最有利的因素，尤其对于现代化程度较高的服务业更是如此。为此，政府必须加大教育科研投入力度，提升人才培养层次，增加对科研工作的支持力度，才能在未来的发展中给予现代服务业必要的资源保证。

四、重视区域差异，区别行业对待

黄河流域存在着地区发展和行业发展的不平衡问题，基于现实的考量，黄河流域发展要做到将服务业的发展与特定的经济发展阶段联系起来，将服务业的发展与对重点行业的扶持联系起来，将服务业的发展与支持企业"做大""做强"联系起来，将服务业的发展与区域中心城市的建设联系起来。

五、培育特色服务群，完善社会服务体系

彻底改变黄河流域传统服务企业经营方式陈旧、技术设备落后、功能单一、表现为"小、弱、差、散"的被动局面，积极引导和扶植它们向"专、精、特、新"的方向发展，增强扩大黄河流域现代服务企业规模，完善体系服务功能。在多层次、多样化、信息化、网络化的现代服务业集群基础上，促进产业集群进一步做大做强。

六、转变政府职能，优化发展空间

政府应将微观职能还给市场，让专业服务企业承担。特别是工程咨询、城镇规划、项目资产评估和信息处理等服务，放开市场，让服务业企业公平竞争，既提高效率，也为现代服务业拓展空间。

第十六章
黄河流域资源型城市转型效率
及其影响因素

　　处理好保护与发展的关系，是黄河流域实现生态屏障建设和高质量发展的关键，也是难点。黄河流域矿产资源丰富，煤炭、石油、天然气资源在全国占有极其重要的地位，是我国重要的能源、化工、原材料和基础工业基地。中华人民共和国成立后，依托能源和矿产资源的大规模开发，在西宁－兰州区、灵武－同心－石嘴山区、内蒙古河套地区、晋陕蒙接壤地区、陇东地区、晋中南地区、豫西－焦作区等资源富集地区，形成了一大批资源型城市。根据《全国资源型城市可持续发展规划（2013—2020 年）》，资源型城市数量占黄河流域 9 省（自治区）城市总数的 46.96%。在资源型城市内部，普遍存在资源型产业比重高、经济效益比较差、发展质量不高、环境保护压力较大等问题。根据《中国城市统计年鉴》计算，2017 年黄河流域资源型城市工业废水排放量约 15.5 亿吨，工业烟（粉）尘排放量约 86.4 万吨，分别约占这一地区城市总排放量的 46.67% 和 49.38%。因此，资源型城市转型和可持续发展是黄河流域当前面临的主要任务，也是黄河流域实现生态保护和高质量发展的重点地区之一。

　　提高城市效率是实现城市转型的必要条件。城市效率是指在一定的生产技术条件下，城市要素资源的总产出与总投入的比值，是城市投入要素资源的有效配置、运行状态、经营管理水平的综合体现。因此，城市效率与城市发展质量往往联系在一起。如何测量城市效率及其变化？城市效率受哪些因素影响？围绕这些问题，国内学者开展了广泛研究。商允忠和王华清（2012）

207

提出了"转型效率"概念，运用数据包络分析（data envelopment analysis，DEA）方法和交叉评价方法对山西省资源型城市转型效率进行了测度，发现2006～2009年山西省各城市转型效率整体上变化不大，一直处于0.87～0.91，但各城市转型效率差异明显。董锋等（2012）运用DEA方法和熵值法评价了21个地级资源型城市的转型效率，认为我国资源型城市转型效率基本呈现上升趋势，其中，东部地区资源型城市转型效率最高，西部地区其次，中部地区最低。孙威和董冠鹏（2010）对我国24个典型资源型城市效率及变化进行了研究，发现资源型城市综合效率水平一般并且技术退步和生产率下降的趋势明显。张荣光等（2017）对四川省11个资源型城市的转型效果进行测算，发现产业结构的合理化、政府职能转变能力对城市转型效果具有显著正向影响，承接产业转移和资本高级化尚未对转型效果表现出显著影响。白雪洁等（2014）运用面板Tobit模型验证发现政府的科教支持显著提高了资源衰退型城市的转型效率和节能减排效果，但在基础设施水平不同的城市，科教支持对其转型效率的影响具有差异性：在基础设施水平较高的资源衰退型城市中，政府科教支持显著提升了其转型效率；但在基础设施水平较低的资源型城市中，政府科教支持对其转型效率没有显著影响。邓晓兰等（2013）测算了2003～2010年中国30个煤炭城市的发展绩效并采用二元选择模型研究煤炭城市发展模式转型的影响因素，结果显示多数煤炭城市表现出生产率进步且进步主要源于技术变动，科技投入水平和城市开放程度能显著促进煤炭城市转型，而资源依赖性则是煤炭城市转型的显著阻力。

综上所述，现有研究主要集中在全国、东北地区、各省区内部等空间尺度，针对黄河流域的资源型城市转型和可持续发展的研究成果相对较少。资源型城市是应对黄河流域生态保护压力最大的地区，也是实现黄河流域高质量发展的难点地区。本章利用DEA模型和交叉评价模型对2007～2017年黄河流域41个资源型城市的转型效率进行评价，并采用固定效应模型对资源型城市转型效率的影响因素进行面板回归分析，希望能对资源型城市转型、实现黄河流域生态保护和高质量发展提供决策支持。

第一节 研究范围

2013 年国务院印发的《全国资源型城市可持续发展规划（2013—2020年)》中确定了 262 个资源型城市。其中，黄河流经的 9 个省（自治区）共有54 个地级以上资源型城市。考虑到《长江经济带发展规划纲要》已经将四川省纳入长江经济带，且黄河在四川省的阿坝藏族羌族自治州境内只有 165 千米，流经地多为高原和峡谷地区，社会经济活动强度相对较低。此外，《东北振兴"十三五"规划》已经将内蒙古的"三市一盟"（赤峰市、通辽市、呼伦贝尔市、兴安盟）纳入东北地区。因此，本章研究的黄河流域主要包括青海、甘肃、宁夏、内蒙古（不包括"三市一盟"）、山西、陕西、河南、山东 8 个省（自治区）。

根据《全国资源型城市可持续发展规划（2013—2020 年)》，黄河流域 8个省（自治区）涉及的资源型城市共 71 个。其中，地级行政区（地级市、地区、自治州、盟）42 个，县级市 19 个，县（包括自治县、林区）7 个，市辖区（开发区、管理区）3 个。基于数据的可获取性，本章选择 41 个地级资源型城市为研究对象，不包括青海省海西蒙古族藏族自治州。

第二节 研究方法和数据来源

DEA 运用线性规划、随机规划、多目标规划、具有锥结构的广义优化等数学规划模型，对输入和输出的决策单元（decision making unit, DMU）之间的相对有效性进行评价，是一种被广泛运用的评价事件效率的分析方法。

假设存在 n 个资源型城市，即 $DMU_i(i=1,2,\cdots,n)$，每个资源型城市都有 m 种投入指标和 s 种产出指标，则 $x_i=[x_{1i}, x_{2i},\cdots, x_{mi}]^T$ 和 $y_i=[y_{1i}, y_{2i},\cdots, y_{si}]^T$ 分别表示 DMU_i 的 m 项投入 $x_{1i}, x_{2i},\cdots, x_{mi}$ 和 s 项产出 $y_{1i}, y_{2i},\cdots, y_{si}$ 的向量。设 $v=[v_1,v_2,\cdots,v_m]^T$、$u=[u_1,u_2,\cdots,u_s]^T$，分别表示投入和产出的权向量（$u, v \geq 0$），

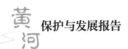

则 DEA 的可变规模报酬（variable returns to scale, VRS）模型可转化为下列等价线性规划问题：

$$
\begin{cases}
\max y_i^\mathrm{T} u = E_{ii} \\
\text{s.t. } y_j^\mathrm{T} u \leqslant x_j^\mathrm{T} v \ (1 \leqslant j \leqslant n),\ x_i^\mathrm{T} v = 1,\ u \geqslant 0,\ v \geqslant 0
\end{cases}
\tag{16-1}
$$

设线性规划式（16-1）有最优解 u_i^* 和 v_i^*，则 $E_{ii} = y_i^\mathrm{T} u_i^*$ 为 DMU_i 的效率值。由于 E_{ii} 是利用最有利于 DMU_i 的权重计算出来的，我们称 E_{ii} 为 DMU_i 的自我评价值（彭育威等，2004）。若 E_{ii} 达到最大值 1，则称 DMU_i 是有效的；若 $E_{ii} < 1$，则称 DMU_i 是非有效的。

一、DEA 交叉评价模型和指标选取

当存在多个 DMU 的效率值为 1 时，VRS 模型无法对有效决策单元进行排序，即不利于挖掘 DEA 有效城市存在的问题。为了避免此缺陷，本章引入对抗型交叉评价模型（彭育威等，2004），对上述 41 个资源型城市进行交叉效率评价，以便更客观地分析其转型效率。

首先，给定 $i \in \{1, 2, \cdots, n\}$，$k \in \{1, 2, \cdots, n\}$，解以下线性规划：

$$
\begin{cases}
\min y_k^\mathrm{T} u \\
\text{s.t. } y_j^\mathrm{T} u \leqslant x_j^\mathrm{T} v (1 \leqslant j \leqslant n),\ y_i^\mathrm{T} u = E_{ii} x_i^\mathrm{T} v,\ x_j^\mathrm{T} v = 1,\ u \geqslant 0,\ v \geqslant 0
\end{cases}
\tag{16-2}
$$

其次，利用式（16-2）的最优解 u_{ik}^* 和 v_{ik}^*，求出交叉评价值：$E_{ik} = y_k^\mathrm{T} u_{ik}^*$

最后，由交叉评价值构成交叉评价矩阵：

$$
E = \begin{bmatrix}
E_{11} & E_{12} & \cdots & E_{1n} \\
E_{21} & E_{22} & \cdots & E_{2n} \\
\vdots & \vdots & & \vdots \\
E_{n1} & E_{n2} & \cdots & E_{nn}
\end{bmatrix}
\tag{16-3}
$$

其中，主对角线元素 E_{ii} 为自我评价值，非对角线元素 E_{ik} ($i \neq k$) 为交叉评价值。E 的第 i 列是诸决策单元对 DMU_i 的评价值，这些值越大，说明 DMU_i 越优。将 E 的第 i 列的平均值 $e = \dfrac{1}{n} \displaystyle\sum_{k=1}^{n} E_{ik}$ 作为衡量 DMU_i 优劣的一项指标，e_i 越大说明 DMU_i 越优。

上述模型涉及大量的线性规划问题，可在数学软件 MATLAB2018a 中实现，具体的计算程序参考彭育威等（2004）的文章。然后，将所得到的效率值作为被解释变量用于后续的面板回归分析。

DEA 模型的评价指标包括投入指标和产出指标。其中，投入指标包括劳动力投入、资本投入、技术投入、资源投入。借鉴已有研究成果（段永峰和罗海霞，2014；李梦雅和严太华，2018；邓国营和龚勤林，2018），劳动力投入用城镇单位从业人员期末人数（人）代表，资本投入用全市固定资产投资（不含农户）（万元）代表，技术投入用教育和科学技术支出（万元）代表，资源投入用城市建设用地面积（千米^2）和全社会用电量（万千瓦时）代表。产出指标包括经济产出、创新产出、环境产出。借鉴已有研究成果（邓国营和龚勤林，2018；王巧莉和韩丽红，2017；赵洋，2019），经济产出用地区生产总值（万元）代表，创新产出用一般工业固体废弃物综合利用率（%）代表，环境产出用环境污染综合指数代表。

由于环境污染并不是由某一种污染物造成的，而是多种污染物综合作用的结果，因此将环境作为产出指标时不能仅仅使用某一种污染物指标衡量，而需要一个综合、全面的指标。本章选取工业废水排放量、工业二氧化硫排放量、工业烟（粉）尘排放量三类指标，采用熵值法（王军和耿建，2014；许和连和邓玉萍，2012）计算环境污染综合指数。

二、面板回归模型和指标选取

本章以资源型城市转型效率作为被解释变量，借鉴已有研究成果（白雪洁等，2014；陈妍和梅林，2017；苗长虹等，2018），以采矿业从业人员占比（MIE）、第三产业占比（TI）、外商投资工业企业占比（FI）、科学技术支出占比（ST）、普通高等学校在校学生数（SE）、政府公共财政收入占 GDP 的比例（PBR）、人均地区生产总值（PG）作为解释变量（表 16-1），建立如下面板回归模型：

$$y_{it} = \alpha_0 + \beta_1 \text{MIE}_{it} + \beta_2 \text{TI}_{it} + \beta_3 \text{FI}_{it} + \beta_4 \text{ST}_{it} + \beta_5 \text{SE}_{it} + \beta_6 \text{PBR}_{it} + \beta_7 \text{PG}_{it} + \varepsilon_{it}$$

（16-4）

式中，y 为通过 DEA 交叉评价得到的资源型城市转型效率；i 为不同城市，t

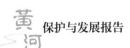

为时间；α_0 为方程常数项，β 为变量系数，ε_{it} 为方程的误差项。

表 16-1　面板回归模型的指标体系

	变量	变量符号	含义
被解释变量	资源型城市转型效率	TE	
解释变量	采矿业从业人员占比（%）	MIE	资源依赖
	第三产业占比（%）	TI	产业合理化
	外商投资工业企业占比（%）	FI	表示对外开放
	科学技术支出占比（%）	ST	创新投入
	普通高等学校在校学生数（人）	SE	创新过程
	政府公共财政收入占 GDP 的比例（%）	PBR	政府支持能力
	人均 GDP（万元）	PG	经济发展

三、数据来源与处理

城市转型效率评价及其影响因素分析所用数据均来自 2008～2018 年《中国城市统计年鉴》。其中，工业废水排放量、工业烟（粉）尘排放量、工业二氧化硫排放量等指标个别年份缺失数据，根据已有年份数据进行了平滑处理。一般工业固体废弃物综合利用率、全社会用电量等指标个别年份缺失数据，首先尝试用对应年份其他统计年鉴数据进行相应补充；若数据仍缺失，再根据已有年份数据进行平滑处理。以上缺失数据约占数据总量的 1.5%，占比较小，因此不会影响统计分析结果。

第三节　结果分析

一、综合效率及其分解评价

利用 VRS 模型可将综合效率（crste）分解为纯技术效率（vrste）与规模效率（scale）的乘积，即 $E_{crste}=E_{vrste} \times E_{scale}$。其中，综合效率反映的是城市要素资源配置、利用和规模集聚等效率；纯技术效率反映的是城市要素资源配置和利用的效率；规模效率反映的是城市规模集聚的效率（孙威和董冠鹏，2010）。

1.综合效率

2007 年综合效率最优的城市有 20 个，占 41 个资源型城市的 48.78%。2015 年综合效率最优的城市减少到 16 个，占 41 个资源型城市的 39.02%，之后两年也基本维持在 16 个左右（表 16-2）。

2007～2014 年综合效率平均值保持在 0.92 左右，2015～2017 年综合效率平均值却有所降低（图 16-1）。分析各城市的综合效率值发现，2007 年综合效率值最低的城市是泉阳，仅为 0.696，而 2017 年综合效率值最低的城市是大同，仅为 0.555，说明黄河流域资源型城市转型效率的差距在扩大。

表 16-2　转型效率最优的城市数量（2007～2017 年）

类型	2007年	2008年	2009年	2010年	2011年	2012年	2013年	2014年	2015年	2016年	2017年
综合效率最优城市数量	20	20	20	22	22	21	23	23	16	17	16
纯技术效率最优城市数量	25	24	25	24	27	26	28	26	26	29	27
规模效率最优城市数量	21	21	22	22	22	22	23	24	17	17	17

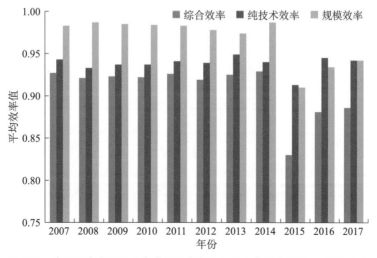

图 16-1　资源型城市转型效率最优的城市的平均效率值（2007～2017 年）

2.纯技术效率

纯技术效率最优的城市多于综合效率和规模效率最优的城市，并且达到纯技术效率最优的城市在 2007 ～ 2017 年呈现波动增加的趋势。2017 年纯技术效率最优的城市达到 27 个，比综合效率和规模效率最优的城市高出 11 个和 10 个，占 41 个资源型城市的 65.85%（表 16-2）。

纯技术效率的平均值一直相对稳定在 0.91 ～ 0.95（图 16-1），说明 2007 ～ 2017 年黄河流域资源型城市纯技术效率较高。2007 年纯技术效率值最低的城市是白银市，为 0.706；2017 年纯技术效率值最低的城市是大同，为 0.562，也进一步说明黄河流域资源型城市转型效率之间的差距在扩大，并且大同的纯技术效率值在 2009 ～ 2017 年一直处于最低。

3.规模效率

2007 ～ 2017 年，达到规模效率最优的城市数量先增后减（表 16-2），规模效率的平均值在 2015 年出现明显下降的趋势（图 16-1）。这个变化趋势与综合效率的变化趋势一致，也可以说是规模效率的变化决定了综合效率的变化。

规模报酬递减的城市数由 2007 年的 8 个增加到 2017 年的 17 个（表 16-3），意味着投入过多而导致产出不足的现象更加严重。对于仍处于规模报酬递减状态的城市而言，不能一味地追求大量的投入，在现有条件下只有减少投入规模，提高投入要素的使用效率，才能有效提高规模报酬水平。规模报酬递增的城市数由 2007 年的 12 个减少到 2017 年的 7 个。2017 年，石嘴山、运城、长治、包头、阳泉、大同、吕梁还处于规模报酬递增的状态，即在现有状态下，这 7 个城市只要增加要素投入就可以带来产出相应规模的增长。

表 16-3 2007 年和 2017 年的城市规模报酬情况

	2007 年	2017 年
规模报酬不变	金昌、陇南、平凉、庆阳、武威、张掖、鹤壁、鄂尔多斯、乌海、东营、济宁、莱芜、泰安、枣庄、临汾、吕梁、忻州、铜川、渭南、延安、榆林	金昌、陇南、平凉、庆阳、武威、张掖、鹤壁、鄂尔多斯、乌海、东营、莱芜、泰安、忻州、铜川、榆林、三门峡、朔州
规模报酬递减	白银、洛阳、南阳、临沂、淄博、大同、长治、咸阳	济宁、枣庄、临汾、渭南、延安、白银、洛阳、南阳、临沂、淄博、咸阳、焦作、平顶山、濮阳、晋城、晋中、宝鸡

续表

	2007 年	2017 年
规模报酬递增	焦作、平顶山、濮阳、三门峡、包头、石嘴山、晋城、晋中、朔州、阳泉、运城、宝鸡	吕梁、大同、长治、包头、石嘴山、阳泉、运城

二、交叉效率及其差异性评价

为了对转型效率值同为 1 的城市进行排序，以便更深入地了解城市间的差异性，我们采用交叉评价模型对上述 41 个资源型城市进行分析。由于样本数量较大，评价结果仅选取 2007～2017 年转型效率排名最高、居中、最低的各 3 个城市显示（表 16-4）。

据王晓楠和孙威（2020）的研究，转型效率排名靠前的城市是张掖、庆阳、鹤壁、铜川、武威、延安、吕梁，平均效率值分别为 0.63、0.53、0.50、0.49、0.49、0.49、0.48。转型效率排名靠后的城市是洛阳、大同、阳泉、焦作、宝鸡、南阳、包头，平均效率值分别为 0.25、0.27、0.30、0.30、0.31、0.32、0.32。可以看出，城市规模相对较小的城市资本和资源的投入（如固定资产投资、全社会用电量、城市建设用地面积）较低，其污染产出也较低，所以这些城市的转型效率要高于规模较大的资源型城市。表 16-4 的结果显示，黄河流域 41 个资源型城市的转型效率并不理想，2007～2017 年 41 个资源型城市转型效率的平均值在 0.24～0.47，即使是效率值排名第一位的城市最高也仅达 0.69，说明黄河流域资源型城市的转型仍有待进一步改善，且各城市的转型效率存在较大差异。

1. 不同转型效率间的差异性分析

我们根据 11 年间各城市转型效率值的分布，选择 0.3、0.5 作为分界点，将黄河流域 41 个资源型城市的转型效率划分为高、中、低三种类别（表 16-5）。高转型效率的城市数量由 2007 年的 4 个提升到 2012 年的 13 个，而后又下降到 2017 年的 11 个；低转型效率的城市数量由 2007 年的 31 个降低到 2012 年的 0 个，而后又上升到 2017 年的 14 个。分析其原因，2007 年国务院下发《国务院关于促进资源型城市可持续发展的若干意见》，我国资源型城市经济转型

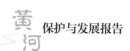

表 16-4　2007～2017 年资源型城市转型效率评价结果

排名	2007 年 城市	效率	2008 年 城市	效率	2009 年 城市	效率	2010 年 城市	效率	2011 年 城市	效率	2012 年 城市	效率
1	庆阳	0.666	武威	0.551	张掖	0.560	武威	0.661	张掖	0.663	张掖	0.685
2	张掖	0.612	张掖	0.550	武威	0.540	张掖	0.627	吕梁	0.657	吕梁	0.637
3	平凉	0.521	金昌	0.526	金昌	0.488	吕梁	0.537	陇南	0.623	晋城	0.599
20	朔州	0.198	濮阳	0.292	阳泉	0.286	东营	0.456	金昌	0.472	忻州	0.450
21	阳泉	0.190	晋城	0.289	淄博	0.285	延安	0.455	濮阳	0.468	濮阳	0.447
22	临汾	0.190	平顶山	0.285	平顶山	0.280	濮阳	0.447	忻州	0.463	渭南	0.442
39	榆林	0.094	洛阳	0.190	宝鸡	0.196	大同	0.301	大同	0.314	白银	0.357
40	包头	0.087	渭南	0.183	洛阳	0.178	石嘴山	0.297	洛阳	0.281	洛阳	0.315
41	洛阳	0.074	焦作	0.176	焦作	0.172	洛阳	0.276	武威	0.234	大同	0.310
平均值		0.241		0.306		0.304		0.440		0.466		0.465

排名	2013 年 城市	效率	2014 年 城市	效率	2015 年 城市	效率	2016 年 城市	效率	2017 年 城市	效率
1	张掖	0.690	张掖	0.654	张掖	0.656	张掖	0.653	庆阳	0.686
2	吕梁	0.616	吕梁	0.603	吕梁	0.584	吕梁	0.584	鹤壁	0.665
3	延安	0.585	延安	0.583	延安	0.581	延安	0.580	铜川	0.632
20	长治	0.459	东营	0.455	三门峡	0.448	三门峡	0.447	淄博	0.407
21	枣庄	0.457	渭南	0.452	渭南	0.447	渭南	0.447	渭南	0.407
22	武威	0.453	长治	0.451	乌海	0.440	乌海	0.437	金昌	0.406
39	阳泉	0.319	阳泉	0.310	阳泉	0.307	大同	0.307	大同	0.207
40	洛阳	0.314	大同	0.308	大同	0.294	阳泉	0.293	石嘴山	0.186
41	大同	0.305	洛阳	0.298	洛阳	0.277	洛阳	0.277	包头	0.185
平均值		0.462		0.452		0.446		0.444		0.404

试点进入全面铺开阶段，黄河流域的资源型城市纷纷进入转型发展阶段，在短时期内整体转型效率提升明显，随后出现转型成功、转型失败等各种情况，城市间的差距逐渐拉大。对比2007年的统计结果，咸阳、枣庄、榆林、延安、泰安5个资源型城市从低转型效率转变为高转型效率，变化最为明显。目前，低转型效率的资源型城市主要集中在山西省境内。

表 16-5　2007年、2012年、2017年资源型城市转型效率的分类

	低转型效率	中转型效率	高转型效率
2007年	洛阳、包头、榆林、鄂尔多斯、焦作、淄博、南阳、大同、临沂、济宁、东营、泰安、三门峡、平顶山、运城、渭南、宝鸡、长治、枣庄、临汾、阳泉、朔州、晋城、咸阳、晋中、吕梁、濮阳、石嘴山、白银、延安、莱芜	乌海、陇南、鹤壁、忻州、铜川、金昌	武威、平凉、张掖、庆阳
2012年		大同、洛阳、白银、阳泉、平凉、宝鸡、焦作、石嘴山、南阳、淄博、包头、临沂、武威、金昌、莱芜、运城、东营、咸阳、平顶山、渭南、濮阳、忻州、乌海、枣庄、长治、济宁、铜川、晋中	庆阳、三门峡、临汾、鄂尔多斯、泰安、朔州、鹤壁、陇南、榆林、延安、晋城、吕梁、张掖
2017年	包头、石嘴山、大同、运城、阳泉、长治、晋城、临汾、临沂、鄂尔多斯、吕梁、晋中、忻州、洛阳	乌海、陇南、南阳、朔州、白银、金昌、渭南、淄博、济宁、焦作、平顶山、濮阳、莱芜、东营、三门峡、宝鸡	枣庄、泰安、平凉、延安、咸阳、武威、榆林、张掖、铜川、鹤壁、庆阳

2. 不同资源类型间的差异性

按照资源类型，把黄河流域资源型城市划分为煤炭型城市（21个）、石油型城市（5个）、金属矿型城市（8个）、非金属矿型城市（3个）、其他城市（4个）五大类。总体来看，不同资源类型的城市转型效率由高到低依次是：其他城市、石油型城市、非金属矿型城市、煤炭型城市、金属矿型城市（图16-2）。这与国内学者一般认为石油型城市转型好于煤矿型城市和金属矿型城市的观点是一致的。石油型城市通常拥有雄厚的资金和技术创新能力，转型效果较好。而煤炭型城市和金属矿型城市由于环境污染严重，治理和转型难度较大，城市转型效率较低。另外，煤炭型城市在黄河流域的占比高达51.2%，2011年之后的转型效率逐年下降。

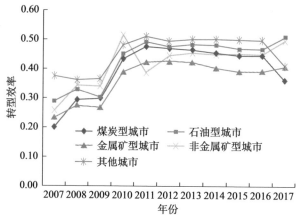

图 16-2　不同资源类型的城市转型效率比较

3. 不同发育阶段间的差异性

按照发育阶段，把黄河流域资源型城市划分为成长型（8个）、成熟型（20个）、衰退型（7个）、再生型（6个）四大类。总体来看，不同发育阶段的资源型城市的转型效率由高到低依次是：成长型、成熟型、衰退型、再生型（图16-3）。研究在一定程度上说明，在资源型城市的生命周期内，转型发生的时间越早越好。此外，成长型和衰退型的资源型城市的转型效率均值在2012年后保持相对稳定，而成熟型和再生型资源型城市的转型效率均值则出现明显下滑趋势（图16-3）。

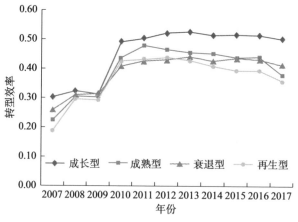

图 16-3　不同发育阶段的城市转型效率比较

此外，在使用交叉评价模型时，没有一个城市的转型效率值是完全有效的，也没有出现多个 DMU 同时有效的情况，黄河流域各资源型城市的转型效率均有提升空间，这符合实际情况，且将转型效率值用于后续的面板回归分析也更有现实意义。

三、转型效率的影响因素

1.影响因素的总体回归分析

首先，根据豪斯曼检验（Hausman-test）决定是采用固定效应模型还是随机效应模型，检验结果拒绝了个体差异部分的扰动项和解释变量不相关的原假设，因此本章采用固定效应模型进行回归分析（表 16-6）。

表 16-6　资源型城市转型效率的影响因素回归结果

变量	固定效应模型
MIE	0.148
	(1.11)
TI	$-0.002\ 60^{***}$
	(−4.22)
FI	0.645
	(0.94)
ST	−0.356
	(−0.69)
SE	$0.000\ 001\ 18^{***}$
	(3.49)
PBR	0.613^{*}
	(1.99)
PG	$0.000\ 004\ 29^{***}$
	(13.11)
α_0	0.195^{***}
	(4.41)
N	451
R^2	0.395
F	37.64

注：括号内为 t 统计值

*表示 $p < 0.05$，*** 表示 $p < 0.001$

　　根据上述回归结果，普通高等学校在校学生数（SE）对资源型城市转型效率的影响显著为正，培养高素质人才的过程其实就是提高城市创新能力的过程，是影响资源型城市转型的一个重要因素。也有研究指出，创新型人才水平决定了资源型城市转型升级的质量与高度，但对其支撑能力不足，需要通过多种渠道加强创新型人力资本与产业转型升级二者协调发展的能力（张宏，2015）。

　　政府公共财政收入占GDP的比例（PBR）对资源型城市转型效率的影响在5%的显著性水平下为正，意味着政府公共财政收入占GDP的比例越高，即政府对城市转型的支持能力越大，资源型城市转型的效果越好。但也有研究指出，财政自主度的上升会对资源型城市的技术效率和全要素生产率产生负面影响，原因在于地方政府虽然有了更大的选择权，但是地方政府更倾向用立竿见影的方法刺激当地经济增长，即通过要素投入的扩张促进经济的外延式增长，而对促进研究开发或引进先进生产技术缺乏激励（宋丽颖等，2017）。当然，这种现象与资源型城市的产业结构特点、发展阶段和稳定性等有关。

　　人均GDP（PG）对资源型城市转型效率的影响显著为正，与白雪洁等（2014）、董锋等（2013）、仇方道等（2018）的研究结果相一致。这意味着资源型城市转型与其经济发展水平是密切相关的，经济发展水平高的城市往往可以调用更雄厚的财力、更丰富的资源，为城市转型提供强有力的物质支撑，从而促进资源型城市转型效率的提升，在一定程度上也说明经济发展能显著促进黄河流域资源型城市的转型。

　　第三产业占比（TI）对资源型城市转型效率的影响显著为负，意味着第三产业占比是制约黄河流域资源型城市转型的因素，这一结果与刘霆等（2019）关于资源枯竭型城市转型的影响因素的研究结果相一致。资源型城市长期以重工业和制造业为主，第三产业薄弱，新兴产业和现代服务业形成产业规模需要较长的时间。同时，黄河流域资源型城市的第三产业发展目前仍处于低水平阶段，第三产业占比高低并不能代表该地区第三产业质量的高低。但刘霆等（2019）也指出，长期来看第三产业的发展有利于城市转型。

　　已有研究认为资源依赖对城市转型有阻碍作用（邓晓兰等，2013），而对外开放水平、科技水平对城市转型具有促进作用（刘霆等，2019；王开盛，

2013）。但是本章中采矿业从业人员占比（MIE）、外商投资工业企业占比（FI）和科学技术支出占比（ST）并未表现出对资源型城市转型效率的显著影响，这并不代表这些因素对资源型城市转型没有影响，可能的原因是短期内影响不显著，这需要在以后的研究中引入更长时间序列数据进行验证。

2. 影响因素的差异性回归分析

为探索不同资源类型城市转型效率的影响因素，本章采用固定效应模型进一步对煤炭型城市、石油型城市、金属矿型城市、非金属矿型城市、其他城市进行回归分析（表 16-7）。结果表明，对于煤炭型城市，第三产业占比（TI）对城市转型效率的影响显著为负，普通高等学校在校学生数（SE）、人均 GDP（PG）、外商投资工业企业占比（FI）对城市转型效率的影响显著为正，而采矿业从业人员占比（MIE）、科学技术支出占比（ST）、政府公共财政收入占 GDP 的比例（PBR）未表现出对城市转型效率的显著影响。与表 16-6 结果不同之处在于外商投资工业企业占比（FI），说明提高对外开放水平有助于促进煤炭型城市与外部进行资金、人才、信息、技术等要素的交换，也有助于提高城市转型效率。对金属矿型城市来说，第三产业占比（TI）对城市转型效率的影响显著为负，人均 GDP（PG）、政府公共财政收入占 GDP 的比例（PBR）对城市转型效率的影响显著为正，其他指标未表现出显著影响。对于石油型城市、非金属型城市、其他城市，人均 GDP（PG）对城市转型效率的影响分别在 0.1%、5%、5% 的水平下显著为正，其他指标未表现出显著影响。这可能与个别类型城市样本量较少有关，如非金属矿型城市只有 3 个。

表 16-7　不同资源类型城市转型效率的影响因素回归结果

变量	煤炭型城市	石油型城市	金属矿型城市	非金属矿型城市	其他城市
MIE	0.199	0.471	−0.240	2.201	0.599
	(1.31)	(0.79)	(−0.51)	(1.08)	(0.53)
TI	−0.003 60***	0.001 14	−0.005 75***	0.003 36	−0.001 93
	(−4.35)	(0.37)	(−4.50)	(0.84)	(−0.82)
FI	2.570**	0.997	1.317	1.963	2.793
	(2.73)	(0.36)	(0.81)	(0.22)	(1.24)

变量	煤炭型城市	石油型城市	金属矿型城市	非金属矿型城市	其他城市
ST	1.476	−4.394	1.102	−0.130	−5.092
	(0.60)	(−0.91)	(0.45)	(−0.17)	(−0.41)
SE	0.000 003 04***	0.000 003 82	−0.000 000 283	−0.000 000 337	−0.000 000 464
	(4.51)	(1.91)	(−0.39)	(−0.08)	(−0.70)
PBR	0.879	−2.010	0.836*	−3.361	−0.946
	(1.70)	(−1.17)	(2.27)	(−1.13)	(−0.43)
PG	0.000 003 87***	0.000 005 11***	0.000 008 79***	0.000 013 4*	0.000 011 4*
	(9.87)	(5.30)	(6.47)	(2.08)	(2.68)
α_0	0.058 6	0.034 4	0.210*	−0.095 2	0.285
	(0.75)	(0.10)	(2.56)	(−0.22)	(1.61)
N	231	55	88	33	44
R^2	0.483	0.540	0.559	0.387	0.350
F	27.14	7.206	13.24	2.072	2.541

注：括号内为 t 统计值

* 表示 $p < 0.05$，** 表示 $p < 0.01$，*** 表示 $p < 0.001$

  同样地，仍然采用固定效应模型对成长型城市、成熟型城市、衰退型城市、再生型城市分别进行回归分析（表 16-8）。可以发现，对于成熟型城市，第三产业占比（TI）对城市转型效率的影响显著为负，人均 GDP（PG）、采矿业从业人员占比（MIE）、普通高等学校在校学生数（SE）、政府公共财政收入占 GDP 的比例（PBR）对城市转型效率的影响显著为正。与表 16-6 结果不同之处在于采矿业从业人员占比（MIE），采矿业从业人员占比（MIE）是促进成熟型城市转型的因素，这一结果意味着成熟型城市的转型发展尚未摆脱资源依赖。对于衰退型和再生型城市，人均 GDP（PG）对城市转型效率的影响显著为正，普通高等学校在校学生数（SE）对城市转型效率的影响分别在 5%、1% 的水平下显著为正。成长型城市受人均 GDP（PG）的影响显著，其他指标未表现出显著影响。这可能与个别类型城市样本量较少有关，如衰退型城市只有 7 个，再生型城市只有 6 个。

表 16-8　不同发育类型城市转型效率的影响因素回归结果

变量	成长型城市	成熟型城市	衰退型城市	再生型城市
MIE	0.202	0.449*	0.151	1.811
	(0.44)	(2.19)	(0.65)	(1.80)
TI	0.001 26	−0.005 54***	0.000 707	−0.003 29
	(0.76)	(−7.06)	(0.38)	(−1.87)
FI	3.392	0.778	0.377	−0.750
	(1.58)	(0.91)	(0.18)	(−0.46)
ST	−0.299	−1.513	−1.607	2.365
	(−0.43)	(−0.74)	(−0.48)	(0.50)
SE	0.000 002 31	0.000 000 979*	0.000 002 55*	0.000 002 10**
	(1.22)	(2.57)	(2.38)	(3.23)
PBR	0.359	1.233*	0.0574	1.311
	(0.67)	(2.07)	(0.08)	(1.09)
PG	0.000 003 69***	0.000 006 68***	0.000 003 11***	0.000 003 14***
	(5.56)	(11.06)	(3.93)	(4.15)
α_0	0.063 6	0.133	0.171	0.040 8
	(0.52)	(1.92)	(1.40)	(0.33)
N	88	220	77	66
R^2	0.421	0.497	0.410	0.557
F	7.592	27.26	6.246	9.512

注：括号内为 t 统计值

* 表示 $p < 0.05$，** 表示 $p < 0.01$，*** 表示 < 0.001

　　综合以上分析，我们认为人均 GDP、政府公共财政收入占 GDP 的比例、普通高等学校在校学生数、第三产业占比对资源型城市的转型效率发挥了重要作用，且作用方向并没有因为资源类型和发育阶段的不同而发生变化，因此这四个因素是具有普遍性的影响因素，也可以说是反映了资源型城市的共同特点。从分类型的情况看，外商投资工业企业占比对煤炭型城市转型效率的影响显著为正，采矿业从业人员占比对成熟型资源型城市转型效率的影响显著为正，这两个因素是具有特殊性的影响因素，也可以说是反映了不同类型资源型城市的特殊性（图 16-4）。

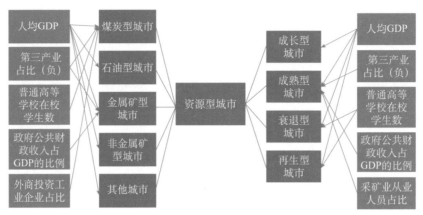

图 16-4 黄河流域资源型城市转型效率的影响因素及其差异性分析图

第四节 结论和建议

本章利用 DEA 模型和交叉评价模型对黄河流域 41 个资源型城市的转型效率进行了评价，并基于交叉评价效率值采用固定效应模型进行了面板回归分析，得出以下结论。

（1）从综合效率及其分解情况看，黄河流域资源型城市转型效率并不理想，只有近 50% 的资源型城市达到效率最优。2015 年以来达到综合效率和规模效率最优的城市数量和平均效率值均出现了下降趋势，说明黄河流域资源型城市之间的转型差距在逐渐扩大。

（2）规模效率是决定综合效率的主要因素，黄河流域资源型城市转型的规模报酬递减特征愈发明显，说明部分城市的转型效率存在投入冗余现象。

（3）从交叉效率评价结果看，黄河流域资源型城市转型效率总体不高，主要集中在 0.2 ～ 0.6，距离最优效率值还有较大的提升空间。从分类特征看，黄河流域资源型城市的转型效率存在以下特点：①转型效率高的城市主要集中在甘肃省和陕西省，转型效率低的城市则主要集中在山西省；②煤炭型城市和金属矿型城市的转型效率低于石油型城市，且煤炭型城市的转型效率在2011 年后逐年降低；③不同发育类型的资源型城市的转型效率由高到低依次为：成长型、成熟型、衰退型、再生型，2012 年之后成熟型和再生型资源型城市的转型效率出现明显下滑趋势。

（4）人均GDP、政府公共财政收入占GDP的比例、普通高等学校在校学生数等因素对资源型城市转型的影响显著为正，第三产业占比对资源型城市转型的影响显著为负，说明要进一步提高资源型城市的经济发展水平，加大人力资本投资力度，增加地方政府财政收入比重，提升第三产业的发展质量。分类型看，上述4个因素仍然发挥重要作用，且作用的方向并没有发生变化，因此这4个因素是具有普遍性的影响因素。此外，外商投资工业企业占比对煤炭型城市转型效率的影响显著为正，采矿业从业人员占比对成熟型资源型城市转型效率的影响显著为正，这2个因素是具有特殊性的影响因素。

通过以上研究，结合黄河流域高质量发展的现实需求，我们提出以下建议。

一是转换经济增长的驱动力。规模效率是影响综合效率的主要因素，对于投入过多而导致产出不足的粗放型发展的资源型城市而言，不能一味地通过追加投入来带动产出。在现有条件下，只有提高投入要素的使用效率，才能有效提高城市转型的效果，实现更高质量的发展。这就需要资源型城市逐步改变依靠土地、劳动力、资本等传统要素投入实现规模扩张的增长模式，更加关注和依靠人力资本、科技创新、文化制度等新要素在经济发展中的贡献率，改变经济增长模式，提高经济发展质量。

二是加大政府支持力度和政策导向（赵洋，2019）。截至2018年，全国69个资源枯竭城市已累计获得中央财政转移支付资金近1600亿元，资源型城市的发展状况得到了明显改善，转型取得了阶段性成果。但由于历史、地理、经济、社会、体制机制等多方面深层次的原因，资源型城市的可持续发展还面临着一些现实问题，因此对转型效率低的资源型城市，如煤炭型和金属矿型资源型城市、成熟型和再生型资源型城市，要给予一定的政策倾斜，如改善教育、医疗、商贸等公共服务设施水平，加强铁路、公路、航空等交通基础设施建设，提高城市服务功能和对外交通可达性。加强体制机制创新，逐步建立和完善资源型城市可持续发展准备金制度、利益分配共享机制、接续替代产业扶持机制等，缩小黄河流域资源型城市之间以及资源型城市与非资源型城市之间的发展差距，提高造血能力和内生发展能力。

三是采取多种途径促进产业转型升级。通过建立和完善领导干部自然资源资产离任审计、奖优罚劣的绩效考核等制度，形成生态环境保护的倒逼机制，迫使资源型城市由被迫治理向主动治理转变，加强污染物排放管理，提高固体废弃物的利用率，用最严格制度、最严密法治，保护生态环境，促进建立"低能耗、低物耗、低排放"的产业体系。同时，资源型城市在转型过程中要加强第二产业和第三产业的互动，大力发展服务型制造，推广定制化服务和供应链管理等新模式，培育科技、物流、电子商务等生产性服务业，促进制造业与服务业融合发展，逐步转变产业结构单一、一业独大的发展格局，形成多元支撑的现代产业体系。

参考文献

白雪洁，汪海凤，闫文凯. 2014. 资源衰退、科教支持与城市转型——基于坏产出动态SBM 模型的资源型城市转型效率研究 [J]. 中国工业经济，(11)：30-43.

陈妍，梅林. 2017. 东北地区资源型城市经济转型发展波动特征与影响因素——基于面板数据模型的分析 [J]. 地理科学，37 (7)：1080-1086.

邓国营，龚勤林. 2018. 创新驱动对资源型城市转型效率的影响研究 [J]. 云南财经大学学报，34 (6)：86-95.

邓晓兰，鄢哲明，杨志明. 2013. 中国煤炭城市的发展绩效评价和转型影响因素分析 [J]. 资源科学，35 (9)：1782-1789.

董锋，龙如银，李晓晖. 2012. 考虑环境因素的资源型城市转型效率分析——基于DEA方法和面板数据 [J]. 长江流域资源与环境，21 (5)：519-524.

董锋，龙如银，周德群，等. 2013. 环境规制下的资源型城市转型绩效及其影响因素分析 [J]. 运筹与管理，22 (1)：171-178.

段永峰，罗海霞. 2014. 基于DEA的资源型城市低碳经济发展的效率评价——以内蒙古地级资源型城市为例 [J]. 科技管理研究，34 (1)：234-238.

李梦雅，严太华. 2018. 基于DEA模型和信息熵的我国资源型城市产业转型效率评价——以全国40个地市级资源型城市为例 [J]. 科技管理研究，38 (3)：86-93.

刘霆，李业锦，任悦悦，等. 2019. 我国资源枯竭型城市转型的影响因素 [J]. 资源与产业，21 (1)：45-53.

苗长虹，胡志强，耿凤娟，等. 2018. 中国资源型城市经济演化特征与影响因素——路径依赖、脆弱性和路径创造的作用 [J]. 地理研究，37 (7)：1268-1281.

彭育威，吴守宪，徐小湛. 2004. 利用MATLAB进行DEA交叉评价分析 [J]. 西南民族大学学报（自然科学版），(5)：553-556.

仇方道，袁荷，朱传耿，等. 2018. 再生性资源型城市工业转型效应及影响因素 [J].

经济地理, 38 (11): 68-77.

商允忠, 王华清. 2012. 资源型城市转型效率评价研究——以山西省为例 [J]. 资源与产业, 14 (1): 12-17.

宋丽颖, 刘源, 张伟亮. 2017. 资源型城市全要素生产率及其影响因素研究——基于财政收支的视角 [J]. 当代经济科学, 39 (6): 17-24, 122-123.

孙威, 董冠鹏. 2010. 基于 DEA 模型的中国资源型城市效率及其变化 [J]. 地理研究, 29 (12): 2155-2165.

王军, 耿建. 2014. 中国绿色经济效率的测算及实证分析 [J]. 经济问题, (4): 52-55.

王开盛. 2013. 我国资源型城市产业转型效果及影响因素研究 [D]. 西安: 西北大学.

王巧莉, 韩丽红. 2017. 基于 DEA 模型的资源型城市产业转型效率研究——以东北三省地级资源型城市为例 [J]. 资源与产业, 19 (1): 10-16.

许和连, 邓玉萍. 2012. 外商直接投资导致了中国的环境污染吗?——基于中国省际面板数据的空间计量研究 [J]. 管理世界, (2): 30-43.

张宏. 2015. 创新型人力资本对资源型城市产业转型升级作用及支撑能力研究 [D]. 淮南: 安徽理工大学.

张荣光, 付俊, 杨劭. 2017. 资源型城市转型效率及影响因素——以四川为例 [J]. 财经科学, (6): 115-123.

赵洋. 2019. 我国资源型城市产业绿色转型效率研究——基于地级资源型城市面板数据实证分析 [J]. 经济问题探索, (7): 94-101.

第十七章
黄河流域新型城镇化与生态环境
耦合的时空格局及影响因素

第一节　引　　言

　　城镇化是一个国家（地区）实现工业化和现代化的必由之路（Guo et al.,
2015）。第二次世界大战以来，伴随着全球经济的复苏和快速增长，大量人
口开始由农村向城市转移，大大加速了全球城镇化的进程。根据联合国发布
的《2018 年世界城市化趋势》，全球城市化率已经由 1950 年的 23.6% 提升至
2018 年的 55%，北美洲地区甚至高达 82%。中华人民共和国成立以来特别
是改革开放后，伴随着市场经济的快速发展，我国城市化水平飞速提升，由
1949 年的 10.6% 上升到 1978 年的 17.9%，又增长至 2018 年的 59.6%①，创造
了城市化快速推进的奇迹。在快速城镇化过程中，往往伴随着大气、水、土
壤重金属污染以及生态环境恶化等问题，给资源环境承载力带来巨大压力。
在此背景下，城镇化与生态环境的交互耦合及协调发展，成为全球性的战略
问题和科学难题，也成为地球系统科学与可持续性科学研究的热点与前沿
（方创琳等，2019），引起了政府部门的广泛关注（Bai et al., 2016; Kates et al.,
2001; Reid et al., 2010）。未来地球计划（Future Earth）、联合国《2030 年可
持续发展议程》都将城市化与生态环境的耦合作为主要议题，关注城市化进

---

① 赵建吉，刘岩，朱亚坤，等，2020.黄河流域新型城镇化与生态环境耦合的时空格局及影响因
素 [J].资源科学，42（1）：159-171.

程并强调城市化进程要与生态环境协调发展、与资源环境承载力相适应。

学术界对于城镇化与生态环境耦合的研究，主要集中在城镇化与生态环境耦合的基础理论及变化规律、城镇化与生态环境耦合的评价及模拟两个方面。第一，城镇化与生态环境耦合的基础理论及变化规律。西方国家城镇化进程较早进行并已经长期维持在较高水平，从欧文（Robert Owen）和霍华德（Ebenezer Howard）提出的田园城市，到"压力 - 状态 - 响应"模型（Berger and Hodge, 1998）、环境库兹涅茨曲线（Caviglia-Harris et al., 2009）、脱钩（decoupling）理论（OECD, 2002），均对城镇化进程与生态环境的相互作用关系进行了论述。我国学者马世骏等提出的"社会 - 经济 - 自然"复合生态系统理论，对于城镇化与生态环境耦合的研究具有重要借鉴意义（马世骏和王如松，1984）。方创琳带领的研究团队，先后提出了城市化与生态环境交互耦合的作用机制、耦合系统遵循的基本定律、耦合系统演化的主要阶段（黄金川和方创琳，2003；乔标和方创琳，2005；方创琳和杨玉梅，2006），极大地丰富和推进了该领域的理论研究。近期，该团队对城镇化与生态环境耦合的动态模拟模型优缺点以及主要应用进行了对比研究（崔学刚等，2019），提出了城镇化与生态环境"耦合魔方"的概念、基本内涵、演化规律并构建了理论分析框架（刘海猛等，2019），构建了特大城市群地区城镇化与生态环境交互耦合的理论框架及技术路径（方创琳等，2016），为城市化与生态环境耦合研究提供了新的理论支撑。第二，城镇化与生态环境耦合的评价及模拟研究。国外学者对美国、韩国、巴基斯坦等国家的城镇化与生态环境耦合进行了实证与案例研究，认为城镇化与生态环境之间存在着复杂的交互作用关系，并导致不同的发展结果（Kline et al., 2001；Kim et al., 2003；Portnov and Safriel, 2004）。我国学者先后对全国及中部地区城镇化与生态环境耦合（刘耀彬等，2005a, 2005b；董锁成等，2019；郑慧等，2017）进行了实证研究，还有学者对福建（刘春雨等，2018）、江苏（刘耀彬等，2005）、吉林（孙平军等，2014）、重庆（张引等，2016）等省（市）的城镇化与生态环境耦合，以及京津冀（王少剑等，2015；樊鹏飞等，2016）、长三角地区（陈肖飞等，2018）、珠三角地区（刘艳艳和王少剑，2015）、中原城市群（崔木花，2015）的城镇化与生态环境耦合进行了实证研究。

总体而言，学术界围绕城镇化与生态环境耦合，开展了大量的理论与案例研究，但还存在以下不足。第一，从研究尺度看，大多基于全国或者省域尺度，近年来开始拓展到城市群，对于京津冀、长江经济带（长三角）、粤港澳大湾区（珠三角）、东北地区等我国重大战略地区都有涉及，但是对黄河流域这一承载"黄河流域生态保护和高质量发展重大国家战略"的特殊地理经济区的研究相对不足。第二，已有的实证研究多是对城镇化与生态环境耦合发展的水平进行测度与评价、对空间格局进行刻画与描述，但是对二者耦合发展的影响因素与作用机制的研究还较为薄弱。第三，不同区域城镇化与生态环境耦合的格局与特征的对比分析相对不足。基于此，本章以黄河流域为研究区域，研究黄河流域城镇化与生态环境耦合协调发展的格局，在此基础上构建随机效应面板 Tobit 模型，对耦合协调水平的影响因素进行分析。

第二节　研究方法和数据来源

一、指标体系构建

借鉴学术界已有研究成果（刘耀彬等，2005a，2005b；孙黄平等，2017；邓宗兵等，2019），将新型城镇化分为城镇化水平、公共服务水平、基础设施水平三个系统层，把生态环境分为生态环境水平、资源环境利用、资源环境保护三个系统层，并以此构建二者耦合协调度的评价指标体系（表 17-1）。指标体系构建完成后，本章构建了 Spearman 相关系数矩阵，对可能存在的多重共线性问题进行检验。结果表明，各年份的指标均能通过共线性检验，该指标体系的构建及指标选取较为合理。

表 17-1　黄河流域新型城镇化与生态环境耦合协调度评价指标体系

目标层 （一级指标）	系统层 （二级指标）	准则层 （三级指标）	单位	指标功效
新型城镇化	城镇化水平	常住人口城镇化率	%	+
		城市建成区占比	%	+
		二三产业就业人员占总就业人数的比例	%	+
		人均社会消费品零售额	元/人	+
		城镇登记失业率	%	−

续表

目标层 （一级指标）	系统层 （二级指标）	准则层 （三级指标）	单位	指标功效
新型城镇化	公共服务水平	每千人口医疗卫生机构床位数	张／千人	+
		每百人公共图书馆藏书	册／百人	+
		城市用水普及率	%	+
		社会保障支出占财政支出比例	%	+
		教育支出占财政支出比例	%	+
		每万人拥有公共汽车	辆／万人	+
	基础设施水平	人均城市道路面积	米²	+
		人均公园绿地面积	米²	+
		人均城市建成区面积	米²	+
		互联网宽带接入用户数	户	+
生态环境	生态环境水平	建成区绿化覆盖率	%	+
		人均耕地面积	公顷／人	+
		单位土地生产总值	元／千米²	+
		单位 GDP 能耗	吨标准煤／ 万元	−
	资源环境利用	人均污水排放量	吨／人	−
		人均废气排放量	吨／人	−
		人均能源消费	吨标准煤／人	−
		清洁能源（天然气）普及率	%	+
		人均日生活用水量	升／日	−
	资源环境保护	生活垃圾无害化处理率	%	+
		污水处理厂日处理能力	万米³／日	+
		污水处理厂集中处理率	%	+
		固体废物综合利用率	%	+

二、研究方法

　　为了科学测度与评价黄河流域新型城镇化与生态环境耦合协调时空格局，本章采用的研究方法与数学模型主要有最小 - 最大标准化方法、熵权法、综合功效函数、耦合度模型、耦合协调度、相对发展模型等，具体计算公式及指标解释见表 17-2。

表 17-2　研究方法及指标

研究方法与数学模型	计算公式	模型释义	意义
最小-最大标准化方法	$y_{ij}=(X_{ij}-X_{ij\min})/(X_{ij\max}-X_{ij\min})$ 正指标 $y_{ij}=(X_{ij\max}-X_{ij})/(X_{ij\max}-X_{ij\min})$ 逆指标	y_{ij} 为标准值；$X_{ij\max}$、$X_{ij\min}$ 为系统 i 指标 j 的最大值和最小值；X_{ij} 为系统 i 指标 j 的值	消除数据间屏蔽效应和量纲差异
熵权法	$p_{ij}=y_{ij}\Big/\sum_{i=1}^{n}y_{ij}$ $E_j=-\ln(n)^{-1}\sum_{i=1}^{n}p_{ij}\ln p_{ij}$ $w_i=\dfrac{1-E_i}{n-\sum E_i}$	w_i 为各指标权重	客观确定指标权重
综合功效函数	$U_1=\sum_{i=1}^{m}w_iy_{ij}$ $U_2=\sum_{i=1}^{n}w_iy_{ij}$	U_1、U_2 分别代表各子系统的综合功效	获得子系统的综合效益
耦合度模型	$C=n\left[\dfrac{u_1u_2\cdots u_n}{\prod(u_i+u_j)}\right]^{\frac{1}{n}}$	C 为耦合度；n 为子系统的个数	$0\leqslant C\leqslant1$。$C\leqslant0.3$，低水平耦合；$0.3<C\leqslant0.5$，拮抗状态；$0.5<C\leqslant0.8$，磨合状态；$0.8<C\leqslant1$，高水平耦合
耦合协调度	$T=aU_1+bU_2$ $D=\sqrt{C\times t}$	C 为耦合度；D 为耦合协调度；T 为耦合协调发展水平指数	$0\leqslant D\leqslant1$。$D\leqslant0.3$，低度协调；$0.3<D\leqslant0.5$ 中度协调；$0.5<D\leqslant0.8$，高度协调；$0.8<D<1$，极度协调
相对发展模型	$\beta=U_2/U_1$	β 为相对发展度；U_1、U_2 分别为城镇化和生态环境综合指数	$0<\beta\leqslant0.9$，生态环境滞后于城镇化，$0.9<\beta\leqslant1.1$，二者同步发展，$\beta>1.1$，城镇化滞后于生态环境

三、数据来源

本章所用的数据主要来源于 2006 ～ 2017 年《中国统计年鉴》、《中国城市统计年鉴》、《中国城乡建设统计年鉴》、《中国环境统计年鉴》、《中国能源统计年鉴》及黄河流域九省区及相关地市的统计年鉴。其中，部分地级市的生活垃圾无害化处理率、污水处理厂日处理能力、人均能源消费等指标存在缺失，基于相邻年份的数据，采用插值法和灰色关联预测法进行了补齐。

第三节　黄河流域新型城镇化与生态环境的耦合协调分析

一、新型城镇化与生态环境耦合协调时序分析

根据耦合协调度的计算方法，本章分别计算了 2005 年以来黄河流域新型城镇化与生态环境的系统综合发展指数、耦合协调度（表 17-3、图 17-1）。从新型城镇化指数来看，黄河流域新型城镇化子系统的发展水平呈先上升后下降的趋势，2005～2011 年，新型城镇化子系统的发展水平总体呈现上升趋势，仅在 2008 年有所波动，2012～2016 年有所下降，表明黄河流域新型城镇化在早期取得了较大进展，但近年来发展有所放缓。从生态环境评价指数来看，黄河流域生态环境子系统的发展水平自 2005～2006 年快速上升，并在 2006 年取得最大值，其后虽在 2008～2011 年有所上升，但总体呈下降趋势，生态环境评价指数保持在 0.1 左右，表明生态环境在此阶段相对稳定，但生态环境的质量不断下降，生态系统在快速城镇化阶段承受压力不断增大。从系统综合发展指数看，伴随着新型城镇化与生态环境子系统呈现先上升后下降的趋势，系统综合发展指数也呈现波动下降的趋势。从耦合度看，黄河流域新型城镇化与生态环境的耦合度在 2005～2007 年不断提升，从拮抗阶段迈向磨合阶段；2007～2016 年波动下降，又处于拮抗阶段，整体态势表明黄河流域新型城镇化与生态环境之间的关系以对抗状态为主。伴随着城镇化的不断推进，生态环境压力逐步增大，二者的耦合程度可能会继续下降。从耦合协调度看，呈现 S 形波动下降曲线，2005～2008 年先升后降，2009～2011 年耦合协调度不断上升，自 2011 年达到最大值后开始下降，2016 年达到最低，表明城镇化进程的快速推进对于生态环境带来的压力不断增大，使耦合协调度下降。

表 17-3　黄河流域新型城镇化与生态环境耦合协调指标（2015～2016 年）

年份	新型城镇化指数（U_1）	生态环境评价指数（U_2）	系统综合发展指数（T）	耦合度（C）	耦合协调度（D）	耦合协调度	耦合阶段
2005	0.1437	0.1134	0.2571	0.4879	0.3526	拮抗中度协调	拮抗阶段
2006	0.1395	0.1226	0.2621	0.4930	0.3578	磨合中度协调	磨合阶段
2007	0.1451	0.1149	0.2600	0.4937	0.3569	磨合中度协调	磨合阶段
2008	0.1223	0.0924	0.2147	0.4464	0.3083	拮抗中度协调	拮抗阶段
2009	0.1604	0.1057	0.2660	0.4918	0.3602	拮抗中度协调	拮抗阶段
2010	0.1574	0.1155	0.2729	0.5032	0.3693	拮抗中度协调	拮抗阶段
2011	0.1670	0.1161	0.2831	0.5117	0.3793	拮抗中度协调	拮抗阶段
2012	0.1593	0.1042	0.2635	0.4895	0.3577	拮抗中度协调	拮抗阶段
2013	0.1536	0.1025	0.2562	0.4832	0.3504	拮抗中度协调	拮抗阶段
2014	0.1456	0.0987	0.2443	0.4722	0.3382	拮抗中度协调	拮抗阶段
2015	0.1484	0.0894	0.2379	0.4605	0.3295	拮抗中度协调	拮抗阶段
2016	0.1331	0.0714	0.2044	0.4192	0.2908	拮抗中度协调	拮抗阶段

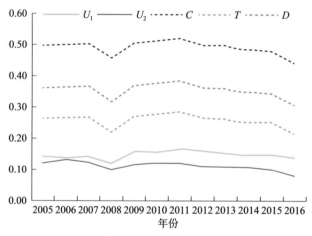

图 17-1　新型城镇化与生态环境耦合协调度的时序特征

二、新型城镇化与生态环境耦合度空间分异

总体而言，黄河流域新型城镇化与生态环境耦合度呈现出先上升后下降的趋势，主要处在拮抗阶段和磨合阶段（图 17-2）。分年度看，2005 年、2008 年、2011 年、2015 年新型城镇化与生态环境耦合度保持在 0.35～0.70、

0.35～0.66、0.40～0.70、0.37～0.68，历年来的变化相对一致。2005年耦合度较高的地区主要分布在山东半岛，宁夏及河西走廊等地；各省省会城市和周边地区耦合度也较高，进入磨合阶段；河南省、山西省和陕西省等省份的部分地市，因资源利用粗放导致耦合度较低，尚处于拮抗阶段。耦合度在2005～2011年整体处于上升态势，但2008年耦合度整体上明显下降，耦合度高的地区大部分集中在各省省会城市及部分周边地区，大多数地级市都处在磨合阶段。2011年是耦合度较高的城市数最高的年份，一些城市也进入磨合阶段，主要集中在陕甘宁地区的银川、兰州、金昌、酒泉、张掖等地级市，河南省郑州周边的许昌、焦作等地级市，山东省西部的聊城和济宁市。值得关注的是，在黄河流域各城市耦合度最高的年份，山西省仍只有省会太原市进入磨合阶段，其余地级市仍处在拮抗阶段，说明山西省在新型城镇化进程中对生态环境施加的压力增大，产业结构调整与转型升级任重道远，故而处于拮抗阶段。2011～2016年，山东省的临沂、泰安和德州等城市，内蒙古自治区的呼和浩特、鄂尔多斯和包头等城市，陕西省的渭南、宝鸡、安康等城市，宁夏回族自治区的中卫市，甘肃省的武威、陇南等地市耦合度又有所下降，从磨合阶段退回到了拮抗阶段，说明这些地区的城镇化进程对于生态环境的压力逐步增大，导致耦合度下降。

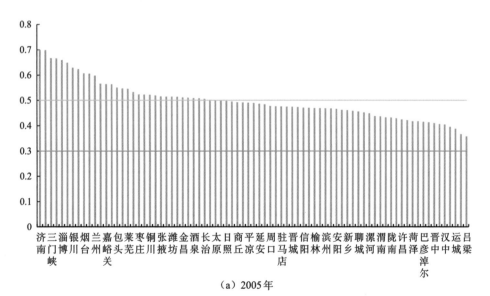

（a）2005年

图 17-2　黄河流域新型城镇化与生态环境耦合阶段

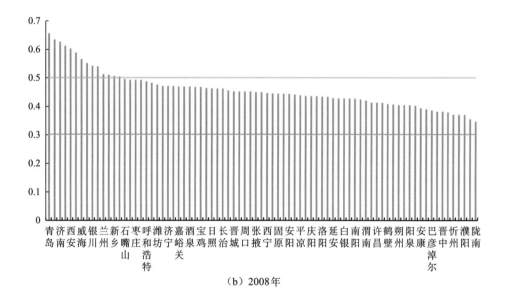

（b）2008年

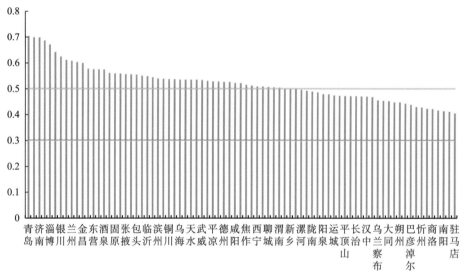

（c）2011年

图 17-2（续）

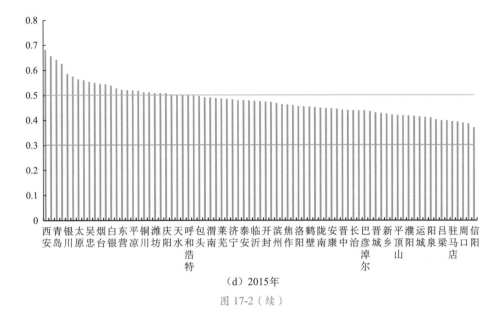

（d）2015年

图 17-2（续）

三、新型城镇化与生态环境的耦合协调度空间分异

2005 年新型城镇化与生态环境的耦合协调度保持在 0.22 ～ 0.60，2008 年新型城镇化与生态环境耦合协调度保持在 0.21 ～ 0.54，2011 年新型城镇化与生态环境耦合协调度保持在 0.26 ～ 0.61，2015 年新型城镇化与生态环境耦合协调度保持在 0.21 ～ 0.58。虽然黄河流域部分地区新型城镇化与生态环境处于高度协调状态，但是总体上处在低度协调状态和中度协调状态，且耦合协调度下降的趋势较为明显。2005 年，山东省的济南、青岛，河南省的郑州、三门峡，陕西省的西安，宁夏回族自治区的银川等城市处于高度协调状态，这些城市大多为省会城市或副省级城市。中度协调地区主要分布在山东省、河南省、甘肃省和宁夏回族自治区的大部分地区，以及陕西省北部地区和内蒙古鄂尔多斯。低度协调区域主要集中在山西以及与山西交接的河南西北部，还有陕西南部等区域。2008 年，仅有山东省的济南和青岛、河南省的三门峡仍处于高度协调阶段；陕西省的西安、河南省的郑州、宁夏回族自治区的银川，由高度协调下降到中度协调；山东省的耦合协调度下降不明显，而河南省、甘肃省和宁夏回族自治区的大部分地区，

以及陕西省北部和内蒙古鄂尔多斯从中度协调转变为低度协调阶段，耦合协调度下降趋势明显。2011年是耦合协调度最高的一年，兰州和太原两个省会城市，也步入高度协调阶段。黄河流域除河南省的南阳、信阳、驻马店，山西省的忻州、吕梁外，全部进入中度协调阶段。到了2015年，黄河流域各地级市的耦合协调度进一步下降，尤其是山西省、河南省及陕西省的南部，又下降到了濒临失调的局面。总体而言，黄河流域的省会城市以及副省级城市新型城镇化与生态环境的耦合协调水平相对较高，而部分资源型城市以及重化工业城市，由于资源开发利用方式较为粗放、产业结构较为单一、接续替代产业支撑不足、产业转型升级压力大等原因，新型城镇化及经济社会发展对于生态环境的影响和破坏较为严重，导致耦合协调度相对较低（图17-3）。

四、新型城镇化与生态环境相对发展类型

根据新型城镇化与生态环境的相对发展模型，2005～2016年，黄河流域新型城镇化滞后型的地市逐渐减少，生态环境滞后型的地市逐渐增多（图17-4）。具体来看，2005年新型城镇化滞后型的地级市占黄河流域的29.26%，主要分布在山东和河南省的交界地区，以及山西、陕西、宁夏和甘肃；生态环境滞后型的地级市占据了黄河流域的53.65%，多分布在山东半岛地区、河南省的中西部地区、内蒙古呼包鄂榆城市群等，这些地区开发时间较早、经济实力较强，对于生态环境带来的影响和压力相对较大；同步发展型的地市最少，大多分布在山东半岛。2008年，新型城镇化滞后型的地级市下降到了18.29%，山东、河南二省交界附近的济宁、泰安、菏泽、聊城、商丘等地级市，由新型城镇化滞后型转为相对发展型。2011年，新型城镇化滞后型的地级市仅占据总量的9.75%，山东、山西二省全部为生态环境滞后型，内蒙古呼包鄂榆地区、陕西南部、河南北部也均为生态环境滞后型，生态环境滞后型的地级市占总量的78.04%。2015年，黄河流域超过84.14%的地级市为生态滞后型，同步发展型和新型城镇化滞后型的地级市，仅分布在陕西北部、宁夏南部和甘肃省等地。

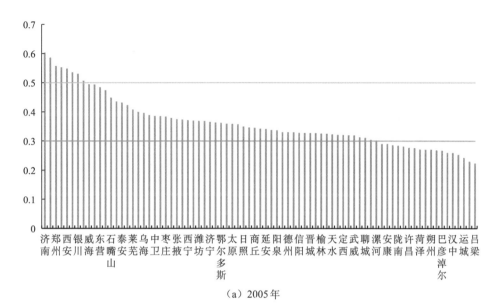

（a）2005年

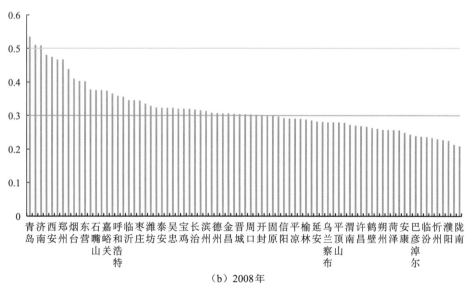

（b）2008年

图 17-3 黄河流域新型城镇化与生态环境耦合协调度

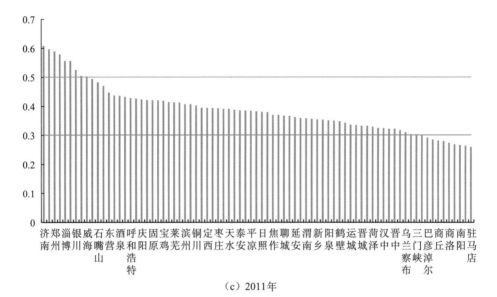

（c）2011年

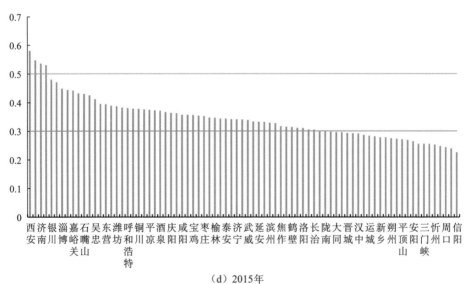

（d）2015年

图 17-3（续）

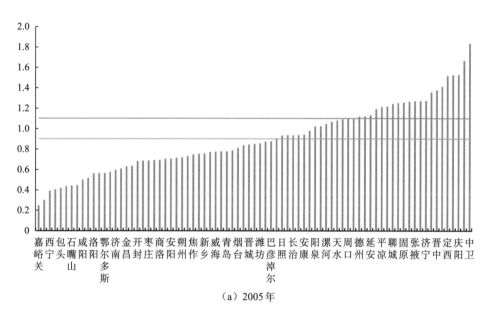

（a）2005年

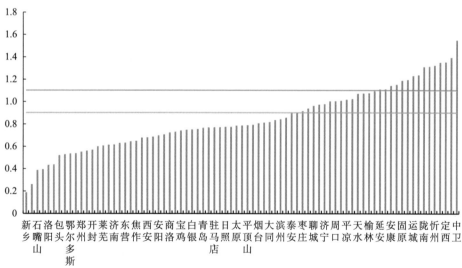

（b）2008年

图 17-4　黄河流域新型城镇化与生态环境的相对发展类型

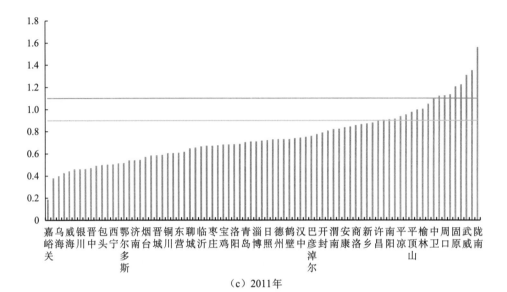

（c）2011年

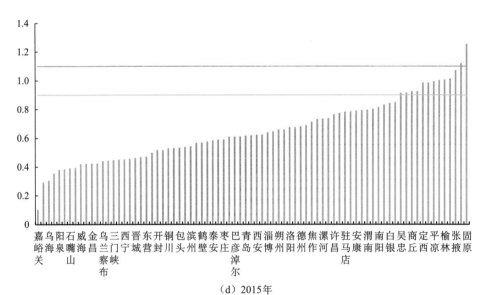

（d）2015年

图 17-4（续）

第四节　新型城镇化与生态环境耦合协调
发展的动力因素分析

一、变量的选取

新型城镇化与生态环境的耦合协调发展，受到多种因素影响，参考已有研究（邓宗兵等，2019；田时中和丁雨洁，2019），并结合实际情况从对外开放程度、经济发展水平、工业化水平、科技投入、政府能力、城市建设资金投入等构建指标体系，通过构建计量经济模型开展计量研究（表 17-4）。

表 17-4　耦合协调度动力因素表

	变量名称	变量符号	变量说明	单位
被解释变量	耦合协调度	D	耦合协调度模型计算结果	
解释变量	对外开放程度	open	人均实际利用外资	美元 / 人
	经济发展水平	pgdp	人均 GDP	元 / 人
	工业化水平	indu	第二产业增加值占 GDP 的比重	%
	科技投入	tech	科学技术支出占财政支出的比重	%
	政府能力	gov	地区财政支出占 GDP 的比重	%
	城市建设资金投入	bui	城市建设维护资金支出	万元

黄河流域耦合协调度值在 0 ～ 1，被解释变量存在着被切割（truncated）的特点，符合受限因变量 Tobit 回归模型设定条件（陈强，2010）。本章采用随机效应面板 Tobit 模型进行计量估计，一方面，相对于固定效应面板 Tobit 模型，随机效应面板 Tobit 模型可以得到一致估计（Cameron and Trivedi，2005）；另一方面，可以有效避免最小二乘回归带来的结果有偏（杨勇和邓祥征，2019）。模型设定如下：

$$D_{it} = \mathrm{cons} + \beta_1 \mathrm{open}_{it} + \beta_2 \mathrm{pgdp}_{it} + \beta_3 \mathrm{indu}_{it} + \beta_4 \mathrm{tech}_{it} + \beta_5 \mathrm{gov}_{it} + \beta_6 \mathrm{bui}_{it} + \varepsilon_{it}$$

式中，i 为地区；t 为时间；open 为对外开放程度；pgdp 为经济发展水平；indu 为工业化水平；tech 为科技投入；gov 为政府能力，bui 为城市建设资金投入；cons 为常数项；ε_{it} 为随机扰动项；D_{it} 为耦合协调度。运用 stata15.1 计量分析软件，进行随机效应面板 Tobit 回归，结果如表 17-5 所示。

表 17-5　回归结果

变量	全样本		黄河上游地区		黄河中下游地区	
	系数	p 值	系数	p 值	系数	p 值
open	−0.0443	0.006***	0.0591	0.051*	−0.0333	0.094*
pgdp	0.3210	0.000***	0.0594	0.121	0.4591	0.000***
indu	−0.0650	0.000***	0.0082	0.635	−0.1333	0.000***
tech	0.0424	0.000***	−0.0259	0.051**	0.0583	0.000***
gov	0.0820	0.000***	0.0562	0.017**	0.0980	0.036*
bui	0.1029	0.000***	0.1052	0.000***	0.0858	0.000***
cons	0.2870	0.000***	0.3125	0.000***	0.2904	0.000***

*、**、*** 分别表示在 10%、5%、1% 水平上显著

二、全样本结果分析

具体来看，对外开放程度的回归系数为负，且在 1% 水平下显著，说明扩大对外开放及引进外资，并不会导致黄河流域各城市新型城镇化与生态环境的耦合协调发展。经济发展水平和耦合协调指数具有显著正相关关系，回归系数为 0.3210，且在 1% 水平下显著，说明城市经济实力的提升，有助于促进新型城镇化与生态环境的耦合协调发展。工业化水平的回归系数为 −0.0650，且在 1% 水平下显著，表明黄河流域的工业化进程对于新型城镇化与生态环境的耦合协调发展产生负向影响，主要原因是黄河流域总体上处于工业化中期发展阶段，工业结构重化工特征明显，资源利用较为粗放，资源能源消耗量大，部分地区高污染、高能耗、高排放对生态环境造成了较大破坏，而加快转变发展方式、调整产业结构、加快建设资源节约型和环境友好型社会，成为推动黄河流域新型城镇化与生态环境的耦合协调发展的重要内容。科技投入的回归系数为正，且在 1% 水平下显著，说明科技投入增大以及随之而来的科技进步是黄河流域实现新型城镇化与生态环境的耦合协调发展的重要推动力，通过加快科技创新与高新技术产业发展，能够有效提高能源的使用效

率，降低能源消耗，促进环境污染治理能力和管理效率提高。政府能力的回归系数是 0.0820，且在 1% 水平下显著，表明在黄河流域新型城镇化进程中不能仅依靠市场在资源配置中的决定性作用，还要有效发挥政府之"手"的宏观调控作用，缩小发展差距，避免因盲目竞争而带来的资源浪费，从而促进黄河流域各地级市协调发展。城市建设资金投入的回归系数是 0.1029，且在 1% 水平下显著，说明更多的资金投入，有利于加快推动黄河流域新型城镇化与生态环境的耦合协调发展。

三、分地区回归分析

本章结合自然地理环境和行政区划，将黄河流域划分为上游和中下游地区。由表 17-6 可知，黄河上游对外开放程度的回归系数为 0.0591，且通过了 10% 的显著性检验，说明黄河上游地区亟须扩大对外开放，吸引大量外来资金、技术和人才，带动产业结构调整和转型升级，培育和壮大新兴产业，从而推进新型城镇化与生态环境的协调发展。黄河上游地区经济发展水平影响不显著，但是中下游地区的回归系数为 0.4591，且 $p < 0.01$，说明伴随着黄河中下游地区经济发展和综合实力提升，各城市对于生态环境保护与治理的关注和投入不断增长，有效推动了新型城镇化与生态环境的耦合协调发展。工业化水平对黄河上游地区的影响不显著，但是下游地区的回归系数为 -0.1333，且 $p < 0.01$，说明以工业为主的产业结构对黄河中下游地区新型城镇化与生态环境的耦合协调发展起到了阻碍作用，亟须优化产业结构，加快构建以高端制造业、现代服务业为主导的现代产业体系。科技投入因素在黄河上游地区的回归系数为负，但在黄河中下游地区的回归系数为 0.0583，且 $p < 0.01$，说明黄河中下游各地区，应该进一步加大科技投入，不断提升创新驱动发展水平，促进资源利用效率的提高、逐步提升污染治理能力。政府能力和城市建设资金投入因素的回归系数均为正数，且都通过了显著性检验，说明无论是黄河上游地区还是中下游地区，都应该充分发挥政府的作用，为新型城镇化和生态环境的协调发展提供良好的政策和资金保障。

第五节 结论与讨论

黄河流域与其他区域相比,其新型城镇化与生态环境的耦合水平既表现出一般性的趋势,也有其自身的特点。黄河流域与长江流域类似,新型城镇化与生态环境的耦合度均呈现先上升后下降的趋势(孙黄平等,2017)。黄河流域总体上属于生态环境发展水平滞后于新型城镇化的状态,这与东北地区、西南地区的发展态势较为相似(孙平军等,2014;张引等,2016),但与长江经济带城镇化滞后型城市为主的格局有较大差异(王宾和于法稳,2019)。此外,就新型城镇化与生态环境耦合的影响因素而言,经济发展水平、科技创新、财政资金投入等因素的影响较为显著,这与长三角城市群较为一致(孙黄平等,2017);但对外开放在黄河流域和长三角城市群的影响不一致,且在黄河流域的上游和中下游地区存在差异。主要原因是黄河流域总体经济实力和发展水平与长三角城市群存在较大差距;在黄河流域内部,以山东为代表的下游地区和西部上游地区相关省份的发展不平衡现象较为突出。总体而言,虽然黄河流域近年来经济社会发展取得了长足的进展,城镇化发展水平不断提升,但由于发展方式粗放、产业结构偏重,对于生态环境的压力日趋严重。黄河流域生态保护与高质量发展这一国家战略的提出恰逢其时,黄河流域亟待通过新旧动能转换、产业结构调整与转型升级、新兴产业培育来转变发展方式,加快推动工业化、城镇化与生态环境协调发展。

本章以黄河流域作为研究对象,通过构建新型城镇化与生态环境的耦合协调模型,定量测度了2005～2016年黄河流域新型城镇化与生态环境耦合协调时空格局,以及二者同步发展的状态;通过构建随机效应面板 Tobit 模型,对黄河流域新型城镇化与生态环境耦合的影响因素进行研究。一方面,顺应了我国区域发展格局由政策类型区(四大板块、主体功能区等)逐步转向地理经济区(湾区、三角洲、流域等)的趋势,丰富了黄河流域这一特殊地理经济区城镇化与生态环境耦合的研究;另一方面,基于随机效应面板Tobit 模型,进一步丰富了新型城镇化与生态环境耦合影响因素研究。本章的主要结论如下。

（1）在加快实施黄河流域生态保护和高质量发展重大国家战略背景下，应持续加强新型城镇化与生态环境的耦合在理论和政策研究。黄河流域与全国其他地理经济区类似，新型城镇化与生态环境耦合的水平均呈现下降趋势。无论是二者耦合的机理研究还是加强政策与制度安排，都需要持续关注。

（2）摆脱区域发展的路径依赖对于推动新型城镇化与生态环境的耦合具有重要意义。黄河流域的某些资源型城市（区域），较为单一的经济结构推动了经济增长和新型城镇化的进程，也对生态环境产生了较大破坏。对于这些区域而言，加快产业结构的转型升级、及早培育接续替代产业、拓展和延伸产业链条、加快发展生产性服务业成为摆脱路径依赖、实现路径创造的关键。

（3）黄河流域要针对上游和中下游地区采取差异化的策略来推动新型城镇化与生态环境耦合发展。黄河流域上游和中下游地区新型城镇化与生态环境耦合的主要影响因素有所不同，对外开放程度、工业化水平等因素对于上游和中下游地区产生不同的影响，这也要求黄河流域上游和中下游地区在加快推动新型城镇化与生态环境耦合发展的进程中，采取差异化的推进策略。

参考文献

陈强. 2010. 高级计量经济学及 Stata 应用［M］. 北京：高等教育出版社.

陈肖飞，郭建峰，姚士谋. 2018. 长三角城市群新型城镇化与生态环境承载力耦合协调研究：基于利奥波德的大地伦理观思想［J］. 长江流域资源与环境，27（4）：715-724.

崔木花. 2015. 中原城市群 9 市城镇化与生态环境耦合协调关系［J］. 经济地理，35（7）：72-78.

崔学刚，方创琳，李君，等. 2019. 城镇化与生态环境耦合动态模拟模型研究进展［J］. 地理科学进展，38（1）：111-125.

邓宗兵，宗树伟，苏聪文，等. 2019. 长江经济带生态文明建设与新型城镇化耦合协调发展及动力因素研究［J］. 经济地理，39（10）：78-86.

董锁成，史丹，李富佳，等. 2019. 中部地区资源环境、经济和城镇化形势与绿色崛起战略研究［J］. 资源科学，41（1）：33-42.

樊鹏飞，梁流涛，李炎埔，等. 2016. 基于系统耦合视角的京津冀城镇化协调发展评价［J］. 资源科学，38（12）：2361-2374.

方创琳，崔学刚，梁龙武. 2019. 7 城镇化与生态环境耦合圈理论及耦合器调控［J］. 地理学报，4（12）：2529-2546.

方创琳, 杨玉梅. 2006. 城市化与生态环境交互耦合系统的基本定律 [J]. 干旱区地理, 29 (1): 1-8.

方创琳, 周成虎, 顾朝林, 等. 2016. 特大城市群地区城镇化与生态环境交互耦合效应解析的理论框架及技术路径 [J]. 地理学报, 71 (4): 531-550.

黄金川, 方创琳. 2003. 城市化与生态环境交互耦合机制与规律性分析 [J]. 地理研究, 22 (2): 211-220.

刘春雨, 刘英英, 丁饶干. 2018. 福建省新型城镇化与生态环境的耦合分析 [J]. 应用生态学报, 29 (9): 3043-3050.

刘海猛, 方创琳, 李咏红. 2019. 城镇化与生态环境"耦合魔方"的基本概念及框架 [J]. 地理学报, 74 (8): 1489-1507.

刘艳艳, 王少剑. 2015. 珠三角地区城市化与生态环境的交互胁迫关系及耦合协调度 [J]. 人文地理, 30 (3): 64-71.

刘耀彬, 李仁东, 宋学锋. 2005a. 中国城市化与生态环境耦合度分析 [J]. 自然资源学报, 20 (1): 105-112.

刘耀彬, 李仁东, 宋学锋. 2005b. 中国区域城市化与生态环境耦合的关联分析 [J]. 地理学报, 60 (2): 237-247.

刘耀彬, 李仁东, 张守忠. 2005. 城市化与生态环境协调标准及其评价模型研究 [J]. 中国软科学, (5): 140-148.

马世骏, 王如松. 1984. 社会 - 经济 - 自然复合生态系统 [J]. 生态学报, 4 (1): 3-11.

乔标, 方创琳. 2005. 城市化与生态环境协调发展的动态耦合模型及其在干旱区的应用 [J]. 生态学报, 25 (11): 211-217.

孙黄平, 黄震方, 徐冬冬, 等. 2017. 泛长三角城市群城镇化与生态环境耦合的空间特征与驱动机制 [J]. 经济地理, 37 (2): 163-170.

孙平军, 修春亮, 张天娇. 2014. 熵变视角的吉林省城市化与生态环境的耦合关系判别 [J]. 应用生态学报, 25 (3): 875-882.

田时中, 丁雨洁. 2019. 长三角城市群绿色化测量及影响因素分析——基于 26 城市面板数据熵值 –Tobit 模型实证 [J]. 经济地理, 39 (9): 94-103.

王宾, 于法稳. 2019. 长江经济带城镇化与生态环境的耦合协调及时空格局研究 [J]. 华东经济管理, 33 (3): 58-63.

王少剑, 方创琳, 王洋. 2015. 京津冀地区城市化与生态环境交互耦合关系定量测度 [J]. 生态学报, 35 (7): 2244-2254.

杨勇, 邓祥征. 2019. 中国城市生态效率时空演变及影响因素的区域差异 [J]. 地理科学, 39 (7): 1111-1118.

张引, 杨庆媛, 闵婕. 2016. 重庆市新型城镇化质量与生态环境承载力耦合分析 [J]. 地理学报, 71 (5): 817-828.

郑慧, 贾珊, 赵昕. 2017. 新型城镇化背景下中国区域生态效率分析 [J]. 资源科学, 39 (7): 1314-1325.

Bai X, Mcphearson T, Cleugh H, et al. 2016. Linking urbanization and the environment:

conceptual and empirical advances［J］. Annual Review of Environment & Resources, 42 (1): 215-240.

Berger A R, Hodge R A. 1998. Natural change in the environment: A challenge to the pressure-state-response concept［J］. Social Indicators Research, 44 (2): 255-265.

Cameron A C, Trivedi P K. 2005. Microeconometrics: Methods and Applications［M］. Cambridge: Cambridge University Press.

Caviglia-Harris J L, Chambers D, Kahn J R. 2009. Taking the "U" out of Kuznets: A comprehensive analysis of the EKC and environmental degradation［J］. Ecological Economics, 68 (4): 1149-1159.

Guo Y T, Wang H W, Nijkamp P, et al. 2015. Space‒time indicators in interdependent urban‒environmental systems: a study on the Huai River Basin in China［J］. Habitat International, 45: 135-146.

Kates R, ClarkW, Corell R, et al. 2001. Environment and development: sustainability science［J］. Science, 292 (5517): 641-642.

Kim D S, Mizuno K, Kobayashi S. 2003. Analysis of urbanization characteristics causing farmland loss in a rapid growth area using GIS and RS［J］. Paddy and Water Environment, 1 (4): 189-199.

Kline J D, Moses A, Alig R J. 2001. Integrating urbanization into landscape-level ecological assessments［J］. Ecosystems, 4 (1): 3-18.

Li Y, Li Y, Zhou Y, et al. 2012. Investigation of a coupling model of coordination between urbanization and the environment［J］. Journal of Environmental Management, 98: 127-133.

OECD. 2002. Indicators to Measure Decoupling of Environmental Pressure from Economic Growth［R］. Paris: OECD.

Portnov B A, Safriel U N. 2004. Combating desertification in the Negev: dryland agriculture vs. dryland urbanization［J］. Journal of Arid Environments, 56 (4): 659-680.

Reid W V, Chen D, Goldfarb L, et al. 2010. Environment and development. Earth system science for global sustainability: grand challenges［J］. Science, 330 (6006): 916-917.

第十八章
黄河流域城市群高质量发展评价与战略方向

　　城市群是黄河流域高质量发展的重要载体，黄河流域的高质量发展取决于城市群的发展质量及辐射带动作用。通过构建城市群高质量发展评价指标体系，从创新、协调、绿色、开放、共享五个维度对 2016 年黄河流域 7 个城市群和内部所有地级城市进行高质量发展评价，并结合当前城市群的发展现状和规划目标提出黄河流域各城市群高质量发展的战略方向。综合评价结果显示，城市群高质量发展总体上呈现黄河中下游城市群好于黄河中上游城市群，中部地区的中原城市群和晋中城市群呈现"中部塌陷"格局。分项评价结果显示，创新发展指数和开放发展指数总体上呈现黄河中下游的城市群好于黄河中上游的城市群；协调发展指数和绿色发展指数则表现出分段层级性，山东半岛城市群和呼包鄂榆城市群成为黄河流域中 2 个相对高值城市群；而共享发展指数的高值区域发生在黄河中游。不管是综合评价还是分项评价，城市群内部城市的高质量发展指数都呈现明显的"中心－外围"格局，核心城市的高质量发展指数明显高于外围城市。总体上看黄河城市群高质量发展水平与所处黄河河段关系并不密切，与城市层级和区位关系密切。研究认为，各大城市群未来的高质量发展应具有流域思维，应在黄河流域高质量发展的大背景下，根据本地的自然、经济、社会和环境特点，优化产业、空间、生态结构，促进城市群及内部城市之间的合理分工，不断强化核心城市的带动辐射与中心服务功能，促进不同城市、城市群之间的全方位合作，进一步提升黄河流域城市群高质量发展水平，进而全面带动黄河流域的高质量发展。

第一节　城市群是黄河流域高质量发展的
　　　　　主要载体

　　黄河流域面积约 255.05 万千米 ^{2}，包含山东半岛城市群、中原城市群、晋中城市群、关中平原城市群、宁夏沿黄城市群、呼包鄂榆城市群和兰西城市群共 7 个城市群。这 7 个城市群的面积约占黄河流域面积的 33.59%，但人口规模占黄河流域的75%以上，经济总量占黄河流域的80%以上[①]。可见，黄河流域城市群已经成为黄河流域区域社会经济发展的主要载体。然而，从各城市群发展现状来看，黄河上中下游城市群发展水平差异大，城市群对区域经济辐射带动作用仍然不够，这些问题都需要在高质量发展过程中重点研究并加以应对。

一、城市群对黄河流域高质量发展的重要意义

　　城市群是特定区域工业化和城镇化发展到较高阶段的城市空间形态，承担着特定区域各种生产要素的集聚与扩散功能，是推动区域经济发展的重要增长极（方创琳等，2016）。2018 年 11 月，党中央、国务院发布了《中共中央 国务院关于建立更加有效的区域协调发展新机制的意见》，提出"以'一带一路'建设、京津冀协同发展、长江经济带发展、粤港澳大湾区建设等重大战略为引领，以西部、东北、中部、东部四大板块为基础，促进区域间相互融通补充"。在经济全球化与区域经济一体化的背景下，城市群将成为未来国际经济竞争的基本单位，并能兼顾效率与公平（苗长虹，2007）。随着我国城镇化进程的快速推进，城市数量和规模不断扩大，城市间的联系日益紧密，城市群已经成为中国经济发展格局中最具活力和潜力的核心地区，在我国生产力布局中起着战略支撑点、增长极点和核心节点的作用，对于增强国家的国际竞争力将产生重大的影响（方创琳和关兴良，2011）。

---

① 数据来源：2016 年黄河流域各地级市统计年鉴。

当前，我国经济发展已经由追求高速增长和数量扩张，转向推进高质量发展和讲求经济增长质量、效益的发展阶段，而高质量的城市群正是我国经济社会高质量发展极为重要的空间载体，城市群的建设也将从以往的规模拓展型向效率增进型转变（杨兰桥，2018）。2013 年 6 月《国务院关于城镇化建设工作情况的报告》提出"城镇数量和规模不断扩大，城市群形态更加明显"，"但也必须看到，我国城镇化质量不高的问题也越来越突出"，城市群的发展重在质的提升。作为区域经济发展的重要载体及推进城市化的主体形态，其发展质量直接关系到区域经济和城镇化发展质量（崔木花，2015）。城市群内部各城市的发展质量及城市间的协调问题成为学界关注的研究热点，科学地认识和分析城市群内各城市的城市发展质量，对城市群整体发展及城市群之间的差异研究是十分必要的。

黄河流域的 7 个城市群相比于我国三大核心城市群——京津冀城市群、长江三角洲城市群和珠江三角洲城市群，其发展水平和发展质量仍存在一定差距，黄河流域城市群存在着起步晚、发育不足和发展不平衡等问题，其区域发展的核心引领作用尚待培育及提升（苗长虹，2012）。为进一步提升黄河流域 7 个城市群的发展质量，拟构建城市群发展质量评价指标体系定量测度城市群的发展水平，通过分析各城市群的发展现状，提出黄河流域城市群发展质量差异化提升措施和对策，并进一步指明各大城市群未来高质量发展的战略方向。

二、城市群高质量发展评价的研究评述

城市群发展质量体现在城市群内人流、物流、资金流、技术流、信息流等生产要素流的城市间联系的紧密程度、城市的经济辐射能力以及中心城市的公共设施现代化水平等方面。城市群的高质量发展与其内部城市的发展质量密不可分，城市发展质量是测定城市发展水平的重要标准（李倩倩等，2011；王德利等，2010），城市发展质量不仅包括城市人口、经济、生活、环境、基础设施及整个系统的质量和系统内部的协调性，而且是集经济、生活、社会、资源和环境为一体的多维度质量协调发展的子系统（李明秋和郎学彬，2011）。

国内研究主要是对城市发展质量的评价以及影响因素的探究（朱龙杰和白先春，2006；王德利等，2010；卢丽文等，2014；杨文和刘永功，2015；方创琳等，2016），大多从经济发展、社会服务、生态环境、基础设施等方面构建指标体系进行测度评价。部分学者通过层次分析法、熵值法、主成分分析等方法研究城市群乃至全国城市的发展质量特征、空间差异及其影响因子（叶依广和周蕾，2004；金凤君等，2011；韩增林和刘天宝，2009），如李磊等对京津冀城市群内城市发展质量进行了评价（李磊和张贵祥，2015）；卢丽文等（2014）采用动态因子法和空间自相关，分析了长江中游城市群的城市质量及城市间的协调关系；沈玲媛和邓宏兵（2008）从城市发展指数和城市协调发展度评价了武汉城市圈和长株潭城市群中主要城市的城市发展质量；王红等（2012）运用熵值法和泰尔指数对山东半岛、中原、关中平原城市群的城市发展质量及内部差异进行了比较分析。

可以看出，针对我国城市及城市群发展质量评价已经出现了一定的研究成果，但依然存在以下几点不足：①城市发展质量的评价体系未形成统一标准，导致指标体系的普适性不强，各城市群间研究结果的参考借鉴意义有限；②现有研究多从定性或者单一影响因素方面展开，即使综合多种因素的探讨也较少考虑到新常态下我国经济发展形势的变化（张震和刘雪梦，2019），且大多是在城市化水平研究下探讨城市发展质量的水平及影响因素；③城市群发展水平的研究区域基本集中在我国京津冀、长三角和珠三角三大城市群及长江经济带沿岸城市群，对黄河流域城市群的关注尚不足；④就研究尺度而言，大多数研究集中在单个城市群层面或对几个典型城市群作对比分析，缺乏基于区域尺度的整体把握和与更精细的地理尺度相结合的研究视角。因而，基于新时代经济发展面临的新环境、新态势，参考已有研究成果进行指标体系构建，本章对黄河流域 7 个城市群及其内部地级市的高质量发展水平进行测度评价，以期合理反映黄河流域城市群高质量发展状况，为城市群现代经济体系构建与发展政策体系的完善提供参考依据。

三、黄河流域城市群的发展现状与存在问题

黄河流域是我国重要的生态屏障和经济地带，在我国社会经济发展和生

态安全方面具有十分重要的地位。习近平总书记在黄河流域生态保护和高质量发展座谈会上的讲话指出："黄河流域生态保护和高质量发展，同京津冀协同发展、长江经济带发展、粤港澳大湾区建设、长三角一体化发展一样，是重大国家战略。"（习近平，2019）

黄河流域共包含山东半岛城市群、中原城市群、晋中城市群、关中平原城市群、宁夏沿黄城市群、呼包鄂榆城市群和兰西城市群共 7 个城市群（表 18-1），城市群总面积约 85.69 万千米²。其中，山东半岛城市群和中原城市群处于黄河下游，具有较好的区位优势和对外交通条件，是黄河中下游地区对外开放的门户，具有较高的人口密度和经济密度。关中平原城市群、晋中城市群、呼包鄂榆城市群和宁夏沿黄城市群处于黄河中游，是黄河流域的人口和经济集聚地，核心城市具有较高的人口、经济集聚能力，区域发展辐射带动作用较强。兰西城市群位于黄河上游和中游偏上地段，交通条件相对落后，经济发展水平相对其他城市群较低（表 18-1、表 18-2）。

表 18-1　黄河流域 7 个城市群基本概况　　　　　　　　　　（%）

城市群名称	城市构成	面积占比	人口总量占比	经济总量占比
山东半岛城市群	以济南和青岛为双核心，包括烟台、威海、东营、淄博、潍坊、日照、莱芜、菏泽、枣庄、德州、滨州、临沂、济宁、聊城、泰安	18.49	33.18	46.33
中原城市群	以郑州为核心，包括洛阳、开封、新乡、焦作、许昌、平顶山、漯河、济源、鹤壁、商丘、周口、晋城、亳州等城市	11.90	28.60	20.93
关中平原城市群	以西安为核心，包括宝鸡、铜川、渭南、咸阳、杨凌、商洛、运城、临汾、天水、平凉、庆阳等城市	18.88	17.37	11.72
晋中城市群	以太原为核心，包括阳泉、晋中、忻州、长治、吕梁等城市	10.43	8.40	5.73
呼包鄂榆城市群	以呼和浩特为核心，包括内蒙古的包头、鄂尔多斯和陕西榆林	20.46	4.53	9.81
宁夏沿黄城市群	以银川为核心，包括石嘴山、吴忠、中卫等城市	6.09	2.21	2.01
兰西城市群	以兰州和西宁为双核心，包括甘肃定西、白银、临夏和青海海东、海北等城市	13.75	5.71	3.47

注：占比是单个城市群指标占 7 个城市群汇总指标的比例

资料来源：城市构成根据《国家新型城镇化规划（2014–2020 年）》出台后国务院批复的各城市群发展规划文本确定。数据由 2016 年各市统计数据汇总得到，来自《中国城市统计年鉴 2017》

表 18-2　黄河流域城市群各城市基本经济社会指标

城市群	城市	人口密度 /（人/千米²）	GDP/ 亿元	人均 GDP（元/人）	经济密度 /（亿元/千米²）	产业结构	城镇化率/%
山东半岛城市群	济南	884.57	6 536.10	90 363.74	0.799	4.9：36.2：58.9	69.46
	青岛	815.81	10 011.29	108 771.08	0.887	3.7：41.6：54.7	71.53
	淄博	785.75	4 412.00	94 132.71	0.740	3.4：52.5：44.1	69.11
	枣庄	905.41	2 142.63	51 850.79	0.469	7.6：51.2：41.2	55.47
	东营	269.10	3 479.60	163 200.60	0.439	3.5：62.2：34.3	66.67
	烟台	513.89	6 925.66	98 041.62	0.504	6.8：50.0：43.3	62.10
	潍坊	579.63	5 522.70	59 022.12	0.342	8.6：46.4：45.0	46.88
	济宁	738.61	4 301.82	51 491.67	0.380	11.2：45.3：43.5	55.25
	威海	486.34	3 212.20	113 936.08	0.554	7.1：45.6：47.3	65.00
	日照	559.28	1 802.49	60 139.13	0.336	8.2：47.3：44.6	46.63
	泰安	726.28	3 316.80	58 835.63	0.427	8.5：44.8：46.7	59.06
	聊城	692.69	2 859.18	47 362.51	0.328	11.8：49.5：38.7	48.50
	莱芜	612.56	702.76	51 080.10	0.313	7.8：50.1：42.0	61.12
	德州	559.32	2 932.99	50 636.02	0.283	10.1：47.8：42.1	53.77
	滨州	402.80	2 470.10	63 482.40	0.256	9.4：46.3：44.3	56.83
	临沂	607.47	4 026.75	38 559.32	0.234	8.9：43.1：48.0	55.84
	菏泽	703.54	2 560.24	29 692.20	0.209	11.0：51.3：37.8	47.36
中原城市群	郑州	1 305.94	8 114.00	83 443.03	1.090	1.9：46.8：51.3	71.02
	开封	705.57	1 747.96	38 444.59	0.271	16.4：40.2：43.3	45.88
	洛阳	446.38	3 782.90	55 622.70	0.248	6.2：47.7：46.1	54.35
	许昌	876.80	2 353.10	53 719.89	0.471	6.9：58.4：34.6	49.38
	新乡	671.54	2 140.73	37 275.29	0.250	10.4：49.0：40.5	50.44
	焦作	871.04	2 082.62	58 731.53	0.512	6.4：58.9：34.6	56.40
	平顶山	512.15	1 425.88	35 224.31	0.180	9.7：50.8：39.5	52.50
	漯河	1 006.88	1 077.90	40 907.02	0.412	10.6：62.1：27.4	49.23
	济源	379.60	532.99	72 713.51	0.276	4.3：64.8：30.8	59.60
	鹤壁	739.60	769.41	47 676.91	0.353	8.1：65.4：26.5	57.21
	商丘	854.93	1 974.02	21 571.16	0.184	19.6：41.3：39.2	31.83
	周口	960.62	2 260.02	19 669.54	0.189	20.2：45.9：33.8	30.29
	晋城	246.25	1 049.30	45 210.91	0.111	4.7：52.9：42.4	40
	亳州	598.99	1 046.10	20 495.69	0.123	19.7：38.7：41.6	38.30

续表

城市群	城市	人口密度/（人/千米²）	GDP/亿元	人均GDP/（元/人）	经济密度/（亿元/千米²）	产业结构	城镇化率/%
关中平原城市群	西安	874.73	6 257.18	70 845.89	0.620	3.7：35.1：61.2	73.43
	铜川	215.19	311.61	36 781.16	0.079	7.7：51.9：40.4	64.23
	宝鸡	208.37	1 932.14	51 182.52	0.107	8.9：63.5：27.6	50.76
	咸阳	489.61	2 390.97	47 947.90	0.235	14.4：57.9：27.6	50.84
	渭南	408.98	1 488.62	27 712.79	0.113	15.1：46.0：38.9	44.07
	商洛	122.94	692.13	29 182.86	0.036	14.0：52.7：33.3	49.04
	运城	374.05	1 174.01	22 129.50	0.083	16.4：37.5：46.1	47.65
	临汾	219.88	1 205.20	27 034.54	0.059	8.0：46.6：45.5	50.03
	天水	232.54	590.51	17 786.55	0.041	17.0：32.2：50.8	37.00
	平凉	188.28	367.30	17 464.69	0.033	28.0：24.8：47.2	37.80
	庆阳	82.67	597.83	26 666.22	0.022	14.3：48.2：37.5	34.99
晋中城市群	太原	621.61	2 955.60	68 032.41	0.423	1.3：36.1：62.6	84.55
	阳泉	307.13	622.90	44 378.74	0.136	1.6：48.0：50.3	66.67
	晋中	204.29	1 091.10	32 582.79	0.067	10.0：42.9：47.1	52.93
	忻州	125.44	716.10	22 697.31	0.028	8.8：44.1：47.0	47.89
	长治	247.22	1 269.20	36 944.75	0.091	4.7：51.0：44.3	51.53
	临汾	219.88	1 205.20	27 034.54	0.059	8.0：46.6：45.5	49.96
呼包鄂榆城市群	呼和浩特	179.74	3 173.60	102 738.75	0.185	3.6：27.9：68.6	68.21
	包头	102.92	3 867.60	135 325.40	0.139	2.5：47.1：50.4	82.96
	鄂尔多斯	23.69	4 417.90	214 951.59	0.051	2.4：55.7：41.9	73.54
	榆林	77.61	2 773.05	81 994.38	0.064	5.9：60.6：33.5	56.25
兰西城市群	兰州	283.17	2 264.32	61 104.57	0.173	2.7：34.9：62.4	81.01
	西宁	305.10	1 248.16	53 484.17	0.163	3.1：47.7：49.1	70.02
	白银	81.12	442.21	25 763.81	0.021	14.0：40.3：45.7	47.91
	海东市	112.06	422.80	28 925.22	0.032	13.0：50.1：36.9	35.66
	定西	137.23	230.11	11 867.52	0.016	23.8：22.8：53.4	31.90
	海北	8.60	331.08	34 033.13	0.003	17.7：44.1：38.2	29.45
宁夏沿黄城市群	银川	244.86	1 617.28	73 184.51	0.179	3.6：51.0：45.3	75.05
	石嘴山	149.74	513.37	64 556.66	0.097	5.1：63.0：31.9	74.42
	吴忠	68.09	442.40	31 859.43	0.022	12.5：56.6：30.9	47.85
	中卫	66.15	339.01	29 381.18	0.019	15.5：44.0：40.5	39.87

数据来源：《中国城市统计年鉴2017》

通过对黄河流域主要社会经济指标的分析，可以发现其城市群的发展存在以下几个问题。第一，黄河流域城市群的人口集聚和经济发展水平存在较大区域差异，下游水平较高，中上游水平较低。据表18-2，人口密度和经济密度清晰地反映了各城市群的人口集聚和经济水平，可见下游城市群明显高于中上游城市群。由表18-1看出，2016年山东半岛城市群和中原城市群的人口占黄河流域城市群人口总量的61.78%，经济总量占全部的67.26%。黄河中上游的宁夏沿黄城市群、兰西城市群和晋中城市群的人口和经济总量占比均相对较低。第二，黄河流域城市群的核心城市均具有较高的人口和经济集聚能力，在城市群内发挥了较强的辐射带动作用，但中上游城市群对黄河流域总体经济的辐射带动作用有待增强，特别是城市群非核心城市对区域经济的辐射带动作用较弱。从表18-1各城市群的数据统计可以看出，中上游的5个城市群虽然面积占比较高，但人口和经济总量占比均较低。从城市群各城市的人口密度、GDP、人均GDP、经济密度和城镇化率等各指标的分布可以看出，各城市群内部城市差距明显，核心城市明显高于非核心城市。第三，黄河流域城市群相比东部沿海和长江流域城市群，发展水平较低（李笔戎，1991）。另外，黄河流域城市群大部分城市位于内陆，难以利用黄河开展对外运输，对外经济联系欠发达，产业结构现代化程度不够，由此导致的资源配置效率不高、生态环境治理困难等问题也较为突出。

第二节　黄河流域城市群高质量发展评价与对比分析

按照高质量发展所提倡的"创新、协调、绿色、开放、共享"五大理念构建黄河流域城市群高质量发展评价指标体系，涵盖创新发展指数、协调发展指数、绿色发展指数、开放发展指数、共享发展指数5个方面，包括25个具体指标，分别计算城市群尺度和城市尺度的高质量发展指标的权重，开展城市群高质量发展的评价。综合评价发现，黄河中下游城市群高质量发展指数高于黄河中上游的城市群，而城市群内部城市的高质量发展指数呈现明显的"中心－外围"格局，核心城市的高质量发展指数明显高于外围城市。分项评价结果发现，创新发展指数和开放发展指数与综合评价结果较为相似，而城市群协调、绿色和共享三个发展指数的空间格局各有特点。

一、黄河流域城市群高质量发展评价方法与数据

1. 指标体系构建

（1）构建依据

黄河流域城市群高质量发展评价指标体系建立在高质量发展理念基础上。我国经济进入增速换挡、结构调整与动能转换的关键时期，经济发展由注重高速增长转向高质量发展。新时代经济高质量发展作为"创新、协调、绿色、开放、共享"五大发展理念的具体体现，是经济发展质量的高水平状态（任保平和文丰安，2018）。与高速增长阶段相比，高质量发展不仅包括经济增长高质量，还涉及改革开放高质量、城乡建设高质量、生态环境高质量、人民生活高质量等（任保平和李禹墨，2018），因而对于高质量发展的衡量标准应涵盖有效性、协调性、创新性、持续性、分享性等方面（任保平和文丰安，2018）。

"创新、协调、绿色、开放、共享"的发展理念，是管全局、管根本、管长远的导向，具有战略性、纲领性、引领性。这一新的发展理念，符合新时期人民全面发展的自我需求，能够满足社会全面可持续发展的要求（任保平和文丰安，2018；任保平和李禹墨，2018）。"创新"是引领发展的第一动力，也更好引领新常态的根本之策；"协调"是持续健康发展的内在要求。协调既是发展手段又是发展目标，同时还是评价发展的标准和尺度；"绿色"是永续发展的必要条件和人民对美好生活追求的重要体现，在生态环境相对脆弱的黄河流域，坚持绿色可持续更是实现高质量发展的重中之重；"开放"是区域繁荣发展的必由之路，高质量发展需要取长补短，黄河流域应当借鉴学习发达地区（如长江流域、珠江流域）城市群的发展经验；"共享"是中国特色社会主义的本质要求。坚持发展为了人民、发展依靠人民、发展成果由人民共享，黄河流域的高质量发展最终要落脚到人民群众生活质量提升

上来。

　　创新、协调、绿色、开放、共享可以看作是城市群高质量发展的五个维度，创新是发展维，代表城市群高质量发展的动力；协调是结构维，代表城市群高质量发展的基础；绿色发展是关系维，要处理好人与自然的关系，代表城市群高质量发展的要求；开发是尺度维，是城市群高质量发展的关键；共享是体验维，代表城市群高质量发展的本质，因为城市群的高质量发展最终要看民众的幸福感和获得感。"创新、协调、绿色、开放、共享"的发展理念，相互贯通、相互促进，是具有内在联系的集合体，要统一贯彻，不能顾此失彼，也不能相互替代。城市群的高质量发展必须坚持以新发展理念为指导，以提高发展质量和效益为中心，以更好地满足人民日益增长的美好生活需要为目标，真正实现创新成为内生动力，协调动态均衡成为内生机制，绿色成为普遍形态，共享成为根本目的的发展（韩永文，2019）。

　　（2）指标选取

　　基于"创新、协调、绿色、开放、共享"的发展理念，将黄河流域城市群高质量发展指数划分成创新发展指数、协调发展指数、绿色发展指数、开放发展指数、共享发展指数共五大维度。

　　创新发展方面：区域创新发展水平的高低受创新基础、经济水平、集群环境、产学研联系、溢出效应、政府支持等多种因素的综合影响（谭俊涛等，2016），创新投入、创新产出和创新环境是评价创新发展水平的主要维度。R&D是创新生产过程中的关键性投入，本章采用全社会研发投入占GDP比例衡量区域创新投入水平。专利在创新的各个阶段都不可忽视，是区域创新产出的重要指标（Basberg，1982；Archibugi，1988），本章选择万人专利申请受理量及授权量来衡量区域创新产出水平。城市的知识人口存量可以衡量城市发展的高度与水平（吕拉昌等，2018），参考相关研究，本章采用万人高等学校在校学生数作为创新环境的代理变量。

　　协调发展方面：当前我国区域发展不平衡不充分的态势仍然不断加剧，实现新常态下协调可持续发展面临着城市发展水平差异显著、城乡收入差距不断扩大和区域一体化发展水平较低等一系列问题。本章选取了人口城镇化水平、城乡收入比、非农产业产值占比、人均GDP和人均财政总收入来衡量高质量发展过程中区域经济协调性水平的高低。

绿色发展方面：绿色发展水平一方面反映了城市经济活动中投入产出对环境的影响程度，另一方面也代表了城市自身绿化建设水平和环境保护状况（张震和刘雪梦，2019）。从城市绿化建设水平和经济产出对能源利用效率及环境影响程度两个方面考虑，本章将城镇生活污水处理率、垃圾无害化处理率、工业固体废物综合利用率、万元工业总产值废水排放量、万元工业总产值二氧化硫排放量、万元工业总产值烟尘排放量和建成区绿化覆盖率共7个指标纳入指标体系。

开放发展方面：全球化的快速发展促进了人力、资金、信息等生产要素的跨界流动，溢出效应成为影响区域发展的重要因素。外商直接投资和进出口水平是区域贸易开放程度的重要衡量因素，知识流、信息流和技术流的时空流通速率则取决于区域"硬设施"及"软设施"对外开放程度。本章采用实际利用外资占GDP比例和进出口总额占GDP比例表征对外投资及贸易开放水平，采用航空客运量占总人口比例和国际互联网用户数衡量区域对外人口流动和信息传递效率。

共享发展方面：就业、医疗、教育、基础设施建设等公共服务是城市及城市群所承担的重要社会职能，更是逐步缩小区域差距、提升发展成果共享水平、推动城市群高质量发展的重要途径。从全民共享、共建共享、全面共享等方面选取具体指标，本章使用每万人拥有医生数衡量医疗水平，以医疗水平为代表反映社会公共服务的生活服务保障状况；采用铁路客运量和公路客运量占总人口比例反映交通基础设施建设和运输发展状况；采用人均全社会固定资产投资额衡量区城市共建共享水平；并采用人均城乡居民储蓄年末余额衡量全民共享程度。

本章从城市发展质量的内涵出发，在遵循系统性、层次性、高代表性、数据可得性以及城市群间和城市群内城市的可对比性等原则的前提下，基于城市群高质量发展理念，借鉴前人相关研究成果，从创新发展、协调发展、绿色发展、开放发展、共享发展5个维度共选取25个具体指标对黄河流域7个城市群的高质量发展水平展开定量测度（表18-3），以期客观、全面、真实地反映城市发展的实际水平。

表 18-3 城市群高质量发展评价指标体系

目标层	准则层	指标层	指标单位
城市群高质量 发展指数	U_1 创新发展	U_{11} 全社会研发投入占 GDP 比例	%
		U_{12} 万人专利授权量	个
		U_{13} 万人专利申请受理量	个
		U_{14} 万人高等学校在校学生数	人
	U_2 协调发展	U_{21} 城乡收入比	*
		U_{22} 人口城镇化水平	%
		U_{23} 非农产业产值占比	%
		U_{24} 人均 GDP	万元 / 人
		U_{25} 人均财政总收入	万元 / 人
	U_3 绿色发展	U_{31} 城镇生活污水处理率	%
		U_{32} 垃圾无害化处理率	%
		U_{33} 工业固体废物综合利用率	%
		U_{34} 万元工业总产值废水排放量	吨
		U_{35} 万元工业总产值二氧化硫排放量	吨
		U_{36} 万元工业总产值烟尘排放量	吨
		U_{37} 建成区绿化覆盖率	%
	U_4 开放发展	U_{41} 实际利用外资占 GDP 比例	%
		U_{42} 进出口总额占 GDP 比例	%
		U_{43} 航空客运量占总人口比例	%
		U_{44} 国际互联网用户数	万户
	U_5 共享发展	U_{51} 每万人拥有医生数	人
		U_{52} 人均全社会固定资产投资额	万元
		U_{53} 铁路客运量占总人口比例	%
		U_{54} 公路客运量占总人口比例	%
		U_{55} 人均城乡居民储蓄年末余额	万元

注：城乡收入比 = 乡村人口人均可支配收入 / 城镇人口人均可支配收入

2. 评价方法

（1）数据预处理

由于数据的量纲数量级以及属性各有不同，首先采用"最大－最小"值方式对正向指标与负向指标进行标准化处理。正向指标与负向指标无量纲化

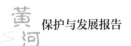

公式分别如下。

正向指标计算方法：$X_{ij}= (X_{ij} - \min X_j) / (\max X_j - \min X_j)$

负向指标计算方法：$X_{ij} = (\max X_j - X_{ij}) / (\max X_j - \min X_j)$

式中，X_{ij} 和 X_{ij} 分别为标准化后和标准化前第 i 个城市第 j 项指标值。

（2）熵值法赋权

本章采用赋权更为客观的改进熵值法对城市群发展质量进行评价，熵值法是一种根据各项指标观测值所提供的信息量的大小来确定指标权重系数的方法。一个系统的有序程度越高，信息熵越大；反之，信息熵就越小（王红等，2012）。熵值法的原理是根据各指标的变异程度计算出各指标的熵权，从而得出较为客观的指标权重，具体计算方式如下。

第一，构建原始指标数据矩阵：有 m 个区域，n 项评价指标，形成原始指标数据矩阵 $\mathbf{X}= \{x_{ij}\}m \times n$（$0 \leq i \leq m, 0 \leq j \leq n$），$x_{ij}$ 为第 i 个区域第 j 项指标的指标值。

第二，计算第 i 个年份的第 j 项指标占该指标所有年份的比例：

$$p_{ij} = \frac{x_{ij}}{\sum_{i=1}^{n} x_{ij}} , \quad i=1, \cdots, n; \quad j=1, \cdots, m$$

第三，计算第 j 项指标的熵值：

$$e_j = -k \sum_{i=1}^{n} p_{ij} \ln(p_{ij}), \quad k = 1 / \ln(n) > 0, \quad 满足 \ e_j \geq 0;$$

第四，计算信息熵的冗余度：

$$d_j = 1 - e_j$$

第五，计算各项指标的权重：

$$w_j = \frac{d_j}{\sum_{j=1}^{m} d_j}$$

第六，计算各年份的综合得分：

$$s_i = \sum_{j=1}^{m} w_j \cdot p_{ij}$$

3. 数据来源

本章选取的样本是黄河流域 7 个城市群及其所涵盖的各地级市，各指标数据主要来自《中国统计年鉴 2017》、《中国城市统计年鉴 2017》、2017 年相关各省和地级市统计年鉴，部分指标来自科学技术部网站、国家统计局网站以及各城市 2016 年社会经济统计公报等。

4. 指标权重

根据熵值法的计算步骤，对上文选取的各项指标进行处理，分别计算出城市群和内部城市高质量发展相应指标的信息熵、冗余度及权重（表 18-4、表 18-5）。从城市群高质量发展评价指标的权重来看，开放、协调和创新发展指数的权重较高。从城市高质量发展的二级指标的权重来看，开放发展指数和创新发展指数权重最高，共享发展指数次之。综合来看，不管是城市群还是城市的高质量发展，开放和创新至关重要。由此可见，创新能力和开放程度是衡量发展质量的重要因素，开放程度决定了城市对外联系的紧密度和区域合作的参与度，创新能力是构成地区核心竞争力的关键所在，实现发展成果的共享是高质量发展的核心目标之一，绿色发展指数的权重尽管不高，但作为实现区域可持续发展的重要保障之一，对城市群和城市发展质量的影响不容忽视。

表 18-4　城市群高质量发展评价指标的权重

目标层	准则层	权重	指标层	信息熵	冗余度	权重
城市群高质量发展指数	创新发展	0.2109	全社会研发投入占 GDP 比例	0.4011	0.5989	0.1167
			万人专利授权量	0.8158	0.1842	0.0359
			万人专利申请受理量	0.8592	0.1408	0.0274
			万人高等学校在校学生数	0.8412	0.1588	0.0309
	协调发展	0.2227	城乡收入比	0.7770	0.2230	0.0435
			人口城镇化水平	0.8690	0.1310	0.0255
			非农产业产值占比	0.8604	0.1396	0.0272
			人均 GDP	0.6351	0.3649	0.0711
			人均财政总收入	0.7154	0.2846	0.0554

目标层	准则层	权重	指标层	信息熵	冗余度	权重
城市群高质量发展指数	绿色发展	0.1569	城镇生活污水处理率 %	0.9171	0.0829	0.0161
			垃圾无害化处理率	0.8152	0.1848	0.0359
			工业固体废物综合利用率	0.9159	0.0841	0.0164
			万元工业总产值废水排放量	0.9115	0.0885	0.0173
			万元工业 GDP 二氧化硫排放量	0.8886	0.1114	0.0217
			万元工业总产值烟尘排放量	0.8398	0.1602	0.0312
			建成区绿化覆盖率	0.9059	0.0941	0.0183
	开放发展	0.2309	实际利用外资占 GDP 比例	0.8223	0.1777	0.0346
			进出口总额占 GDP 比例	0.4834	0.5166	0.1007
			航空客运量占总人口比例	0.8606	0.1394	0.0272
			国际互联网用户数	0.6491	0.3509	0.0684
	共享发展	0.1786	每万人拥有医生数	0.7444	0.2556	0.0499
			人均全社会固定资产投资额	0.7234	0.2766	0.0539
			铁路客运量占总人口比例	0.8852	0.1148	0.0224
			公路客运量占总人口比例	0.8415	0.1585	0.0309
			人均城乡居民储蓄年末余额	0.8895	0.1105	0.0215

表 18-5　城市群内部城市高质量发展评价指标的权重

目标层	准则层	权重	指标层	信息熵	冗余度	权重
城市高质量发展指数	创新发展	0.2983	全社会研发投入占 GDP 比例	0.7663	0.2337	0.1001
			万人专利授权量	0.8629	0.1371	0.0587
			万人专利申请受理量	0.8768	0.1232	0.0528
			万人高等学校在校学生数	0.7977	0.2023	0.0867
	协调发展	0.1136	城乡收入比	0.9590	0.0410	0.0176
			人口城镇化水平	0.9599	0.0401	0.0172
			非农产业产值占比	0.9858	0.0142	0.0061
			人均 GDP	0.9305	0.0695	0.0298
			人均财政总收入	0.8995	0.1005	0.0429

续表

目标层	准则层	权重	指标层	信息熵	冗余度	权重
城市高质量发展指数	绿色发展	0.0284	城镇生活污水处理率 %	0.9908	0.0092	0.0039
			垃圾无害化处理率	0.9850	0.0150	0.0064
			工业固体废物综合利用率	0.9904	0.0096	0.0041
			万元工业总产值废水排放量	0.9949	0.0051	0.0022
			万元工业 GDP 二氧化硫排放量	0.9933	0.0067	0.0029
			万元工业总产值烟尘排放量	0.9929	0.0071	0.0031
			建成区绿化覆盖率	0.9866	0.0134	0.0058
	开放发展	0.3314	实际利用外资占 GDP 比例	0.8887	0.1112	0.0477
			进出口总额占 GDP 比例	0.8329	0.1671	0.0716
			航空客运量占总人口比例	0.6291	0.3709	0.1589
			国际互联网用户数	0.8758	0.1242	0.0532
	共享发展	0.2283	每万人拥有医生数	0.9652	0.0348	0.0149
			人均全社会固定资产投资额	0.9523	0.0477	0.0205
			铁路客运量占总人口比例	0.7311	0.2689	0.1152
			公路客运量占总人口比例	0.8867	0.1133	0.0486
			人均城乡居民储蓄年末余额	0.9322	0.0678	0.0291

二、黄河流域城市群高质量发展综合评价结果

对黄河流域城市群高质量发展水平进行综合评价发现，总体上呈现黄河中下游城市群高质量发展指数高于黄河中上游城市群，但中部地区的中原城市群和晋中城市群呈现"中部塌陷"格局；而城市群内部城市的高质量发展指数呈现明显的"中心－外围"格局，核心城市的高质量发展指数明显高于外围城市。

1. 城市群尺度高质量发展指数综合评价结果

黄河流域城市群高质量发展综合水平的区域差异较大，发展水平的空间不均衡性显著。2016 年黄河流域城市群高质量发展指数得分排名从高到

低依次是：山东半岛城市群、关中平原城市群、呼包鄂榆城市群、中原城市群、宁夏沿黄城市群、晋中城市群、兰西城市群。发展质量最高的山东半岛城市群与发展质量最低的兰西城市群的评价得分相差约 0.199，差距较大（图 18-1、表 18-6）。总体上看，沿黄河干流由沿海向内陆，城市群高质量发展指数得分梯度层级分化明显，但也看到中原城市群和晋中城市群的高质量发展指数低于东部的山东半岛城市群和西部的关中平原和呼包鄂榆城市群，呈现出"中部塌陷"格局。

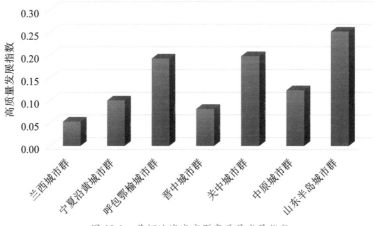

图 18-1　黄河流域城市群高质量发展指数

表 18-6　2016 年黄河流域各城市群高质量发展和各维度指数及排名

城市群	高质量发展指数		创新发展指数		协调发展指数		绿色发展指数		开放发展指数		共享发展指数	
	得分	排名	得分	排名	得分	排名	得分	排名	得分	排名	得分	排名
山东半岛城市群	0.2523	1	0.0302	2	0.0494	2	0.0353	1	0.1115	1	0.0258	4
中原城市群	0.1228	4	0.0158	3	0.0181	4	0.0318	2	0.0479	2	0.0092	6
关中城市群	0.1977	2	0.1183	1	0.0061	7	0.0204	5	0.0306	3	0.0224	5
晋中城市群	0.0813	6	0.0145	4	0.0179	5	0.0086	7	0.0134	5	0.0269	3
呼包鄂榆城市群	0.1925	3	0.0136	5	0.0820	1	0.0264	3	0.0147	4	0.0558	1

续表

城市群	高质量发展指数		创新发展指数		协调发展指数		绿色发展指数		开放发展指数		共享发展指数	
	得分	排名	得分	排名	得分	排名	得分	排名	得分	排名	得分	排名
宁夏沿黄城市群	0.1001	5	0.0078	7	0.0339	3	0.0251	4	0.0032	7	0.0302	2
兰西城市群	0.0533	7	0.0107	6	0.0153	6	0.0094	6	0.0096	6	0.0083	7

2. 城市群内部城市尺度高质量发展指数综合评价结果

黄河流域城市群内部各城市的高质量发展综合水平同样存在较大的区域差异，主要表现为两个特征。

一是高质量发展指数高的城市往往具有较高的城市等级和优越的城市区位。2016 年黄河流域城市群各城市的高质量发展指数得分最高的三个城市为西安、兰州和青岛。西安和兰州同为省会城市，拥有省会城市独有的行政管理优势，加上良好的经济基础和重要的区域交通枢纽地位，城市的社会经济生态等方面的综合发展水平较高；青岛市是副省级城市，山东半岛城市群的核心城市之一，经济实力雄厚，区位优势显著，发展质量较高且发展潜力巨大。排名前十的其余 7 个城市依次为郑州、呼和浩特、太原、济南、威海、西宁和银川。可以看出，城市综合发展质量最高的 10 个城市包括了 8 个省会城市，表明行政等级在城市管理、资源分配和发展条件等方面对城市的发展质量有着至关重要的影响。城市综合发展质量得分最低的 10 个城市为晋城、商洛、吴忠、白银、海东、平凉、海北、周口、定西和忻州，分别属于山西省、河南省、宁夏回族自治区、甘肃省、青海省，均为内陆地区，交通区位条件相对其他城市较差。

二是城市群内部各城市的高质量发展指数差异较大，均呈现出明显的"中心－外围"格局。从黄河流域城市群各城市的高质量发展指数上看（表 18-7），虽然总体上呈现出黄河下游城市得分总体偏高、黄河中上游城市得分总体偏低的空间差异，但这种差异并不明显。反而，城市群内部各城市的高质量发展指数得分差异明显，形成核心城市较高得分与周边城市较低得分的显著差异，关中平原城市群、呼包鄂榆城市群、中原城市群、晋中城市群和宁夏沿黄城市群这5个单核城市群呈现出从核心城市向外围城市得分显著降低的态势,而兰西城市群和山东半岛城市群2个双核城市群则表现出双核向外得分显著降低的态势。

表 18-7　2016 年黄河流域城市群各城市高质量发展及各维度指数及排名

城市群	城市	总得分	排名	创新得分	排名	协调得分	排名	绿色得分	排名	开放得分	排名	共享得分	排名
山东半岛城市群	济南	0.0342	7	0.0137	3	0.0029	12	0.0003	20	0.0155	6	0.0019	40
	青岛	0.0417	3	0.0098	8	0.0038	4	0.0003	23	0.0258	2	0.0020	38
	淄博	0.0116	26	0.0040	18	0.0028	13	0.0003	3	0.0030	29	0.0014	47
	枣庄	0.0076	45	0.0033	26	0.0016	24	0.0003	11	0.0014	50	0.0010	56
	东营	0.0147	20	0.0030	28	0.0040	3	0.0003	7	0.0053	16	0.0021	36
	烟台	0.0227	11	0.0038	24	0.0029	11	0.0003	13	0.0128	9	0.0029	25
	潍坊	0.0214	12	0.0074	11	0.0021	17	0.0003	17	0.0101	12	0.0015	46
	济宁	0.0191	14	0.0123	5	0.0019	20	0.0003	35	0.0033	24	0.0013	50
	威海	0.0288	8	0.0112	6	0.0034	8	0.0003	6	0.0109	11	0.0029	24
	日照	0.0153	19	0.0039	20	0.0018	22	0.0003	4	0.0072	15	0.0021	34
	泰安	0.0185	16	0.0124	4	0.0016	23	0.0003	2	0.0030	28	0.0012	53
	聊城	0.0066	51	0.0018	42	0.0015	31	0.0003	10	0.0022	34	0.0009	59
	莱芜	0.0082	39	0.0025	35	0.0016	28	0.0003	9	0.0029	30	0.0009	58
	德州	0.0087	34	0.0039	21	0.0016	28	0.0003	15	0.0020	37	0.0009	57
	滨州	0.0121	24	0.0046	16	0.0021	18	0.0003	45	0.0041	19	0.0011	54
	临沂	0.0165	17	0.0100	7	0.0011	42	0.0003	18	0.0045	18	0.0006	62
	菏泽	0.0067	50	0.0015	50	0.0011	43	0.0003	42	0.0031	26	0.0007	60
中原城市群	郑州	0.0413	4	0.0140	2	0.0035	7	0.0003	27	0.0138	8	0.0096	3
	开封	0.0081	40	0.0028	30	0.0011	41	0.0003	36	0.0014	49	0.0024	30
	洛阳	0.0154	18	0.0035	25	0.0016	25	0.0003	50	0.0078	13	0.0022	32
	许昌	0.0118	25	0.0064	13	0.0016	26	0.0003	19	0.0022	35	0.0014	49
	新乡	0.0122	23	0.0051	15	0.0012	37	0.0003	37	0.0028	32	0.0027	27
	焦作	0.0108	30	0.0043	17	0.0018	21	0.0003	51	0.0027	33	0.0017	43
	平顶山	0.0087	35	0.0030	27	0.0013	36	0.0003	14	0.0013	51	0.0028	26
	漯河	0.0111	27	0.0024	37	0.0013	33	0.0003	30	0.0034	23	0.0037	16
	济源	0.0106	31	0.0017	46	0.0023	16	0.0003	38	0.0046	17	0.0017	44
	鹤壁	0.0084	37	0.0017	47	0.0014	32	0.0003	34	0.0038	20	0.0012	52
	商丘	0.0066	52	0.0018	45	0.0004	60	0.0003	33	0.0016	41	0.0025	28
	周口	0.0043	60	0.0010	59	0.0004	61	0.0003	26	0.0019	38	0.0006	61
	晋城	0.0064	53	0.0013	53	0.0013	35	0.0003	29	0.0015	45	0.0021	35
	亳州	0.0076	44	0.0018	43	0.0006	53	0.0003	40	0.0031	27	0.0018	41

续表

城市群	城市	总得分	排名	创新得分	排名	协调得分	排名	绿色得分	排名	开放得分	排名	共享得分	排名
关中平原城市群	西安	0.0944	1	0.0425	1	0.0036	6	0.0003	5	0.0381	1	0.0099	2
	铜川	0.0088	32	0.0018	44	0.0013	34	0.0003	43	0.0010	55	0.0045	11
	宝鸡	0.0125	21	0.0029	29	0.0010	44	0.0003	39	0.0011	52	0.0073	5
	咸阳	0.0079	41	0.0028	31	0.0009	45	0.0003	32	0.0009	56	0.0030	23
	渭南	0.0072	48	0.0012	55	0.0006	54	0.0002	54	0.0015	44	0.0037	17
	商洛	0.0062	54	0.0024	36	0.0006	56	0.0002	58	0.0014	48	0.0016	45
	运城	0.0073	47	0.0014	51	0.0007	50	0.0003	16	0.0029	31	0.0021	37
	临汾	0.0074	38	0.0010	54	0.0008	48	0.0003	44	0.0015	42	0.0038	12
	天水	0.0068	49	0.0021	41	0.0007	51	0.0002	55	0.0014	47	0.0024	31
	平凉	0.0047	58	0.0011	57	0.0005	59	0.0003	28	0.0004	60	0.0024	29
	庆阳	0.0077	43	0.0038	22	0.0005	58	0.0002	57	0.0014	46	0.0018	42
晋中城市群	太原	0.0361	6	0.0078	10	0.0027	14	0.0003	48	0.0148	7	0.0106	1
	阳泉	0.0111	28	0.0027	34	0.0015	30	0.0001	61	0.0021	36	0.0047	10
	晋中	0.0108	29	0.0038	23	0.0011	39	0.0003	49	0.0017	39	0.0040	14
	忻州	0.0035	62	0.0010	60	0.0006	55	0.0002	53	0.0006	58	0.0011	55
	长治	0.0084	36	0.0015	49	0.0012	38	0.0003	22	0.0032	25	0.0022	33
	临汾	0.0082	38	0.0012	54	0.0008	48	0.0003	44	0.0015	42	0.0044	12
呼包鄂榆城市群	呼和浩特	0.0380	5	0.0067	12	0.0030	10	0.0003	24	0.0227	4	0.0053	9
	包头	0.0186	15	0.0039	19	0.0037	5	0.0003	8	0.0038	21	0.0069	6
	鄂尔多斯	0.0203	13	0.0021	39	0.0067	1	0.0003	21	0.0076	14	0.0035	19
	榆林	0.0124	22	0.0022	38	0.0023	15	0.0003	31	0.0035	22	0.0041	13
兰西城市群	兰州	0.0450	2	0.0093	9	0.0041	2	0.0003	25	0.0232	3	0.0082	4
	西宁	0.0275	9	0.0028	32	0.0015	29	0.0003	47	0.0167	5	0.0062	7
	白银	0.0056	56	0.0021	40	0.0009	47	0.0002	60	0.0010	54	0.0014	48
	海东市	0.0052	57	0.0009	61	0.0005	57	0.0001	62	0.0006	59	0.0031	22
	定西	0.0036	61	0.0016	48	0.0002	62	0.0002	56	0.0003	61	0.0012	51
	海北	0.0045	59	0.0002	62	0.0007	52	0.0002	59	0.0001	62	0.0034	20
宁夏沿黄城市群	银川	0.0261	10	0.0058	14	0.0031	9	0.0003	1	0.0112	10	0.0056	8
	石嘴山	0.0077	42	0.0012	56	0.0019	19	0.0003	46	0.0007	57	0.0036	18
	吴忠	0.0058	55	0.0013	52	0.0011	40	0.0003	12	0.0010	53	0.0019	39
	中卫	0.0087	33	0.0027	33	0.0009	46	0.0003	41	0.0016	40	0.0032	21

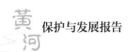

三、黄河流域城市群高质量发展分项评价结果

对黄河流域城市群高质量发展进行分项评价发现，创新发展指数和开放发展指数总体上呈现黄河中下游的城市群高于黄河中上游的城市群；协调发展指数和绿色发展指数则表现出分段层级性，山东半岛城市群和呼包鄂榆城市群成为黄河流域中的 2 个相对高值城市群；而共享发展指数的高值区域发生在黄河中游。对城市群内部城市的高质量发展分项评价发现，其也呈现明显的"中心－外围"格局，多数城市群核心城市的发展指数明显高于外围城市。

1. 创新发展指数评价结果

2016 年黄河流域城市群创新发展指数得分排序从高到低依次为关中平原城市群、山东半岛城市群、中原城市群、晋中城市群、呼包鄂榆城市群、兰西城市群、宁夏沿黄城市群（图 18-2）。创新发展指数空间分异情况与综合指数结果较为相近，黄河中下游的关中平原城市群、山东半岛城市群和中原城市群分列前三，扮演了黄河流域创新高地的角色，黄河中上游的其他 4 个城市群科技创新能力相对较差。

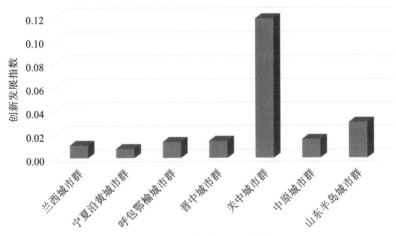

图 18-2　黄河流域城市群创新发展指数

2016 年黄河流域城市群各城市创新发展指数得分前十位的城市从高到低依次为西安、郑州、济南、泰安、济宁、威海、临沂、青岛、兰州、太原

（表 18-7）。可见，山东半岛城市群的城市创新发展指数普遍较高，前十位有 6 个城市属于山东半岛城市群，但却没有城市进入前两名之列；关中平原城市群的西安和中原城市群的郑州，城市创新指数分别居第一和第二位，表现出较强的创新实力。前十位中有 5 个是省会城市，表明省会城市的科研人才储备、科技经费支出和科技成果产出较多，科研环境优越，创新平台层次较高，使得这些城市具有较高的创新发展水平。

2. 协调发展指数评价结果

2016 年黄河流域城市群协调发展指数得分排序从高到低依次为呼包鄂榆城市群、山东半岛城市群、宁夏沿黄城市群、中原城市群、晋中城市群、兰西城市群、关中平原城市群（图 18-3）。协调发展指数与综合指数的空间分异情况相比存在一定的差异，协调发展指数得分沿黄河干流由沿海向内陆的梯度层级分化趋势明显弱化。呼包鄂榆城市群在协调发展水平方面的优势显著，该城市群的人口城镇化水平、人均 GDP、人均财政总收入和非农产业产值占比这 4 项指标均居 7 个城市群首位，因而其协调发展水平的评价得分最高。山东半岛城市群次之，宁夏沿黄城市群跻身前三，而兰西城市群和关中平原城市群的协调发展质量相对较低。

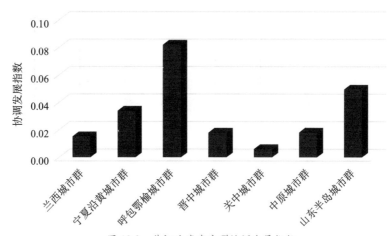

图 18-3 黄河流域城市群协调发展指数

2016 年黄河流域城市群的城市协调发展指数得分前十的城市：鄂尔多斯、兰州、东营、青岛、包头、西安、郑州、威海、银川、呼和浩特（表 18-7）。

271

呼包鄂榆城市群、山东半岛城市群及宁夏沿黄城市群的协调发展水平最高且内部城市间的差别较小，中原城市群、晋中城市群、兰西城市群和关中平原城市群内部城市协调发展水平的差异性相对明显，省会城市的优势较为突出，而外围城市的发展水平普遍较低。

3. 绿色发展指数评价结果

2016 年黄河流域城市群绿色发展指数得分从高到低排序依次为山东半岛城市群、中原城市群、呼包鄂榆城市群、宁夏沿黄城市群、关中平原城市群、兰西城市群、晋中城市群（图 18-4）。城市群绿色发展水平与综合发展质量的空间格局非常相似，黄河下游城市群的绿色发展质量明显好于中上游。晋中城市群作为我国重要的能源重化工基地，投资不足、创新能力不强、跨越式转型困难等问题仍然是制约绿色发展的主要障碍，资源型城市发展面临的环境污染问题依然严峻，因此绿色发展指数得分最低。位于黄河流域上游的兰西城市群，生态环境比较脆弱，整体经济社会发展水平相对较低，在绿色发展方面还有待提升。

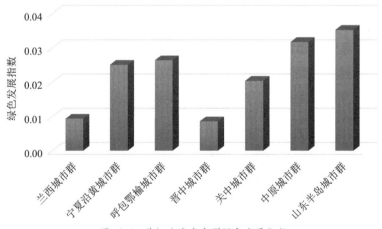

图 18-4　黄河流域城市群绿色发展指数

2016 年黄河流域城市群的城市绿色发展指数得分排名前十位的城市为银川、泰安、淄博、日照、西安、威海、东营、包头、莱芜、聊城（表 18-7）。位于首位的银川绿色发展的优势突出，其以建设西北地区"最适宜居住、最适宜创业"的现代化区域中心城市为目标，以塞上湖城、回族风情、西夏古都为特色，城市风貌和宜居程度有了显著提升。除西安和包头外，其余城市均属于绿色发展水平最高的山东半岛城市群。可以看出，相比其他几大维度而言，绿色发展水平的评价结果在城市群内部的空间不均衡性相对较弱。

4. 开放发展指数评价结果

2016 年黄河流域城市群开放发展指数得分从高到低排序依次为山东半岛城市群、中原城市群、关中平原城市群、呼包鄂榆城市群、晋中城市群、兰西城市群、宁夏沿黄城市群。由图 18-5 可见，开放发展指数由沿海向内陆的空间递减规律明显，黄河下游的山东半岛城市群和中原城市群开放水平最高，交通内外通达度高，远居内陆黄河中上游的兰西城市群和宁夏沿黄城市群的开放程度最低，这体现了临海区位优势在提升区域开放发展水平中的关键作用。除区位优势外，地区开放发展离不交通设施的支撑，山东半岛城市群在交通基础设施建设上投入大量资金，拥有高密度和高质量的高速公路网。

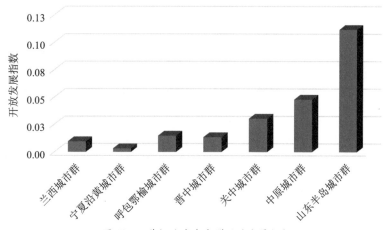

图 18-5　黄河流域城市群开放发展指数

2016 年黄河流域城市群的城市开放发展指数得分排名前十位的城市为西安、青岛、兰州、呼和浩特、西宁、济南、太原、郑州、烟台、银川。由表 18-7 可以看出，在城市群内部，省会城市往往承担着区域核心交通枢纽的职能，如兰州、西安、郑州等，这些城市往往是重大铁路干线的交汇处，交通基础设施的规模等级较高，常分布有较高等级的国际机场。西安虽然深居内陆，但作为丝绸之路经济带的"新起点"和"桥头堡"，其对外开放水平是黄河流域所有城市中最高的。位居第二的青岛虽然不是省会城市，但其凭借着优越的沿海区位优势成为山东半岛城市群的门户城市，人口流动的速度快，进出口贸易发达，对外联系的广度和强度远大于其他城市，能够极大地吸引外来资本的投入。

5. 共享发展指数评价结果

2016年黄河流域城市群共享发展指数得分从高到低排序依次为呼包鄂榆城市群、宁夏沿黄城市群、晋中城市群、山东半岛城市群、关中平原城市群、中原城市群、兰西城市群（图18-6）。与综合发展质量的空间分异结果不同，呼包鄂榆城市群、宁夏沿黄城市群和晋中城市群这三大黄河中游城市群的共享发展水平较高，兰西城市群的共享发展指数最低。

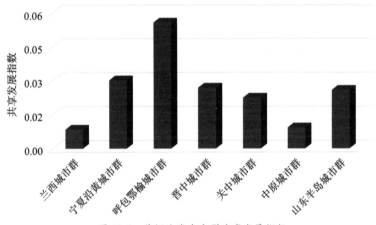

图18-6　黄河流域城市群共享发展指数

2016年黄河流域城市群的城市共享发展指数得分排名前十位的城市为太原、西安、郑州、兰州、宝鸡、包头、西宁、银川、呼和浩特、阳泉。由表18-7可以看出，城市群内部城市的共享发展水平空间分异比较明显，省会城市的优势地位十分突出，这表明发展成果依然集中于少数的大城市，中心城市的辐射范围有限。山东半岛城市群内部城市的共享程度有待提高。

四、黄河流域城市群高质量发展评价总结

本章以黄河流域 7 个城市群及其内部 62 个地级市为研究对象，从创新发展、协调发展、绿色发展、开放发展、共享发展五个维度对城市群和城市的高质量发展进行了综合和分项评价，通过对比分析，得到以下几点结论。

第一，城市群及其城市的高质量发展水平区域差异较大。山东半岛城市群的发展质量整体较高，内部差异性相对较小；关中平原城市群次之，但其内部城市的发展基础差异较大，其中西安作为区域核心城市的地位十分突出；呼包鄂榆城市群、中原城市群和宁夏沿黄城市群的综合发展质量水平居中；晋中城市群和兰西城市群的整体发展质量低且区域内部的差异较大。总体而言，黄河中下游的城市群高质量发展水平高于黄河中上游的城市群，城市群核心城市的高质量发展水平高于其他城市。

第二，城市群及其城市的高质量发展水平呈现出明显的层级结构。第一层级为发展质量最高的山东半岛城市群，其综合评价指数、绿色发展指数和开放发展指数均位列首位；呼包鄂榆城市群、中原城市群和关中平原城市群这三大城市群的发展质量中等，构成发展水平的第二层级；第三层级包括宁夏沿黄城市群、晋中城市群、兰西城市群，其发展质量较低，各项指标得分均相对落后。

第三，创新、协调、绿色、开放和共享发展指数的空间分异格局不同。综合排名第二的关中平原城市群其协调发展指数仅排名第七（表 18-6），综合发展水平、创新发展水平和开放发展水平均较高的青岛协调发展和共享发展水平均未进入前十（表 18-8），这表明城市群和城市的发展质量在各维度间存在一定的差异。总体上看，创新发展指数和开放发展指数总体上呈现黄河中下游的城市群高于黄河中上游的城市群；协调发展指数和绿色发展指数则表现出分段层级性，山东半岛城市群和呼包鄂榆城市群成为黄河流域的 2 个相对高值城市群；而共享发展指数的高值区域发生在黄河中游的呼包鄂榆城市群。

表 18-8　黄河流域城市群内部城市高质量发展评价前十名

排序	综合评价指数	创新发展指数	协调发展指数	绿色发展指数	开放发展指数	共享发展指数
1	西安	西安	鄂尔多斯	银川	西安	太原
2	兰州	郑州	兰州	泰安	青岛	西安
3	青岛	济南	东营	淄博	兰州	郑州
4	郑州	泰安	青岛	日照	呼和浩特	兰州
5	呼和浩特	济宁	包头	西安	西宁	宝鸡
6	太原	威海	西安	威海	济南	包头
7	济南	临沂	郑州	东营	太原	西宁
8	威海	青岛	威海	包头	郑州	银川
9	西宁	兰州	银川	莱芜	烟台	呼和浩特
10	银川	太原	呼和浩特	聊城	银川	阳泉

第四，城市群内部城市高质量发展水平总体呈现"中心－外围"格局。城市群内部各城市的高质量发展指数得分差异明显，核心城市的高质量发展指数明显高于外围城市，形成核心城市较高得分与周边城市较低得分的显著差异，关中平原城市群、呼包鄂榆城市群、中原城市群、晋中城市群和宁夏沿黄城市群这4个单核城市群呈现出从核心城市向外围城市得分显著降低的态势，而兰西城市群和山东半岛城市群这2个双核城市群则表现出双核向外得分显著降低的态势。

第五，城市高质量发展水平与所处黄河河段关系并不密切，与城市层级和区位关系密切。高质量发展指数高的城市往往具有较高的城市等级和优越的城市区位，行政等级在城市管理、资源分配和发展条件等方面对城市的发展质量有着至关重要的影响，城市区位对城市的发展潜力起着决定性作用。由评价结果（表18-8）可知，发展指数排名前十的城市大多为省会城市，省会城市拥有独有的行政管理优势，加上良好的经济基础和重要的区域交通枢纽地位，社会经济生态等方面的综合发展水平较高。

第六，城市群高质量发展评价还有待进一步深入研究。城市群高质量发展水平的测度评价是一项复杂的系统工程，指标体系庞大且筛选难度高，且目前学界并没有统一的评价标准可供参考，另外，数据的可获得性也成为制约评价结果科学性的重要影响因素。本章基于现有的统计数据并参考前人相关研究构建了黄河流域城市群高质量发展水平的评价指标体系，以期尽可能全面客观地反映各城市群及其内部城市的发展状况，但是该评价指标体系依然存在许多待完善之处，数据也有待进一步补充，以更加客观地展现城市群高质量发展水平。

第三节　黄河流域城市群高质量发展的战略方向

遵循高质量发展理念，基于对黄河流域城市群高质量发展的评价结果（表 18-6），按照发挥优势和弥补短板的思路，结合各城市群发展现状、问题和发展定位（表 18-9），针对性提出每个城市群未来高质量发展的战略方向和思路，为城市群制定高质量发展战略措施提供参考。

表 18-9　黄河流域各城市群在发展规划中的定位

城市群名称	发展定位
山东半岛城市群	我国北方重要开放门户、京津冀和长三角重点联动区、国家蓝色经济示范区和高效生态经济区、环渤海地区重要增长极
中原城市群	经济发展新增长极、重要的先进制造业和现代服务业基地、中西部地区创新创业先行区、内陆地区双向开放新高地、绿色生态发展示范区
关中平原城市群	向西开放的战略支点、引领西北地区发展的重要增长极、以军民融合为特色的国家创新高地、传承中华文化的世界级旅游目的地、内陆生态文明建设先行区
晋中城市群	资源型经济转型示范区，全国重要的能源、原材料、煤化工、装备制造业和文化旅游业基地
呼包鄂榆城市群	全国高端能源化工基地、向北向西开放战略支点、西北地区生态文明合作共建区、民族地区城乡融合发展先行区
宁夏沿黄城市群	全国重要的能源化工、新材料基地，清真食品及穆斯林用品和特色农产品加工基地，区域性商贸物流中心
兰西城市群	维护国家生态安全的战略支撑、优化国土开发格局的重要平台、促进我国向西开放的重要支点、支撑西北地区发展的重要增长极

资料来源：山东半岛城市群发展定位见《山东半岛城市群发展规划（2016–2030 年）》，http://www.doc88.com/p-4502872183188.html；中原城市群发展定位见《中原城市群发展规划》，http://www.gov.cn/xinwen/2017–01/05/5156816/files/4e3c18bb7f2d4712b7264f379e7cb416.pdf；关中平原城市群发展定位见《关中平原城市群发展规划》，https://www.ndrc.gov.cn/xxgk/zcfb/ghwb/201802/W020190905497950286587.pdf；晋中城市群和宁夏沿黄城市群发展定位见《全国主体功能区规划》，http://www.gov.cn/zhengce/content/2011–06/08/content_1441.htm；呼包鄂榆城市群发展定位见《呼包鄂榆城市群发展规划》，http://www.gov.cn/xinwen/2018–03/07/5271788/files/d186cc88913b48039197494c40773021.pdf；兰西城市群发展定位见《兰西城市群发展规划》，http://www.haidong.gov.cn/files/201808031135274448.pdf

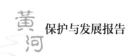

一、山东半岛城市群：推进资源共享，优化城市软环境

据表 18-6，山东半岛城市群的高质量发展综合水平位列 7 个城市群首位，其中，创新发展水平、协调发展水平、绿色发展水平、开放发展水平均较高，而共享发展水平相对较低。这表明山东半岛城市群的整体发展质量较高，但以社会公共服务为主的共享发展水平还有待提高。山东半岛城市群要建设成为我国北方重要开放门户、京津冀和长三角重点联动区、国家蓝色经济示范区和高效生态经济区、环渤海地区重要增长极，但若要实现高质量发展，还应提升其共享发展水平，建议未来发展重点推进中心城市医疗、教育、文化等优质公共服务资源的共享；增强周边地区承接产业转移的能力，从而推进城市群内产业、空间、人口的结构优化，将济南、青岛培育成有国际竞争力和影响力的城市，建设具有全球影响力的科技创新中心和对外文化交流中心，形成各城市层级有序、特色鲜明、优势互补的发展格局；优化城市软环境建设，营造良好的创新发展环境和法治化、国际化、便利化的企业营商环境，构建人与社会和谐共生的社会空间。

二、中原城市群：加快融合发展，增强核心圈辐射能力

据表 18-6，中原城市群的高质量发展综合得分在黄河流域 7 个城市群中排名第 4，绿色发展水平、开放发展水平较高，创新发展水平、协调发展水平中等，共享发展水平较低。郑州是中原城市群的核心城市，城市高质量发展水平远远领先于中原城市群其他城市。中原城市群内各城市应根据现有基础、发展态势对其功能定位和空间结构进行重构，全面提升中低等城市的发展质量，以此弥补中原城市群整体实力的欠缺；加快融合发展，推动与开封、新乡、许昌、焦作的融合一体化发展，强化辐射效应，发挥郑州作为核心城市的带动作用，增强中原城市群核心圈的辐射能力，带动周边城市联动发展。

三、关中平原城市群：注重统筹协调，发挥创新优势

据表 18-6，关中平原城市群的高质量发展综合得分在黄河流域 7 个城市群

中排名第2，仅次于山东半岛城市群。分项评价得分显示其创新优势突出，创新发展指数位居7个城市群的首位；开放发展水平相对较高，但协调发展、共享发展和绿色发展水平均较低。关中平原城市群地处西部经济较发达地区，省会城市西安的优势地位明显，经济实力强，社会发展水平高，但周边城市基础薄弱，西安对周边城市的辐射带动作用没有充分体现，使得关中平原城市群的整体发展质量低且城市之间的差异较大，城市高质量发展格局呈单核心极化效应。未来关中平原城市群的发展应当继续发挥创新高地的优势，加速汇聚全球创新资源和创新要素，加快科技成果向生产力转化，以科技创新为核心、产业创新为重点，构建现代化经济体系、产业体系和创新体系；另外，应重视培育周边城市的产业承接能力，发挥中心城市的辐射带动作用，提升区域协调发展水平。

四、晋中城市群：树立环保意识，实现绿色可持续发展

据表18-6，晋中城市群的高质量发展综合得分在黄河流域7个城市群中排名第6，分项评价中共享发展指数相对最好，排名第3；绿色发展指数最差，全流域得分最低，排名末位。晋中城市群是资源开发与加工并重的经济类型区，因此在发展经济的同时应当注重加强资源环境的保护，改变传统依靠资源环境消耗的粗放发展模式，实现原有的工矿城市可持续发展；大力发展绿色产业，引导培育新兴产业，构建科技含量高、资源消耗低、环境污染少的产业结构，培育新的经济增长点。良好的生态环境是城市群得以健康可持续发展的前提基础，更是城市群实现高质量发展的关键所在。晋中城市群内部的各个城市应当树立绿色发展意识，深入实施重大生态修复和保护工程，大力开展城市环境污染综合整治行动；依托丰富的文化特色底蕴和各具特色的地理风貌，推进历史文化名城、名镇、名村保护与建设，打造生态人文风光带，形成多层次、一体化的生态网络体系，促进城市群绿色发展，构建人与自然和谐共生的环境空间，实现生态环境质量与社会经济发展水平同步提升。

五、呼包鄂榆城市群：发挥地域特色，培育优势特色产业

据表18-6，呼包鄂榆城市群的高质量发展综合得分在黄河流域7个城市

群中排名第 3，分项评价中协调发展指数和共享发展指数的得分较高，均位列所有城市群的首位；创新发展指数相对较低，排名第 5。呼包鄂榆城市群的高质量发展水平较高，这源于呼包鄂榆城市群在协调和共享方面的成绩突出；但也要看到呼包鄂榆城市群创新能力不够高。虽然"呼包鄂经济圈"优势特色产业集聚，已形成一批全国驰名品牌和上市企业，发展潜力巨大，已经成为内蒙古自治区最重要的增长极，但地域品牌还没有得到本地科技创新能力的良好支撑，这也影响到城市群的发展动力。未来在进一步发挥地域产业特色的基础上，应当注重提升创新能力，激发地区产业经济的新活力。

六、宁夏沿黄城市群：整合内部资源，构建上游内陆开放带

据表 18-6，宁夏沿黄城市群的高质量发展综合得分在黄河流域 7 个城市群中排名第 5，分项评价中共享发展指数成绩最好，排名第 2；创新发展指数和开放发展指数成绩最低，都居末位；协调发展和共享发展的水平较高，绿色发展水平一般。宁夏沿黄城市群是我国西部地区自然资源丰富、向西开放条件优越、发展潜力巨大的城市群，但目前存在经济水平相对不强、资源环境承载力有限、内部城市间联系松散、首位城市作用不够突出、开放程度低、创新能力薄弱等一系列突出问题。未来发展中应注重培育创新能力和提升开放水平，一方面加强与周边城市群的交流合作，另一方面积极融入"丝绸之路经济带"建设，积极参与全球产业链和价值链。此外，还应加强城市群内部城市间的有机联系，完善城市间交通基础设施，发挥城市群集聚规模经济优势，全面提升城市群高质量发展水平。

七、兰西城市群：重视基础支撑，落实可持续发展原则

据表 18-6，兰西城市群的高质量发展综合得分在黄河流域 7 个城市群中排名末位，分项评价中各项得分都处于后两位，创新、协同、绿色和开放发展指数位列第 6，共享发展指数位列第 7。虽然兰西城市群高质量发展综合排名垫底，但也要看到 2 个核心城市兰州和西宁的高质量发展指数在 62 个城市中的排名均较高，兰州第 2，西宁第 9；而且在分项排名中 2 个城市排名都比

较靠前。可见兰西城市群的高质量发展格局内部差异巨大，核心城市对周边城市仍然以集聚和吸纳为主，核心城市对周边城市的辐射带动作用不强。受自然环境脆弱与经济基础薄弱等因素制约，兰西城市群的交通基础设施建设较为滞后，交通信息基础设施发展薄弱。也要看到在第二轮西部大开发和向西开放、建设"丝绸之路经济带"倡议的驱动下，兰西城市群面临前所未有的历史发展机遇。未来应当重视城市群高质量发展的基础支撑建设，积极参与共建"丝绸之路经济带"，提高对外开放水平，以开放促改革、促发展；提高基础设施和公共服务水平，提升公共治理质量，推进新型城镇化进程，全力保障和改善民生；在资源开发中贯彻落实可持续发展原则，推广循环经济理念。

　　综上所述，各大城市群应当增强流域思维，在黄河流域高质量发展的大背景下，根据本地现有的自然、经济、社会和环境等方面的现状特征和发展特点，结合国家政策和战略导向，优化产业、空间、生态结构，促进城市群内部城市及城市群之间的合理分工，不断强化核心城市的带动辐射与中心服务功能，积极构建各城市与核心城市之间、城市与城市之间、城市群与城市群之间的要素流通渠道，重点加强黄河流域上中下游重要城市群之间骨干网络的薄弱环节建设，突破区域协同发展的行政边界制约，促进不同城市、城市群之间的全方位合作，统筹城乡发展，进而全面提升城市群发展质量和发展水平，通过黄河流域城市群的高质量发展带动提升整个黄河流域的高质量发展。

参考文献

崔木花. 2015. 城市群发展质量的综合评价［J］. 统计与决策，（4）：61-64.
方创琳，鲍超，马海涛. 2016. 2016中国城市群发展报告［M］. 北京：科学出版社.
方创琳，关兴良. 2011. 中国城市群投入产出效率的综合测度与空间分异［J］. 地理学报，66（8）：1011-1022.
韩永文. 2019. 发挥城市群在经济高质量发展中的引领和辐射作用［J］. 全球化，（5）：8-12.
韩增林，刘天宝. 2009. 中国地级以上城市城市化质量特征及空间差异［J］. 地理研究，28（6）：1508-1515.
金凤君，刘鹤，许旭. 2011. 基于逆向重力模型的城市质量测算及其影响因子分析［J］. 地理科学进展，30（4）：485-490.

李笔戎. 1991. 黄河流域城市发展的历史、现状、问题及对策意见 [J]. 宁夏社会科学，
　（2）：24-30.

李磊，张贵祥. 2015. 京津冀城市群内城市发展质量 [J]. 经济地理，35（5）：61-64，8.

李明秋，郎学彬. 2011. 城市化质量的内涵及其评价指标体系的构建 [J]. 中国软科学，
　（12）：182-186.

李倩倩，刘怡君，牛文元. 2011. 城市空间形态和城市综合实力相关性研究 [J]. 中国人
　口·资源与环境，21（1）：13-19.

卢丽文，张毅，李小帆，等. 2014. 长江中游城市群发展质量评价研究 [J]. 长江流域资
　源与环境，23（10）：1337-1343.

吕拉昌，孙飞翔，黄茹. 2018. 基于创新的城市化——中国 270 个地级及以上城市数据的
　实证分析 [J]. 地理学报，73（10）：1910-1922.

苗长虹. 2007. 中国城市群发育与中原城市群发展研究 [M]. 北京：中国社会科学出版社.

苗长虹. 2012. 沿黄三城市群发展机制研究 [M]. 北京：科学出版社.

任保平，李禹墨. 2018. 新时代我国高质量发展评判体系的构建及其转型路径 [J]. 陕西
　师范大学学报（哲学社会科学版），47（3）：105-113.

任保平，文丰安. 2018. 新时代中国高质量发展的判断标准、决定因素与实现途径 [J].
　改革，（4）：5-16

沈玲媛，邓宏兵. 2008. 武汉城市圈和长株潭城市群城市发展质量比较研究 [J]. 地域研
　究与开发，27（6）：7-10.

谭俊涛，张平宇，李静. 2016. 中国区域创新绩效时空演变特征及其影响因素研究 [J].
　地理科学，36（1）：39-46.

王德利，方创琳，杨青山，等. 2010. 基于城市化质量的中国城市化发展速度判定分析 [J].
　地理科学，30（5）：643-650.

王红，石培基，魏伟，等. 2012. 城市群间及其内部城市的质量差异分析——以山东半
　岛、中原、关中城市群为例 [J]. 国土与自然资源研究，（6）：1-4.

杨兰桥. 2018. 推进我国城市群高质量发展研究 [J]. 中州学刊，（7）：21-25.

杨文，刘永功. 2015. 中国城市发展质量评价 [J]. 城市问题，（2）：2-7.

叶依广，周蕾. 2004. 长江三角洲各城市综合实力的主成分分析 [J]. 长江流域资源与环
　境，13（3）：197-202.

张震，刘雪梦. 2019. 新时代我国 15 个副省级城市经济高质量发展评价体系构建与测度 [J].
　经济问题探索，（6）：20-31.

朱龙杰，白先春. 2006. 基于 LOWA 算子的城市发展质量评价指标体系构建 [J]. 统计
　与决策，（12）：145-147.

Archibugi D. 1988. In search of a useful measure of technological innovation (to make
　economists happy without discontenting technologists) [J]. Technological Forecasting and
　Social Change, 35 (3): 253-277.

Basberg B L. 1982. Technological change in the Norwegian whaling industry: a case-study in the
　use of patent-statistics as a technology indicator [J]. Research Policy, 11 (3): 163-171.

第十九章
黄河流域综合交通体系
及高质量发展研究

第一节 黄河流域综合交通体系发展状况

近年来随着西部大开发战略、中部崛起战略、"一带一路"倡议等的实施，黄河经济带综合交通网络不断完善，但受自然环境、地形地质、经济社会基础、技术等多方面因素影响，目前还存在综合交通发展不平衡、不充分的问题（郭晗和任保平，2020；朱永明等，2021）。

黄河流域主要交通方式为高速公路、普速公路、高速铁路、航空（安树伟和李瑞鹏，2020）。本章主要收集了黄河流域各省区和地级市建成高速公路、"十三五"时期在建[①]高速公路、"十二五"时期建成[②]普速铁路、"十二五"结转[③]普速铁路、建成高速铁路、"十二五"结转高速公路等总长度，根据黄河流域各省区或地级市的区域面积，得出省域层面和地级市层面不同交通方式路网密度，以及综合路网密度，分析黄河流域综合交通体系发展状况。

---

① 本章中"在建"是指"十三五"即 2016～2020 年在建的道路。
② 本章中"建成"是指"十二五"期间建成的道路。
③ 本章中"十二五"结转是指"十二五"开工未建成的道路，转移至"十三五"（2016～2020 年）继续建设。

一、省域层面路网密度分析

本章采用 ArcGIS 软件对路网数据进行了处理，在此基础上计算了综合交通路网密度、高速公路路网密度、普速铁路路网密度、高速铁路路网密度。

省域层面综合交通路网密度由高到低分别为山东、河南、宁夏、山西、陕西、甘肃、内蒙古、青海；由于地势、地形、产业发展和人口流动等因素，黄河流域综合交通路网密度大致呈由西北向东南依次递增分布；由于宁夏省域面积小，交通路网发展相对较好，因此，综合交通路网密度相对较高。

省域层面高速公路路网密度由高到低分别为宁夏、山东、河南、陕西、山西、甘肃、内蒙古、青海；黄河流域高速公路路网密度大致由西北到东南依次递增；由于宁夏省域面积小，高速公路发展相对较好，高速公路路网密度相对最高。

省域层面普速铁路路网密度由高到低分别为山东、山西、河南、宁夏、陕西、内蒙古、甘肃、青海；黄河流域普速铁路网密度由西北向东南依次递增；山西省货物运输，以及山东省第二、第三产业发展等，促进了两省区普速铁路路网发展。

省域层面高速铁路路网密度由高到低分别为河南、山东、陕西、山西、宁夏、甘肃、内蒙古、青海；黄河流域高速铁路路网密度大致由西北到东南依次递增；河南省拥有郑州这一国家级交通枢纽，高速铁路路网发展相对完备，路网密度最高。

总体来看，中下游省区无论是综合交通路网密度，还是高速公路、普速铁路、高速铁路的路网密度，都相对较高。中下游省区不同交通方式路网密度相对差异大。

二、地级市层面路网密度分析

运用 ArcGIS 自然断裂带法，将地级市层面综合交通路网密度和不同交通方式的路网密度，均分为高、较高、中、低四个等级。

地级市层面综合交通路网密度高的城市包括漯河、郑州、济南、嘉峪关、西安、咸阳、太原、银川、渭南、济源、乌海、铜川、焦作、泰安；综合交通路网密度较高的城市包括德州、许昌、枣庄、青岛、兰州、商丘、日照、三门峡、新乡、平凉、平顶山、临沂、晋中、潍坊、淄博、烟台等25个城市；综合交通路网密度中等的城市包括吴忠、呼和浩特、汉中、中卫、南阳、周口、石嘴山、临汾、大同、天水、聊城、忻州、鹤壁、洛阳、安康、西宁、安阳、吕梁等28个城市；综合交通路网密度低的城市包括金昌、鄂尔多斯、东营、固原、乌兰察布、包头、白银、延安、陇南等23个城市；总的来说，黄河流域综合交通路网密度由西北到东南依次递增。

地级市层面高速公路路网密度高的城市包括银川、济源、济南、漯河、青岛、西安、咸阳、太原、郑州、焦作；高速公路路网密度较高的城市包括临沂、乌海、德州、商丘、朔州、渭南、铜川、许昌、菏泽、三门峡、周口、开封、日照、阳泉、兰州等27个城市；高速公路路网密度中等的城市包括聊城、石嘴山、临汾、呼和浩特、南阳、泰安、汉中、商洛、济宁、洛阳、枣庄、榆林、吕梁、驻马店、忻州、金昌、鹤壁、滨州、潍坊等36个城市；高速公路路网密度低的城市包括武威、淄博、鄂尔多斯、张掖、巴彦淖尔、包头、庆阳等17个城市。

地级市层面普速铁路路网密度高的城市包括漯河、嘉峪关、泰安、乌海、铜川、枣庄；普速铁路路网密度较高的城市包括淄博、济南、焦作、濮阳、新乡、渭南、日照、太原、晋中、平顶山、济宁、德州、兰州、青岛、临沂、济源、石嘴山、运城等35个城市；普速铁路路网密度中等的城市包括三门峡、中卫、洛阳、郑州、临汾、天水、安康、鄂尔多斯、吴忠、商丘、宝鸡、阳泉、晋城、西宁、银川等27个城市；普速铁路路网密度低的城市包括锡林郭勒盟、金昌、东营、固原、周口、陇南、海北藏族自治州等22个城市。

地级市层面高速铁路路网密度高的城市包括郑州；高速铁路路网密度较高的城市包括许昌、平凉、西安、嘉峪关、渭南、潍坊、济南、开封、漯河、咸阳、淄博、商丘、兰州、三门峡、鹤壁等15个城市；高速铁路路网密度中等的城市包括太原、枣庄、日照、德州、西宁、阳泉、烟台、威海、晋中、周口、临夏回族自治州、天水、银川、焦作、运城、新乡、大同、庆阳、济宁、平顶山、朔州、汉中、吴忠、泰安等38个城市；高速铁路路网密度低的城市包括忻州、信阳、包头、乌兰察布、滨州、酒泉、安康、海北藏族自治州、鄂尔多斯、甘南藏族自治州、乌海、濮阳、青岛、临沂、济源、石嘴山、聊城、吕梁、菏泽、长治、晋城、巴彦淖尔等36个城市。

地级市层面的综合交通及不同交通方式路网密度相对较高区域更偏向于中下游地区，但不同城市综合交通及不同交通方式路网密度相对差异较大。总体上看，青海、甘肃、内蒙古大部分区域，综合交通体系发展相对落后；河南、山东、山西、陕西、宁夏大部分区域，综合交通体系发展相对较好。

三、综合交通线路分析

根据对黄河流域交通路网的分析，发现黄河流域综合交通路网、高速公路路网、普速铁路路网和高速铁路路网呈现如下特点。

（1）黄河上中下游地区道路网络化程度差异大。上游路网稀疏，中下游路网稠密。普速铁路和高速公路网络密度大，高速铁路路网密度低。机场空间布局中，黄河流域现有民航机场数较少，密度较低，空间集聚效应不明显，呈东南多、西北少的分布状态。

（2）黄河中下游地区横向、纵向高速公路已形成相对完善的网络结构，上游区域网络化程度低。上游青海、甘肃、内蒙古大部分区域现有高速公路较少，尚未形成交通网络，中下游河南、山东、山西、陕西、宁夏省内已形成明显的高速公路路网，但省域间高速公路网络发展不足，还需进一步发展。

（3）黄河中下游地区横向、纵向普速铁路已形成相对完善的网络结构，上游区域网络化程度低。其中，山东、河南的绝大部分区域普速铁路路网较为密集，山西、陕西普速铁路路网已形成雏形，其他省区普速铁路均未形成相对明显的路网。

（4）连接黄河上中下游省区的高铁线路少；各省区内部高铁发育程度差异较大；郑州市作为国家级交通枢纽，联动发展河南省及周边省区高速铁路路网。所以高速铁路路网发展，除河南省形成较为完备的高速铁路路网外，陕西省和山东省也形成了高速铁路路网的雏形，其他大部分省区高速铁路发育程度较低，不具备形成高速铁路路网的能力。

第二节　黄河流域综合交通体系面临的问题

一、综合交通体系面临的问题

1. 综合交通网络密度整体偏低且空间布局不均

近年来，黄河流域各省市不断加强对交通基础设施的建设，完善网络结构，但目前综合交通发展不平衡、不充分，专业化和高等级交通设施不足，结构及布局不合理、资源配置不高等问题仍突出。相较于长江三角洲、京津冀和粤港澳大湾区等区域，黄河流域综合交通路网密度整体偏低，综合交通路网服务覆盖范围有限（姜长云等，2019）。省域、市域尺度下综合交通路网密度均差异较大，黄河中下游地区城市综合交通网络较为密集，但结构仍不成熟，一体化运输服务水平亟待提升（张月锐，1995）。中西部的青海省、甘肃省和内蒙古自治区西北部，路网密度及规模都有待提高，内部及跨区域交通衔接不足，直通型和大容量运输通道总体欠缺，难以形成网络结构（朱永明等，2021）；综合交通枢纽发展滞后，在服务和通达度上都难以满足需要；交通安全形势严峻，现代化的综合运输体系仍需完善。

2. 不同运输方式间的接驳便利度低

目前，黄河流域内不同交通运输方式之间还存在衔接不畅、接驳便利度低的问题（张晓东等，2016）。从跨区域不同运输方式间的衔接来看，黄河沿线的 8 个省区，共涉及多个局部化和碎片化的国家（跨）区域战略，区域之间缺少统一的综合交通规划设计与管理，同时，受各区域内部经济社会基础、自然地理环境、利益诉求和建设目标不同的影响，区域间交通通道建设缓慢、基础设施布局不对接、服务管理区域分割。特别是青海省、甘肃省和内蒙古自治区西北部，交通路线少，难以实现省际路网融合。从城市内部不同运输方式间的衔接来看，各类型交通运输分部门管制，公路、铁路、航空等各种交通方式的建设缺少统一整体的规划，公交站点位置和发车频率设置及火车站、高铁站、机场等交通枢纽之间交通通道设置协调度不高，接驳便利度有待提升。

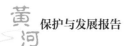

二、公路体系面临的问题

　　黄河流域上、中下游公路体系因建设现状不同，面临问题也不同。随着高速公路建设的迅速发展，黄河中、下游已建成以省会城市为中心，相对密集的高速公路交通体系，在促进区域经济快速发展的同时，对交通用地需求的增加也引起了用地紧张、植被覆盖退化、地表形态改变、噪声尾气污染等一系列环境问题，如何实现土地集约利用、建设生态和谐的绿色公路运输网络，是中、下游城市全面协调可持续发展的关键。上游的青海省、甘肃省西北部、内蒙古自治区西北部受自然环境、地形地质、经济社会基础、技术等多方面因素影响，现有的高速公路体系尚不能构成网络结构。青海省形成以西宁、德令哈为中心的高速公路体系，向内通达深度不够。甘肃省以兰州为中心的高速公路体系通达周边各市，但通至嘉峪关方向仅有连霍高速。内蒙古高速公路建设主要集中在呼和浩特、包头等东南部，西北部高速公路路线少。在保护生态环境的前提下，如何开展高速公路纵深建设，提高道路通达性和加大服务覆盖面是黄河上游3省（自治区）高速公路规划建设面临的严峻问题。

三、铁路体系面临的问题

　　受到自然地理环境、建设资金短缺等问题的影响，黄河流域铁路体系建设整体滞后。对于运输能力而言，上游煤炭、矿石等重要原材料资源丰富，铁路作为主要的运输方式，其线路数量少和运输能力不足弊端凸显；中下游普速铁路路网密度相对较高，高速铁路仅有河南省形成了米字形便捷的网络结构，但中下游地区人口稠密，空间转移需求量大，现有铁路交通网络并不能满足巨大的客运需求，尤其是节假日买票难、乘车难问题严重。对于建设地理环境而言，上游青海省、甘肃省和内蒙古自治区地理环境特殊，其海拔高、山脉纵横、生态脆弱且多冻土风沙，对铁路建设产生的阻力大。对于建设资金而言，铁路体系的建设需要巨量的资金支撑，仅依靠铁路企业自身有限积累和地方政府财政资金是难以弥补空缺的，因此，地方投融资渠道窄、范围小，限制了铁路体系的快速发展。

四、民航机场空间分布面临的问题

黄河流域现有民航机场空间分布主要存在总量少、布局不优、周边产业协同差等问题。上游机场空间布局分散，存在明显的"孤岛现象"，与公路、铁路等多种交通运输工具换乘不便，运营效率低，综合立体化交通难以实现，且开通航线和通达城市少，对外辐射和服务能力弱（王德荣和高月娥，2019）。增加重要航空城市节点、整合机场节点与公路网、铁路网进行统一规划，实现多种交通方式空间分布趋于"融合"，是上游区域民航机场建设的重点工作。与上游相比，中下游城市民航机场数量相对较多，空间布局较密集，但对于巨大的人口流动需求，仍显不足。提升中下游地区重要机场等级，优化航线结构，完善机场与其他交通方式之间的有效衔接，提升航空出行便捷性，是中下游地区机场建设运营的关键。

第三节　建议对策

一、加强综合交通运输通道的建设

加强综合交通运输通道的建设：①应加快国家级综合交通运输通道建设，打通与周边区域交通运输通道建设有关行政、制度等方面的瓶颈，推动黄河流域与长江流域"河江联动"发展，加快两大流域交通体系基础设施建设，鼓励黄河流域城市及地区向长江流域学习先进经验，深化在产业发展等方面的合作，打造"河江联动"的良好局面。②加强区域性综合交通运输通道建设。黄河流域各省区间的高速铁路、普速铁路和高速公路通达性差距较大，特别是高速铁路，除了河南已经形成米字形四通八达的高铁网络结构，其他省区高铁路网密度较低。今后应不断加强各省区交通运输交流合作，努力实现黄河流域交通一体化发展，积极加快南北向的京沪、京广、京九、焦枝－枝柳、宝成－成昆铁路线，以及东西向的陇海－兰新、北京至兰州通道和青岛至银川高铁通道建设，横向的青银和连霍高速线等综合交通通道基础设施建设，注重提升运输和资源配置效率，缩小各省区间交通发展差异。③加快地区性综合交通运输通道建设。黄河流域各省区内部综合交通路网密度还较低，且省区内地区差异较大，应不断发挥郑州、济南、西安、兰州、太原和包头等综合交通运输通道城市对周边地区经济社会发展的辐射带动作用，推动高速公路等交通运输方式省区内无缝衔接。

二、协调多种交通运输方式的联动发展

目前，黄河流域中下游省区已基本建成以铁路、公路、民航等多种交通方式协调发展的综合交通运输网络，但仍存在着各种运输方式发展不均衡等问题，如内河航运发展水平低，河南的周口港，与当地公路、铁路干线衔接存在一定问题，铁水联运遇到阻碍，另外黄河流域大部分民航机场基础设施建设落后，上游地区民航运输与铁路、公路运输联运实现较差，航线数量较少，中下游地区部分机场航线覆盖面较狭窄，与当地经济社会发展水平不相匹配。

内河航运在运量和成本等方面具有竞争优势，在区域综合交通运输体系建设中具有重要作用，历史上，黄河曾是我国水运经济大动脉，在水运方面具有重要地位。黄河流域煤炭、石油、天然气和矿产等资源丰富，有中国的"能源流域"之称，王繁等学者认为在黄河流域宜水区域发展内河航运，不仅能够解决黄河两岸交通问题，满足能源和工农业产业运输方面的需求，还能够实现区域铁水、公水联运，推动黄河流域"河陆联动"发展，并与公路、铁路和航空形成"水陆空"立体交通网络（程永华，2019）。今后应在部分适宜河段加强航运建设（王壹省等，2020），另外加强民航基础设施建设，实现多种交通运输方式联运发展，完善交通运输网络衔接。在综合交通体系建设中，还应充分利用山东省青岛市等多个城市优良港口优势及郑州航空港经济综合试验区核心带动作用。

三、加强交通枢纽城市建设

结合区域自然本底、人口规模、经济发展状况和产业布局等方面的因素，加强黄河流域交通枢纽城市的建设。①巩固郑州作为全国性综合交通枢纽的

战略地位。将郑州培育成为黄河流域的"龙头城市"，提升以航空、铁路为核心的国际物流通道地位，继续加快郑州市与沿海港口、其他大型交通枢纽的对接。完善以航空为引领、公铁货运集疏、高铁客运集疏为特征的综合枢纽体系，优化多种交通运输方式的衔接。②重点将济南、西安、银川、包头等城市打造成为区域性综合交通枢纽，加快建设当地高铁站、火车站和客运站交通枢纽，增强机场与高铁站、火车站和客运站的联系，推进综合性交通枢纽建设。③加快建设地区性综合交通运输枢纽。地区性综合交通运输枢纽主要为黄河流域其他的省辖市，地区性综合交通枢纽在黄河流域综合交通枢纽建设中起着承上启下的作用，在今后应主要加强火车站附近的客运站、公交站等配套基础设施建设，促进多种运输资源合理配置，实现多种交通方式"零换乘"。

四、建立完善的综合交通运输支持保障体系

完善的综合交通运输支持保障体系主要包括融资政策体系、信息技术服务系统和交通运输服务一体化等方面。①拓宽交通运输融资渠道。交通运输作为服务业，具有公益性和商业性双重性质，由于交通运输需要投入大量的资金、人才和技术等要素，需要获取政府和市场两方面支持，因此，建立完善的综合交通运输保障体系，首先要制定相应的交通运输融资政策，需要拓宽融资渠道，为建立综合交通运输体系提供资金支持。②提高交通运输的技术发展水平。黄河流域综合交通运输技术发展水平整体不高，今后要依托创新技术、提高信息服务质量等方法，以及不断学习发达区域的交通运输发展先进经验，并运用 GIS、GPS 等技术，推广智能交通技术，建立交通综合信息服务平台、大众出行和物流信息服务系统，提高黄河流域信息技术发展水平。③促进交通运输服务一体化。需建立统一的行政管理体制机制，优化管理方法，加强黄河流域交通整体规划，促进对流域交通运输路网统一指挥、信息资源共享，协作处理应急事件。另外，还应建立统一的运输市场，鼓励运输企业开展跨区域、行业交流合作，促进各种交通运输方式的有效衔接，以及交通运输发展的集约化、网络化经营。

参考文献

安树伟，李瑞鹏. 2020. 黄河流域高质量发展的内涵与推进方略［J］. 改革，（1）：76-86.

程永华. 2019-10-21. 振兴黄河航运正逢其时［N］. 中国水运报，第 007 版.

郭晗，任保平. 2020. 黄河流域高质量发展的空间治理：机理诠释与现实策略［J］. 改革，（4）：74-85.

姜长云，盛朝迅，张义博. 2019. 黄河流域产业转型升级与绿色发展研究［J］. 学术界，（11）：68-82.

王德荣，高月娥. 2019. "十四五"我国交通运输发展面临的机遇、挑战和政策建议［J］. 交通运输研究，5（6）：2-11.

王壹省，张华勤，周然. 2020. 新时推进黄河航运建设发展的思考［J］. 交通运输部管理干部学院学报，30（4）：18-20.

张晓东. 2016. 北京轨道交通与城市协调发展的思考与建议［J］. 城市规划，40（10）：81-85.

张月锐. 1995. 建立综合交通运输体系促进黄河三角洲全面发展［J］. 地域研究与开发，（4）：27-30，98.

朱永明，杨姣姣，张水潮. 2021. 黄河流域高质量发展的关键影响因素分析［J］. 人民黄河，43（3）：1-5，17.

第二十章
黄河文化的历史意义与时代价值

　　黄河是中华民族的母亲河，根植于黄河流域的黄河文化是中华文明中最
具代表性、最具影响力的主体文化。2019 年 9 月 18 日，习近平总书记在郑州
主持召开黄河流域生态保护和高质量发展座谈会，会上明确指出，"黄河文化
是中华文明的重要组成部分，是中华民族的根和魂。要推进黄河文化遗产的
系统保护，守好老祖宗留给我们的宝贵遗产。要深入挖掘黄河文化蕴含的时
代价值，讲好'黄河故事'，延续历史文脉，坚定文化自信，为实现中华民族
伟大复兴的中国梦凝聚精神力量"。[①]准确认识黄河文化的历史意义，阐明其
时代价值，是有效保护传承弘扬黄河文化的前提和基础。

第一节　黄河文化是中华文明的"根"和源头

　　从"根"上讲，黄河流域是中华民族先民早期最主要的活动地域，也是
中国早期文化形态的主要诞生地，是中华文明的发祥地。在旧石器时代，黄
河流域就出现了山西西侯度猿人、陕西蓝田猿人、大荔猿人、山西襄汾丁村
早期智人、内蒙古乌审旗大沟湾晚期智人的活动（李玉洁，2008）。在新石

---

① 习近平在黄河流域生态保护和高质量发展座谈会上的讲话，http://www.gov.cn/xinwen/2019-10/
15/content_5440023.htm，2020-06-17。

器时代，黄河流域就形成了马家窑文化、齐家文化、裴李岗文化、老官台文化、仰韶文化、龙山文化、大汶口文化等（李民和史道祥，1994；范毓周，2013）。这些区域文化是黄河文化发展伊始的主要形态，也是中华文明的起点。作为中华民族共认的人文初祖炎黄二帝，其历史舞台就在黄河流域；在夏代之前的万邦时代，颛顼尧舜禹部落联盟也形成于黄河流域。进入文明社会以后，黄河流域先后兴起了夏、商、周文化；从春秋战国到秦汉王朝大一统时代，黄河流域经历了秦文化、三晋文化、齐鲁文化等多元并立和多元一体的文化融合发展阶段，形成了黄河文化完整的文化体系（安作璋和王克奇，1992）。在随后历经千年的王朝发展过程中，黄河文化作为一种主体文化不断吸收北方游牧文化，并向江淮流域和珠江流域持续进行文化输出，同时，融合其他地域文化，最终形成了以黄河文化为核心、多元一体的文化体系——中华文明（安作璋和王克奇，1992）。中华文明形成与发展的历程表明，黄河流域在中华民族形成过程中发挥着关键的凝聚作用，黄河文化是中华文明最重要的直根系。

第二节　黄河文化是中华民族"魂"之所附

黄河文化是中华文明发展演变的主轴，具有"魂"的作用。在唐宋以前，黄河流域一直是中国政治、经济和文化中心，黄河流域以其先进的农业经济为基础，用自身先进的文化形态、深厚的文化内涵和强大的传统习俗力量，对各个少数民族产生了巨大的感召力和同化力。在唐宋以后，中国经济重心南移，但黄河流域一直居于王朝统治的核心地位。尽管黄河流域面临着长江流域的强大经济优势和北方游牧文化在政治作用下的持续输入，但黄河文化仍以其开放和包容的姿态，将自身融入一个更大范围的中华文明之中，并通过文化交流不断吸收和融合其他地域文化，引领了华夏文明的发展，积累和传承了丰富的中华民族集体记忆。在生产生活技术方面，象征着古代先进物质文明的农耕技术、天文历法、数理算术、传统医药、灌溉工程、四大发明等均产生于此，并向全国乃至全球扩散，对后世影响深远。在制度文化方面，以农耕经济为基础的宗法制度、政治制度、社会治理理念、历史习俗等延续至今，对现代文明的影响依然可见。在精神文化方面，中国历史上的炎黄始祖传说、诸子百家思想、宗教信仰、伦理观念等均诞生于此并影响至今，成为中华文明的精髓，深刻影响着中华民族的民族心理与性格。黄河文化因此而成为华夏文明发展演变的主轴，也成为中华民族"魂"之所附。黄河文化内涵丰富多彩，其蕴涵着"天行健，君子以自强不息"的奋斗进取精神，孕育出了天人合一的自然伦理思想，崇尚"敬德保民"的人文精神，具备兼容并蓄的包容开放精神，蕴含着超越时空的"仁、义、礼、智、信"、"大同"、"和合"的道德精神。几千年来，黄河文化绵延不绝，与时俱进，不断地发生创造性转化和创新性发展，最终塑造了独特的中国文化精神。中国语言文字和农耕文明、商业文明的肇造，古代元典思想和政治制度的建构，重大科技发明和中医药的重大发现，都烙下黄河文化的印记。因此，黄河文化是中华民族的民族心理和集体记忆的核心源头，是"魂"之所附。

第三节　黄河文化蕴含重要时代价值

黄河文化蕴含的精神内涵具有重要的时代价值，对中华民族的伟大复兴具有重要意义，这体现了保护、传承和弘扬黄河文化的必要性。

一、黄河文化是增强中华民族文化自信的重要载体

坚定文化自信，能够为中华民族实现伟大复兴提供精神力量。黄河文化经久不息、历久弥新，在中国乃至世界文明的浩瀚星空中留下了浓墨重彩的印记，是增强中华民族文化自信的重要载体。在农耕文明时期，黄河流域是中华民族的发源地，是几千年历史长河中中华民族最主要的政治、经济、社会、军事、文化活动中心。这里诞生了璀璨绚丽的物质文明和精神文明，构成了中华文明的主要组成部分，并且长期领先于世界科技文化发展水平。同时，黄河文化也通过贸易、文化交流、政治外交等扩散至中东、印度、欧洲、

日本及朝鲜半岛等地，丝绸、茶叶、瓷器等农业及手工业产品和先进的生产技术（如四大发明等）、文化艺术等也从这里走向世界，至今对世界发展产生重要影响。唐宋时期的都城长安和东京汴梁成为当时全球范围内最发达的国际性大都市，其形成的城市文明对世界文明影响深远。在近现代时期，黄河流域的陕甘宁边区是中国抵御侵略和解放战争的战略决策中心，对中国近现代发展历程影响深远。黄河文化以其博大深厚的文化内涵深刻影响着中国近现代的革命事业，同时，创造性地吸收马克思主义思想，在实践中发展出了红色文化、爱国主义及生态文明等新的文化内涵，这为黄河文化乃至中华文明增添了新的内容。从古代到近现代，黄河流域长期居于中华民族的政治、经济和文化活动中心，黄河文化经久不息，是世界上唯一未曾中断的文明，彰显了其在华夏文明中的主体地位、在世界历史上的巨大影响力、在历史长河中历久弥新的顽强生命力和巨大创造力。保护传承弘扬黄河文化，有利于增强中华民族的文化自信，为中华民族的伟大复兴提供精神力量。

二、黄河文化是弘扬传统文化精神与社会主义核心价值观的核心载体

文化自信需要价值的引领。黄河文化培育了中华民族优秀的道德品质和民族精神、高尚的民族气节和民族情感，"和而不同"的思想理念，"仁、义、礼、智、信"的修身准则，"富贵不能淫，贫贱不能移，威武不能屈"的民族气节，"精忠报国"的爱国思想，铁面无私的正义公正精神，"忠于职守，克己奉公"的爱岗敬业精神等，是新时代社会主义核心价值观的深厚滋养与历史渊源。深入挖掘黄河文化蕴含的伟大民族精神和价值观，将黄河文化蕴含的民族精神，转化为国民的情感认同和行为习惯，对于培养担当民族复兴大任的时代新人、提高全社会的文明程度、弘扬社会主义核心价值观具有重要意义。

三、黄河文化为我国新时代生态文明建设提供历史经验与集体智慧

黄河文化是一种农耕文化，是中华民族先民在与自然的和谐相处中创造的

物质与精神文明，蕴含着"天人合一"的自然伦理观。农耕生活讲究天时、地利，顺应自然规律，黄河流域先民们在漫长的生产生活实践中总结了和谐的三才观、趋时避害的农时观、主观能动的物地观、变废为宝的循环观、御欲尚俭的节用观等，这都体现黄河文化天地人和的思想，"应时、取宜、守则、和谐"是其主要内涵，强调要把天地人统一起来，按照大自然规律活动，取之有时，用之有度。这与习近平总书记提出的生态文明思想高度统一。习近平总书记指出："自然是生命之母，人与自然是生命共同体，人类必须敬畏自然、尊重自然、顺应自然、保护自然。"保护自然就是保护人类，建设生态文明就是造福人类（中共中央宣传部，2019）。生态文明建设是关系中华民族永续发展的根本大计，当前在人地关系矛盾突出的时代背景下，黄河文化为新时代生态文明建设提供了历史经验和集体智慧，有助于文明在历史与现实交汇中探寻人地关系和谐发展的根本途径。

四、黄河文化是增强民族认同感和维系国家统一的精神文化支柱

黄河文化蕴含"同根同源"的民族心理和"大一统"的主流意识，是增强民族认同感、维系我国国家统一和民族团结的精神文化支柱。黄河流域是华夏民族形成的主要地域，这里诞生了关于伏羲及炎黄二帝等华夏始祖的传说，并流传至今，缔造成中华儿女根深蒂固的根亲观念。"万姓同根，万宗同源"成为中华民族的民族心理，黄河流域成为海内外中华儿女共同向往的根脉之地。在尧舜禹时代，黄河流域水害频发，受水灾影响的部落逐渐聚集于适宜农桑的地域，原始封闭的氏族逐渐联合形成部落联盟以共同应对水害，这些部落联盟的诞生催生了系统化的部落管理需求，并造就了多位部落联盟领袖（王飞，1989），中华民族大一统的主流意识正是萌发于这种黄河泛滥的逆境之中。秦王朝在统一六国后，建立了以黄河流域为政治中心的首个统一的、多民族中央集权的国家，实行"车同轨，书同文，行同伦"，进一步消除地域差异和解决社会矛盾，以追求国家长治久安（杨梓，2019）。秦王朝尽管二世而亡，却缔造了中华民族追求大一统、大融合的民族文化。在随后的王朝更替过程中，中华大地也曾出现四分五裂的发展阶段，但最终都走向统一，实现大一统的国家形态，华夏文明才得以延续。不仅如此，中央王朝的疆土

版图大多还以黄河流域的中原地区为中心向周边地区不断拓展，并通过人口迁徙、贸易和文化交流等将大一统的价值理念向周边地域扩散，走向一统和融合已成为中华大地上共同的追求与信仰。中华民族历经数千年而传承至今的"同根同源"的民族心理和"大一统、大融合"的主流意识，是我国增强民族认同感、维系国家统一和民族团结的精神文化支柱，尤其是在当前国际环境复杂多变的背景下，黄河文化为实现中华民族的伟大复兴和国家统一提供了精神层面的伟大力量。

五、黄河文化可为中国对外开放和构建人类命运共同体提供历史经验

黄河文化是在与北方、西部、南方少数民族的频繁互动及与亚洲、欧洲和非洲各国的文化交流中逐渐形成的。在早期中国，得益于黄河流域优良的气候、土壤等地理条件，黄河流域社会经济发展在全国乃至全球长期处于领先地位，黄河流域长期处于中国政治经济文化的核心地带，中国对外经济联系、文化交流、政治外交也主要兴起和发展于这一地区。早在汉朝（西汉、东汉），中央政权就曾派遣张骞、甘英等出使西域，开辟从长安（今西安）经甘肃、新疆，到中亚、西亚，并连接地中海各国的陆上通道，建立起中原王朝与西亚和欧洲的政治、贸易等联系。这条通道也成为古代中国与西方所有政治经济文化往来的主要通道，即丝绸之路。在隋唐时期，丝绸之路交往进入繁荣鼎盛时期，经济贸易往来频繁，对外文化交往极为活跃，日本、新罗、天竺等国家派遣大量使节、留学生等来华进行文化政治交流。中央机构还设置"四方馆"以专门管理对外贸易，制定对外国商人的优惠政策。在宋朝时，中国对外开放走向巅峰，高度重视对外贸易等。尽管北方少数民族政权的崛起阻断了陆上丝绸之路，但宋政权依旧在宋辽、宋夏开设互市榷场，互通有无，联系经济文化，陆上丝绸之路的起点城市向东延伸至北宋都城汴京。宋政权还大力发展海上贸易，也欢迎远人来华定居，在北宋汴京设有犹太人聚居点。在对外开放与交流过程中，黄河文化不仅扩大了自身影响力，还不断从其他地域和民族文化中汲取营养，从而形成了具有开放、包容气质的中华文明。习近平总书记提出"文明因交流而多彩，文明因互鉴而丰富"。黄河流

域与周边国家及地区的交流交融，为构建人类命运共同体提供了历史范本；包容开放的黄河文化，为新时代中国全方位开放发展集聚了可资借鉴的历史智慧。

参考文献

安作璋，王克奇. 1992. 黄河文化与中华文明［J］. 文史哲，（4）：3-13.

范毓周. 2013. 从考古资料看黄河文明的形成历程——兼论中原地区文化的地位与作用［J］. 黄河与可持续发展，（1）：15-20.

李民，史道祥. 1994. 黄河文化的历史价值［J］. 郑州大学学报（哲学社会科学版），（6）：5-11.

李玉洁. 2008. 黄河流域农耕文化述论［J］. 黄河文明与可持续发展，（1）：81-90.

王飞. 1989. 论黄河流域在中华文明起源中的地位——兼谈夏王朝建立的契因［J］. 中国人民大学学报，（3）：95-102.

杨梓. 2019. 试析"中华民族共同体意识"［J］. 宁夏师范学院学报，40（8）：103-108.

中共中央宣传部. 2019. 习近平新时代中国特色社会主义思想学习纲要［M］. 北京：学习出版社，人民日报出版社：167.

第二十一章
黄河流域历史文化资源的现状特征

第一节　非物质文化遗产资源

　　非物质文化遗产是指各种以非物质形态存在的与群众生活密切相关、世代相承的传统文化表现形式（吴清等，2015）。千百年来，黄河在中华大地上奔流不息，其流域面积广大，生活的民族众多，不同地域、不同民族的居民在此繁衍生息，创造并传承着异彩纷呈的各类文化遗产，造就了一条以黄河为纽带的多元文化带。黄河流域现存大量宝贵的非物质文化遗产，是黄河流域文化遗产的重要组成部分，也是其精髓所在，是黄河文化带的重要构成要素。

一、黄河流域非物质文化遗产资源数量多，在全国占有重要地位

　　从非物质文化遗产总量来看，截至 2021 年 1 月，中华人民共和国国务院先后批准五批共 1577 项国家级非物质文化遗产；其中位于黄河流域各省（自治区）（不含四川省）的共计 565 项，占全国总量的 36.29%，远大于黄河沿岸沿线八省区国土面积占中国陆地国土面积的比例（26.6%）（表 21-1）。从具体的非物质文化遗产类型来看，黄河流域各省（自治区）民间文学类非物质文化遗产有 65 项，民间音乐类 83 项，民间舞蹈类 45 项，传统戏剧类 84 项，

曲艺类 46 项，传统体育、游艺与杂技类 37 项，民间美术类 58 项，传统手工技艺类 71 项，传统医药类 4 项，民俗类 72 项（表 21-1），大多数类型的非物质文化遗产在全国都居重要地位（图 21-1）。在这 10 类非物质文化遗产中，黄河流域有 3 类占全国的比例大于 40%，其中，传统戏剧占比最高（高达 49.12%），其次依次为民间音乐、民间美术，其占比分别为 43.92%、41.73%（图 21-1）。可见，不管是从总量上来看，还是就各类非物质文化遗产而言，黄河流域都占有重要地位。

表 21-1　全国及黄河流域国家级非物质文化遗产项目数量及类型结构

种类	黄河流域		全国总量	
	数量 / 个	比例 /%	数量 / 个	比例 /%
民间文学	65	11.50	167	10.73
民间音乐	83	14.69	189	12.14
民间舞蹈	45	7.96	144	9.25
传统戏剧	84	14.87	171	10.98
曲艺	46	8.14	145	9.31
传统体育、游艺与杂技	37	6.55	109	7.00
民间美术	58	10.27	139	8.93
传统手工技艺	71	12.57	287	18.43
传统医药	4	0.71	23	1.48
民俗	72	12.74	183	11.75
合计	565	100	1577	100

注：根据国务院发布的国家级非物质文化遗产名录整理（其中扩展名录未重复统计），具体参见中央人民政府网站发布的国发〔2006〕18 号、国发〔2008〕19 号、国发〔2011〕14 号、国发〔2014〕59 号、国发〔2021〕8 号文件

二、黄河流域国家级非物质文化遗产类型多样化，类型结构与全国非物质文化遗产趋于一致

黄河流域国家级非物质文化遗产类型齐全，所有非物质文化遗产在黄河流域均有分布。但各类遗产数量及其占非物质文化遗产总量的比重差异明

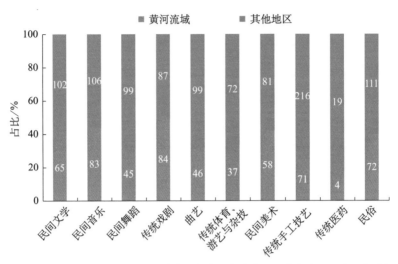

图 21-1　各类国家级非物质文化遗产的地域分布（黄河流域各省区及其他地区）

显，传统戏剧占比最高（14.87%），其次分别是民间音乐（14.69%）、民俗（12.74%）、传统手工技艺（12.57%），民间文学和民间美术类的比重也高达11.50% 和 10.27%（表 21-1），前述六类累计占比达 76.64%，与全国国家级非物质文化遗产的类型结构总体上趋同。如表 21-1 所示，全国非物质文化遗产的主导类型为传统手工技艺、民间音乐、民俗、传统戏剧和民间文学，其所占比重分别为 18.43%、12.14%、11.75%、10.98%、10.73%，前述几类遗产累计比重高达 64.03%。对比黄河流域与全国国家级非物质文化遗产类型结构，黄河流域与全国的国家级非物质文化遗产的主要类型大体一致，但主要遗产类型的占比和序位稍有差异。

三、黄河流域国家级非物质文化遗产主要分布在中下游省区，各省区遗产类型结构差异较大

如表 21-2 所示，国家级非物质文化遗产在黄河流域各省区均有分布，其中，山东省、山西省数量都在 100 以上，分布最少的省区为宁夏、甘肃，分别为 12 个、55 个。从流域地段来看，黄河流域中游省区国家级非物质文化遗产数量最多，总量为 234 个，占黄河流域的 41.42%；其次为下游各省，总量为 203 个，占黄河流域的 35.93%；上游仅有 128 个，仅占黄河流域的

22.65%。因此，黄河中游和下游各省区是黄河流域各省区非物质文化遗产的主要分布地区。

表 21-2　黄河流域国家级非物质文化遗产的流域及省域分布

省区		数量 / 个		占黄河流域比例 /%		占全国比例 /%	
		省区	流域	省区	流域	省区	流域
上游	青海省	61		10.80		3.92	
	甘肃省	55	128	9.73	22.65	3.53	8.22
	宁夏回族自治区	12		2.12		0.77	
中游	内蒙古自治区	66		11.68		4.24	
	山西省	109	234	19.29	41.42	7.00	15.03
	陕西省	59		10.44		3.79	
下游	河南省	83	203	14.69	35.93	5.33	13.04
	山东省	120		21.24		7.71	
黄河流域		565		100		36.29	
全国		1570				100.00	

注：根据国务院发布的国家级非物质文化遗产名录整理（其中扩展名录未重复统计），具体参见中央人民政府网站发布的国发〔2006〕18 号、国发〔2008〕19 号、国发〔2011〕14 号、国发〔2014〕59 号、国发〔2021〕8 号文件

此外，不同类型的国家级非物质文化遗产在各省区分布也存在空间差异，这也引起黄河流域国家级非物质文化遗产的类型结构在各省区间的分异。如图 21-2 所示，民间文学类国家级非物质文化遗产主要分布在山东、河南、山西和青海；民间音乐和民间舞蹈类遗产主要分布在少数民族地区，包括内蒙古、青海及甘肃，在陕西、河南和山东也有一定规模；传统戏剧和曲艺类非物质文化遗产主要分布在中下游省区，主要是山东、山西、陕西及河南几省区；传统体育、游艺与杂技类非物质文化遗产主要分布在山东、河南和内蒙古三省区，山西、陕西和宁夏也有少量分布，其他省区未有此类非物质文化遗产分布；民间美术与传统手工技艺类国家级非物质文化遗产空间分布格局趋同，都集中分布在山东、山西和河南，此外，青海省也有大量民间美术类非物质文化遗产分布，内蒙古自治区也分布着大量传统手工技艺类非物质文化遗产；传统医药类非物质文化遗产集中分布在宁夏、山西和内蒙古三省区，其他省区不存在此类国家级非物质文化遗产；民俗类非物质文化遗产主要分

布在山西、山东、内蒙古、青海及甘肃，其他省区分布较少。

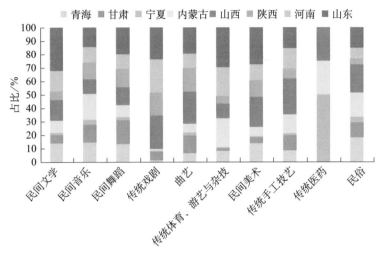

图 21-2　黄河流域各类国家级非物质文化遗产各省区分布态势

第二节　物质文化遗产资源（重点文物保护单位）

物质文化遗产又称"有形文化遗产"，主要包括历史文物、历史建筑、人类文化遗址等。中国是历史悠久的文明古国，拥有丰富的文化遗产资源，物质文化遗产是其中重要的组成部分。这些物质文化遗产是中华民族智慧的结晶，体现着中华民族的生命力和创造力，具有重要的历史价值。黄河流域现今仍保存着大量的物质文化遗产资源，这对于黄河流域的文化传承具有重要的作用。

一、黄河流域物质文化遗产资源丰富，在全国的地位突出

从物质文化遗产总量来看，截至 2019 年，我国共批复 5026 项国家级物质文化遗产，其中，黄河流域拥有 1804 项，占全国国家级物质文化遗产总量的比例为 35.89%，远高于黄河流域国土面积占中国陆地国土面积的比例。从不同类别的国家级物质文化遗产来看，黄河流域拥有的古遗址有 543 项，占

全国的比例在 40% 以上（图 21-3）；黄河流域拥有的古建筑及历史纪念建筑物有 861 项，占全国的比例约为 40%。此外，石窟及石刻和古墓葬在黄河流域的分布也较多，占全国的比例均在 30% 以上。由此可见，黄河流域国家级物质文化遗产总量和各类别的国家级物质文化遗产在全国均占据优势地位。

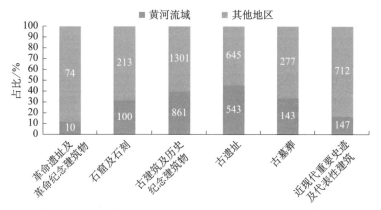

图 21-3　黄河流域各省（自治区）及其他地区各类国家级物质文化遗产数量及占比

二、黄河流域国家级物质文化遗产种类丰富，资源类型结构与全国趋同，以古建筑及历史纪念建筑物和古遗址类遗产资源为主

全国 6 种物质文化遗产类型在黄河流域均有分布，说明黄河流域物质文化遗产类型较为齐全（表 21-3）。其中，古建筑及历史纪念建筑物和古遗址两种遗产资源在黄河流域分布较多，分别为 861 和 543 项，占黄河流域国家级物质文化遗产总量的比例分别为 47.43% 和 30.10%，累计占比达到 77.53%。可见，黄河流域国家级物质文化遗产主要以古建筑及历史纪念建筑物和古遗址两种遗产为主。古墓葬、近现代重要史迹及代表性建筑、石窟及石刻、革命遗址及革命纪念建筑物在黄河流域也有分布，但规模相对较小，占黄河流域国家级物质文化遗产总量的比例均在 10% 以下。黄河流域国家级物质文化遗产类型结构与全国国家级物质文化遗产类型结构大体相似。如表 21-3 所示，古建筑及历史纪念建筑物和古遗址两种遗产占全国国家级物质文化遗产数量的比例也较高，累计占比达到 66.66%，说明全国国家级物质文化文化遗产以这两种类型的遗产资源为主。其他类型的遗产占全国的比例也相对较低。整体来看，黄河

流域的国家级物质文化遗产类型结构与全国国家级物质文化遗产类型结构基本趋同，以古建筑及历史纪念建筑物和古遗址类遗产资源为主。

表 21-3　全国及黄河流域国家级物质文化遗产项目数量及类型结构

遗产类型	黄河流域		全国总计	
	数量 / 个	占比 /%	数量 / 个	占比 /%
革命遗址及革命纪念建筑物	10	0.55	84	1.67
石窟及石刻	100	5.54	313	6.23
古建筑及历史纪念建筑物	861	47.73	2162	43.02
古遗址	543	30.10	1188	23.64
古墓葬	143	7.93	420	8.36
近现代重要史迹及代表性建筑	147	8.15	859	17.09
合计	1804	100	5026	100

三、黄河流域各类国家级物质文化遗产主要集中分布在中下游地区，各省的遗产类型结构存在明显差异

黄河流域中下游各省区拥有的国家级物质文化遗产数量较多，从图 21-4 来看，在几个主要物质文化遗产类型中，内蒙古、山西、陕西、河南、山东所占的份额均较大。革命遗址及革命纪念建筑物集中分布在山西、陕西、河南、山东四省区，其他省区则无此类物质文化遗产分布。石窟及石刻主要分布在山东、河南、山西、甘肃，黄河流域其他省区也有分布，但规模相对较小。山西和河南古建筑及历史纪念建筑物存量较大，其中，山西拥有量最多，占据优势地位，河南拥有量次之。古遗址和古墓葬主要分布在黄河流域中下游地区，但古遗址在黄河中下游各省区的分布差异明显，古墓葬在各省区的分布较为均匀，此外，甘肃也有一定规模的古遗址分布。近现代重要史迹及代表性建筑主要分布在山东、河南、陕西、山西，且各省区拥有此类物质文化遗产的规模相当，另外，内蒙古、宁夏、甘肃、青海拥有一定数量的近现代重要史迹及代表性建筑，但规模相对较小。总体来看，黄河流域物质文化遗产资源丰富，各类国家级物质文化资源主要集中分布在中下游各省区，且在省区之间的分布存在一定差异。

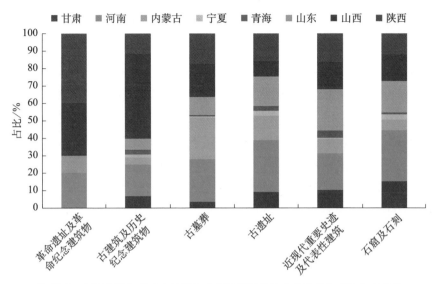

图 21-4　黄河流域各省（自治区）各类国家级物质文化遗产各省区分布态势

第三节　国家历史文化名城、名镇、名村

中国是拥有五千年文明历史的古国，深厚的文化底蕴孕育出众多的历史文化名城、名镇和名村，截至 2021 年 3 月中国共拥有 137 个国家历史文化名城、312 个国家级历史文化名镇、487 个国家级历史文化名村[①]。黄河流域是中华文化的发源地，分布着众多的历史文化名城、名镇和名村，目前有 36 个国家级历史文化名城，50 个国家级历史文化名镇，132 个国家级历史文化名村，占全国的比例分别为 26.28%、16.03%、27.10%。此外，在中国八大古都中，黄河流域分布着其中五座（开封、郑州、洛阳、安阳、西安）。这些历史文化名城、名镇、名村是黄河流域文化的重要载体，是黄河文化保护的重要对象，对黄河流域文化的传承具有重要作用。

国家历史文化名城多是古代政治、经济、文化中心或近代革命运动和重大历史事件发生地的重要城市，此类城市历史文物保存相对完整，具有重要

---

① 国家名城、名镇及名村数量根据住建部历次认定的数量汇总统计得到。

的历史文化价值。由表 21-4 可知，黄河流域拥有的历史文化名城为 36 个，其中上游、中游、下游拥有历史文化名城的数量分别为 6 个、13 个、17 个，占比分别为 16.67%、36.11%、47.22%（表 21-4）。可见，黄河流域下游各省区历史文化名城数量优势突出。此外，上游地区的甘肃和中游地区的山西和陕西三省区历史文化名城拥有量也相对较多，三省区的历史文化名城数量占黄河流域总量的比例分别为 11.11%、16.67%、16.67%。

国家历史文化名镇文物保存丰富，且具有重要的历史价值和纪念意义，能够较完整地反映一些历史时期传统风貌和地方民族特色。从省域层面来看，黄河流域国家级历史文化名镇主要分布在甘肃（8 个）、山西（15 个）、陕西（7 个）、河南（10 个），分别占黄河流域历史文化名镇总量的 16.00%、30.00%、14.00% 和 20.00%（表 21-4）。从各区域来看，黄河流域中游地区历史文化名镇分布较多，中游地区历史文化名镇占比为 54%，超过上游和下游地区的总和。

国家历史文化名村同国家历史文化名镇一样，都具有重要的历史价值和纪念意义。黄河流域各省区均分布着数量不等的国家级历史文化名村，其中，山西省数量最多（表 21-4）。山西省拥有国家级历史文化名村数量为 96 个，占黄河流域总量的 72.73%。除此之外，黄河流域下游地区的河南和山东拥有国家级历史文化名村数量相对较多，占黄河流域总量的比例分别为 6.82% 和 8.33%。黄河流域其他各省区虽有国家级历史文化名村分布，但规模相对较小，占黄河流域总量的比例均在 5% 以下。

表 21-4 黄河流域各省区拥有的国家级历史文化名城、名镇、名村汇总

省区	国家历史文化名城		国家历史文化名镇		国家历史文化名村	
	数量 / 个	占比 /%	数量 / 个	占比 /%	数量 / 个	占比 /%
青海	1	2.78	1	2.00	5	3.79
甘肃	4	11.11	8	16.00	5	3.79
宁夏	1	2.78	0	0.00	1	0.76
上游合计	6	16.67	9	18.00	11	8.33
内蒙古	1	2.78	5	10.00	2	1.52
山西	6	16.67	15	30.00	96	72.73
陕西	6	16.67	7	14.00	3	2.27
中游合计	13	36.11	27	54.00	101	76.52

续表

省区	国家历史文化名城		国家历史文化名镇		国家历史文化名村	
	数量 / 个	占比 /%	数量 / 个	占比 /%	数量 / 个	占比 /%
河南	8	22.22	10	20.00	9	6.82
山东	9	25.00	4	8.00	11	8.33
下游合计	17	47.22	14	28.00	20	15.15
黄河流域	36	100.00	50	100.00	132	100.00
全国	137	—	312	—	487	—

第四节　民族文化资源

黄河流域是历史上中国民族融合发生的主要地域，黄河中上游各省区也是主要的少数民族聚居区，在中下游各省区也分布着大量少数民族。相应地，黄河流域也分布着丰富多彩的民族文化资源，其中，尤以民族村寨、民俗节日等民族文化资源最为突出。

截至 2020 年，国家民族事务委员会共认定中国少数民族特色村寨 1057 个，其中，黄河流域拥有 117 个，所占比重为 11.07%。从各省区拥有的少数民族特色村寨的数量来看，内蒙古拥有量最多（43 个），占黄河流域总民族村寨的比例为 36.75%（表 21-5）；其次是黄河流域上游的三个省区——青海、甘肃、宁夏，其民族特色村寨数量分别为 20 个、17 个、20 个，占黄河流域少数民族村寨总量的比例分别为 17.09%、14.53%、17.09%。此外，陕西和河南也有民族村寨分布，但数量相对较少。总体而言，黄河流域中国少数民族特色村寨主要集中分布在内蒙古和黄河上游地区。

表 21-5　黄河流域各省（自治区）少数民族村寨分布情况

	省区	民族村寨 / 个	占比 /%
上游	青海	20	17.09
	甘肃	17	14.53
	宁夏	20	17.09

续表

	省区	民族村寨 / 个	占比 /%
中游	内蒙古	43	36.75
	山西	0	0.00
	陕西	11	9.40
下游	河南	6	5.13
	山东	0	0.00
	黄河流域合计	117	100.00

注：根据国家民族事务委员会认定的中国少数民族特色村寨名录整理

　　黄河流域少数民族众多，民俗资源种类丰富多样，且各省区民族节日、戏曲、服饰、饮食文化各具特色（表 21-6）。就民族节日而言，青海、山西、河南、山东民族节日种类繁多，较为丰富；甘肃、宁夏、内蒙古、陕西民族节日种类相对较少。在戏曲方面，黄河流域下游的河南和山东及中游的山西拥有丰富的戏曲文化资源，代表性戏曲品类达 10 类以上；黄河流域上游的青海、甘肃、宁夏及中游地区的陕西、内蒙古戏曲文化资源种类相对较少（具体种类名录见表 21-6）。在服饰方面，拥有独特民族服饰的省区主要是少数民族集中分布区，如青海、甘肃、宁夏、内蒙古。在饮食方面，宁夏和山东饮食种类相对较少，黄河流域其他省区饮食文化资源丰富（表 21-6）。总体来看，黄河流域民族文化资源丰富，具有较高的开发利用价值。

表 21-6　黄河流域省区各类民族文化资源汇总

	省区	民族节日	戏曲	服饰	饮食
上游	青海	土族波波会、热贡六月会、纳顿会、玉树赛马会、那达慕大会、青海湖祭海（共 6 个）	青海藏戏、青海平弦戏、青海灯影戏（共 3 个）	藏族服饰、土族服饰、撒拉族服饰（共 3 个）	酿皮、羊肠面、狗浇尿、筏子肉团、焜锅馍馍、青海尕面片（共 6 个）
	甘肃	乞巧节、太昊伏羲祭典、女娲祭典（共 3 个）	秦腔、曲子戏、陇剧、高山戏、通渭小曲戏（共 5 个）	蒙古族服饰、裕固族服饰（共 2 个）	静宁烧鸡、陇西腊肉、浆水面、糊锅、面皮子（共 5 个）
	宁夏	开斋节、古尔邦节、圣纪节（共 3 个）	秦腔（共 1 个）	回族服饰（共 1 个）	盖碗茶、馓子（共 2 个）

续表

省区		民族节日	戏曲	服饰	饮食
中游	内蒙古	祭敖包、成吉思汗祭典、那达慕（共3个）	巴林左旗皮影、二人台、晋剧（共3个）	蒙古族服饰、达斡尔族服饰、鄂温克族服饰（共3个）	奶皮子、内蒙古血肠、蒙古馅饼、蒙古奶茶、风干牛肉（共5个）
	陕西	黄帝陵祭典、炎帝祭典（共2个）	秦腔、汉调桄桄、汉调二黄、商洛花鼓、皮影戏、木偶戏、眉户、同州梆子（共8个）		臊子面、肉夹馍、Biáng biáng面、羊杂碎、陕西花馍、荞麦面饸饹（共6个）
	山西	春节、清明节、中秋节、重阳节、元宵节、灯会、庙会、祭祖习俗、洪洞走亲习俗、汉族传统婚俗、中和节（共8个）	晋剧、蒲州梆子、北路梆子、上党梆子、灵丘罗罗腔、碗碗腔、秧歌戏、道情戏、二人台、锣鼓杂戏、皮影戏、木偶戏、赛戏、上党落子、眉户（共15个）		刀削面、泡泡油糕、太原头脑、太原一窝酥、山西米面摊黄、大同百花烧麦、柳林碗团、大同羊杂、石头饼、浑源凉粉（共10个）
下游	河南	上蔡重阳习俗、新郑黄帝拜祖祭典、太昊伏羲祭典、马街书会、关公信俗、洛阳牡丹花会（共6个）	豫剧、宛梆、怀梆、大平调、越调、四平调、曲剧、皮影戏（罗山皮影戏）、皮影戏（桐柏皮影戏）、二夹弦、罗卷戏、二股弦、淮调、落腔（共16个）		鲤鱼三吃、清汤荷花莲蓬鸡、铁锅蛋、龙须糕、芙蓉海参、鲤鱼焙面、道口烧鸡、洛阳水席、观音堂牛肉、杏仁茶、长寿鱼、胡辣汤、桶子鸡（共12个）
	山东	祭孔大典、泰山石敢当习俗、胡集书会、渔民开洋和谢洋节、灯会（共5个）	大平调、柳子戏、四平调、柳琴戏、五音戏、茂腔、一勾勾、皮影戏、二夹弦、吕剧、柳腔、山东梆子（共13个）		济南菜、胶东菜（共2个）

注：主要根据各省区文化旅游部门等政府网站所载的资料得到

第二十二章
黄河流域历史文化资源时空演变：
以全国文物保护单位为例

第一节 引 言

　　黄河是中华民族的母亲河，她孕育了灿烂的黄河文化，留下了丰富的历史文化遗产，黄河文化在中华文化中占据重要地位，历史文化资源是文化的实体，从空间上对黄河流域的历史文化资源进行分析对历史文化资源的保护和开发具有重要意义。近年来，在生态文明建设和经济高质量发展的时代背景下，如何推动黄河流域的生态保护（韩艳利等，2016；袁巍，2011；郑明辉等，2012）、经济建设（白永平等，2003；覃成林和李敏纳，2010；王海江等，2017；丁志伟等，2019）和可持续发展（安祥生和张复明，2000）成为学者热议的话题。特别是习近平总书记在郑州主持召开黄河流域生态保护和高质量发展座谈会，提出黄河流域生态保护和高质量发展是重大国家战略。可见黄河流域的发展机遇前所未有，对黄河流域的历史文化资源进行分析有利于挖掘黄河流域文化价值，提升文化自信和文化软实力，促进黄河流域生态、经济和文化协同发展。

　　全国重点文物保护单位是国务院管理的文物行政部门，是我国对不可移动文物设定的最高文物保护级别，在中华文明中具有标志性地位。在我国复杂的自然与人文背景下孕育了具有地方特色的文化，重点文物保护单位属于不可移动文物，文物类型多样，能够代表地方历史文化特点。目前，我国学者对文物保护单位的研究集中体现在文物的保护上，从不同学科和视角，如从法律（王涛，2012；张松，2012），制度（刘玉珠，2017；李游，2016），规划（季宏等，2012；曹勇，2015），旅游（张杰和庞骏，2011），建筑学（刘抚英等，2017；林佳和张凤梧，2012）等方面展开研究，研究方法以案例研究（朱廷水，2018；曹勇，2015）和文献分析法（刘丽华等，2016）为主，也有以地理学为视角从不同尺度，如国家（奚雪松等，2013；余中元，2011）、区域（甘露，2014）、省级（林晓峰，2018；朱爱琴等，2016）、市级（李春炼和安佑志，2017）为尺度对文物保护单位的时空分布进行研究，未见以黄河流域作为研究区域。除前三批外，全国重点文物保护单位分古建筑及历史纪念建筑物、古墓葬、古遗址、近现代重要史迹及代表性建筑、石窟及石刻、其他等六类，黄河流域文物保护单位种类多样，历史悠久，具有很高的研究价值。本文以黄河流域文物保护单位为研究对象，利用空间分析方法对黄河流域的历史文化资源的时间和空间演变进行研究，以期对文物保护与开发和黄河经济带的文化建设提供思路和数据支撑。

第二节　研究方法与数据来源

一、研究区域空间界定

本章的研究区域为除四川省外黄河流经的各个省（自治区），但不包括内蒙古自治区的东四盟市。该区域是黄河经济带的空间范围，也属于黄河文化区（徐吉军，1999），包括以三秦文化、中州文化和齐鲁文化为主的黄河文化核心区，以及三晋文化、游牧文化和河湟文化为主的黄河文化亚区。

二、数据来源

全国重点文物保护单位属性数据来自国家文物局网站，由国务院核定并通知发布的全国重点文物保护单位，利用 Rstudio 通过百度 API 进行坐标逆转换，即通过名称获得坐标信息，并将百度坐标系转换为 WGS-84 坐标系。截至 2019 年 10 月 15 日，国务院共公布 8 个批次的全国重点文物保护单位，合计 5053 个[①]。全国重点文物保护单位被划分为六类，前三批与后五批类型略有差别，为保持一致性采用后五批的类型划分，包括古遗址、古建筑及历史纪念建筑物、古墓葬、石窟及石刻、近现代重要史迹及代表性建筑和其他，将前三类中的革命遗址及革命纪念建筑物归为近现代重要史迹及代表性建筑，石刻及其他拆分为石刻和其他两种，并将石刻和石窟寺归为石刻及石窟寺，其余保持不变。文物保护单位在空间上可以定为点状要素，由于长城、运河等跨度大，本文剔除这些大型线状要素，另外，有些文物历经多个朝代，本文按其产生的年代划分，最终确定研究区域内共有 1743 个全国重点文物保护单位。

三、研究方法

1.核密度分析法

核密度分析法是 ArcGIS 中对点数据分析常用的一种方法，可以确定和预测要素点分布的集聚区域。

$$K = \frac{1}{nh^2\pi} \sum_{i=1}^{n} k\left[\left(1 - \frac{(x-x_i)^2 + (y-y_i)^2}{h^2}\right)\right]^2$$

式中，K 表示核函数：$(x-x_i)^2+(y-y_i)^2$ 为点 $(x-x_i)$ 与点 $(y-y_i)$ 之间距离的平方和；n 为样本个数；h 为带宽。

2.全局自相关与局部自相关

全局自相关和局部自相关是探索空间数据分析常用的方法，用来解释空间变量的空间关联特征，判断要素空间集聚类型，并利用 p 值和 Z 得分进行验证。全局自相关利用全局莫兰指数（Moran's I）测度黄河流域的全国重点文物保护单位是否集聚与集聚趋势，Moran's $I > 0$ 表示空间呈正相关，

---

① 全国重点文物保护单位数据来自国家文物局网站，由国务院核定并通知公布。

Moran's $I < 0$ 表示空间呈负相关，Moran's $I = 0$ 表示空间呈随机性。局部自相关利用莫兰散点图和 Lisa 聚类地图来判断全国文物保护单位在地级市尺度上是否存在空间关联，莫兰散点图有四个象限，分别对应 HH 区（高高区，即自身和周围都是高值），LH 区（低高区，即自身是低值，周围是高值），LL 区（低低区，即自身和周围都是低值），HL 区（高低区，即自身是低值，周围是高值）。如果第一和第三象限的数量较多且通过显著性检验，说明该地区存在显著性的空间自相关（徐建华，2008）（图 22-1）。

3. 最邻近指数

最邻近距离是指地理空间中的点与相关要素点的邻近距离，最邻近指数的大小用于判断点的空间分布特征，分布特征有三种，分别为随机分布、均匀分布和集聚分布。

$$\bar{r}_E = \frac{1}{2\sqrt{n / A}} = \frac{1}{2\sqrt{D}}$$

$$R = \bar{r}_1 / \bar{r}_E = 2\sqrt{D_r}$$

式中，$\bar{r}_E$ 为均匀分布时的理论邻近距离；n 为样本个数；A 为区域总面积；R 为最邻近指数；$\bar{r}_1$ 为各点实际邻近距离的平均值。此外，$R=1$ 为均匀分布；$R>1$ 为随机分布；$R<1$ 为集聚分布；R 值越小，集聚程度越大。

4. 变异系数

变异系数用来测度不同时代各地级市或州文物保护单位数量的差异性，数值越大差异越明显，其计算公式如下：

$$C_v = \frac{1}{\bar{y}} \sqrt{\frac{1}{n-1} \sum_{i=1}^{n} (y_i - \bar{y})^2}$$

式中，C_v 为变异系数；n 为地级市和州的数量；y_i 为某年代该市全国重点文物保护单位的数量；$\bar{y}$ 为 y_i 的平均数。

第三节　文物保护单位时空演变特征

一、空间关联格局特征

统计各地级市的文物保护单位数量，在全局（黄河流域）和区域（地级市）两个尺度进行空间关联分析，结果如图 22-1 所示。Moran's $I = 0.3922 > 0$，表明黄河流域文物保护单位在分布上呈空间正相关，z 得分 $9.4693 > 2.58$，p 值为 0，表示文物保护单位在空间上存在集聚现象，且通过显著性检验。莫兰散点图中 HH 区和 LL 区共计 66 个，超过总数的 2/3，在散点图中表现出明显的集聚特征，存在很强的临近效应。显著 HH 区为洛阳市、平顶山市、焦作市、新乡市、渭南市、延安市、吕梁市、太原市、晋中市、临汾市、长治市、运城市和晋城市，跨越山西、河南和陕西三个文物大省区，主要集中分布在河南和山西交界的地区。HH 区的周围有 4 个 LH 区，表明文物保护单位不仅具有集聚效应，还有一定的极化效应。显著 LL 区位于青海省南部、甘肃省东南部和内蒙古西部，这些地区文物保护单位数量相对周边地区较少。甘肃省酒泉市为显著 HH 区，酒泉市曾是汉代河西四郡之一，是丝绸之路重镇，还是近代航空航天和核工业基地的摇篮，分布有较多的历史文化遗迹和近现代文物保护单位。

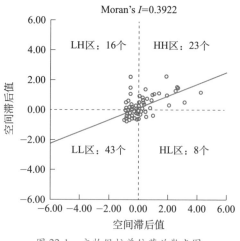

图 22-1　文物保护单位莫兰散点图

二、不同历史阶段文物保护单位变化特征

黄河文物保护单位历史时期跨度大，从旧石器时代至近现代历经多个时期和朝代，时间悠久，朝代更替，还出现过政权并立现象，因此，有必要对文物保护单位的阶段进行划分。李学勤和徐吉军（2003）依据文化的发展历程将黄河文化的发展阶段划分为史前、夏商周、东周、秦、汉、魏晋南北朝、隋唐、五代、北宋、辽夏金元、明清和近现代 12 个时期。本章在此基础上进行整合，将东周归为夏商周，秦朝和汉朝合并为秦汉，隋唐和五代合并为隋唐五代，最终将文物保护单位历经的时期划分为史前、夏商周、秦汉、魏晋南北朝、隋唐五代、北宋、辽夏金元、明清和近现代 9 个阶段。不同阶段文物保护单位的数量如表 22-1 和图 22-2 所示，各个阶段平均一百年内文物保护单位的数量变化如图 22-3 所示。

从表 22-1 和图 22-2 中可以看出，不同类型的文物保护单位数量随时间变化有一定的规律，从史前至明清，古遗址数量逐渐减少，古建筑数量逐渐增加，古墓葬和石窟及石刻数量整体上先增加后减少。史前和夏商周时期的古遗址较多，因为这两个阶段时间跨度长且距今时间久远，考古发现较多的古遗址。明清时期古建筑数量最多，辽夏金元次之。魏晋南北朝时期文物保护单位数量较少，该时期战火频仍，是朝代更替最频繁的时期，经济发展不景气，民不聊生，导致保留的文物保护单位最少，该时期佛、儒教开始合流，石窟寺打上了佛教的烙印，兴建石窟寺，所以该时期石窟及石刻数量最多。图 22-3 表明随着时间的推移，文物保护单位数量呈先增加后减少的趋势，在北宋和辽夏金元时期达到了顶峰，重点文物保护单位也主要集中在这两个时期。

表 22-1　不同阶段黄河流域不同类型文物保护单位分布

不同阶段	古遗址	古建筑	古墓葬	石窟及石刻	近现代重要史迹及代表性建筑	其他	总计
史前	216		1	4			221
夏商周	119	1	27	3			150
秦汉	62	8	48	6			124
魏晋南北朝	10	3	15	53			81

不同阶段	古遗址	古建筑	古墓葬	石窟及石刻	近现代重要史迹及代表性建筑	其他	总计
隋唐五代	29	59	22	17			127
北宋	29	121	11	20			181
辽夏金元	15	246	7	8		1	277
明清	4	399	14	5	18	1	441
近现代		1			140		141
总计	484	838	145	116	158	2	1743

资料来源：国家文物局网站，http://www.ncha.gov.cn/

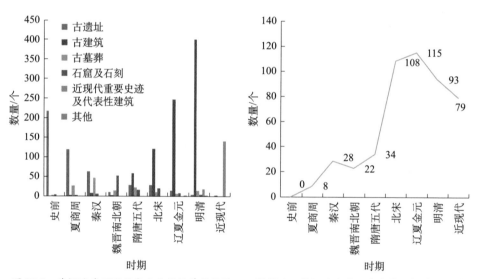

图 22-2　黄河流域不同时期文物保护单位数量　　图 22-3　黄河流域每百年文物保护单位数量

三、空间分布格局演变

　　统计不同历史时期各地级市文物保护单位的数量，计算其变异系数、邻近指数和莫兰指数，结果如表 22-2。研究发现，每个阶段文物保护单位空间分布整体上呈集聚趋势，史前和隋唐五代以来文物保护单位空间集聚更加显著，史前、辽夏金元和明清时期文物保护单位空间关联比较明显，变异系数整体上呈先增加后减小的波动变化。

表 22-2　不同阶段重点文物保护单位莫兰指数

年代划分	史前	夏商周	秦汉	魏晋南北朝	隋唐五代	北宋	辽夏金元	明清	近现代
变异系数	2.773	2.508	1.998	1.227	2.871	2.866	7.656	5.894	2.088
邻近指数	0.606	0.596	0.590	0.505	0.378	0.548	0.358	0.470	0.613
Moran's I	0.094	0.010	0.019	−0.084	0.151	0.062	0.224	0.163	0.016
z 得分	3.206	0.645	0.703	−0.706	3.021	2.600	4.378	5.666	0.796
p 值	0.001	0.519	0.482	0.481	0.003	0.009	0.000	0.000	0.426

四、重心演变趋势

为了从宏观上认识黄河流域文物保护单位的时空变迁，采用 SDE 方法对不同阶段的文物保护单位进行分析，椭圆大小设置为一个标准差椭圆，并将椭圆的中心作为重心，画出重心的迁移图。

史前时期和夏商周时期文物保护单位标准差椭圆大小和方向相似，主要集中在黄河流域中下游地区，标准差椭圆方向呈东西方向拓展，与黄河的流向一致，秦汉时期，标准差椭圆向西迁移，方向呈东南—西北方向。魏晋南北朝时期标准差椭圆比隋唐五代和北宋时期标准差椭圆大，表明魏晋南北朝时期文物保护单位更加分散。明清和近现代时期的标准差椭圆比辽夏金元时期大，因为明清时期文物保护单位以古建筑为主，古建筑分布比较分散，近现代保护单位较少，类型单一，分布比较广泛。总体上看每个阶段文物保护单位标准差椭圆长轴方向与黄河流向一致，标准差椭圆大小与政权稳定性有关，一般政权稳定时期，受中央集权影响具有一定的计划效应，文物保护单位空间分布比较集中。从重心迁移来看，文物保护单位的迁移与朝代更替、政治中心转移有关，史前和夏商周时期，都城迁移频繁，先民多活跃在黄河中下游地区，这两个阶段重心位置大致相似，至秦汉时期秦始皇定都咸阳，汉高祖建都长安，受地理临近的影响，文物保护单位重心开始向西迁移。随着东汉迁都洛阳，赵匡胤定都开封，文物保护单位重心开始向东迁移，北宋末年北方割据政权开始活跃，明清时期定都北京，近现代北京为中华人民共和国的首都，所以辽夏金元至近现代时期文物保护单位重心整体上向北迁移。

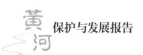

第四节　结　　论

第一，黄河流域重点文物保护单位在空间分布上呈空间正相关，存在空间集聚并有一定的极化效应。随着时间的推移，文物保护单位数量呈先增加后减少的趋势，在北宋和辽夏金元时期达到了顶峰，重点文物保护单位也主要集中在这两个时期。黄河流域全国重点文物保护单位时间跨度长，每个阶段文物保护单位空间分布整体上呈集聚趋势，史前时期和隋唐五代以来文物保护单位空间集聚更加显著，史前、辽夏金元和明清时期文物保护单位空间关联比较明显，变异系数整体上呈先增加后减小的波动变化。不同类型的文物保护单位数量随时间变化有一定的规律，从史前至明清，古遗址数量逐渐减少，古建筑数量逐渐增加，古墓葬和石窟及石刻数量整体上先增加后减少。

第二，总体上每个阶段文物保护单位椭圆长轴方向与黄河流向一致，椭圆大小与政权稳定性有关，一般政权稳定时期，受中央集权影响，文物保护单位空间分布比较集中。文物保护单位的重心迁移与朝代更替、政治中心转移有关，整体上秦汉时期向西转移，魏晋南北朝至北宋向东转移，北宋末年以后向北移动。

参考文献

安祥生，张复明. 2000. 黄河经济带可持续发展的战略构想［J］. 地理科学进展，（1）：50-56.

白永平，刘春艳，介小兵. 2003. 黄河经济带甘宁青段发展的战略构想［J］. 开发研究，（5）：35-37.

曹勇. 2015. 大遗址保护规划区划的划定分析研究——以广东大遗址为例［J］. 东南文化，（2）：19-22.

丁志伟，刘晓阳，程迪，等. 2019. 黄河经济带县域城乡收入差距的空间格局及影响因素［J］. 河南大学学报（自然科学版），49（1）：1-12.

甘露. 2014. 我国民族地区重要文物遗产的时空分布特征——基于民族自治地方全国重点文物保护单位的分析［J］. 贵州民族研究，35（7）：48-52.

韩艳利, 娄广艳, 葛雷. 2016. 黄河流域与水有关生态补偿框架的探讨 [J]. 水资源保护, 32（6）：142-150.

季宏, 徐苏斌. 2012. 青木信夫. 工业遗产"整体保护"探索——以北洋水师大沽船坞保护规划为例 [J]. 建筑学报,（S2）：39-43.

李春炼, 安佑志. 2017. 贵阳市文物保护单位时空分布探究 [J]. 成都工业学院学报, 20（2）：69-72.

李学勤, 徐吉军. 2003. 黄河文化史 [M]. 南昌：江西教育出版社.

李游. 2016. 城镇化背景下国家文物保护的补偿机制研究 [J]. 学习与实践,（8）：122-128.

林佳, 张凤梧. 2012. 文物建筑保护的基础——建国初期文物勘查及保护单位制度的建立及其意义浅析 [J]. 建筑学报,（S2）：49-52.

林晓峰. 2018. 浙江省文物保护单位时空演化特征研究 [J]. 河北省科学院学报, 35（1）：78-86.

刘抚英, 马叶馨, 王旭彤, 等. 2017. 杭嘉湖地区近现代粮仓建筑遗产研究 [J]. 工业建筑, 47（12）：40-46.

刘丽华, 何军, 韩福文. 2016. 我国东北地区近代工业遗产的基本特征及其文化解读——基于文物保护单位视角的分析 [J]. 经济地理, 36（1）：200-207.

刘玉珠. 2017. 加强文物保护 坚定文化自信 [J]. 行政管理改革,（10）：15-20.

覃成林, 李敏纳. 2010. 区域经济空间分异机制研究——一个理论分析模型及其在黄河流域的应用 [J]. 地理研究, 29（10）：1780-1792.

王海江, 苗长虹, 乔旭宁. 2017. 黄河经济带中心城市服务能力的空间格局 [J]. 经济地理, 37（7）：33-39.

王涛. 2012. 寻找不可移动文化遗产保护规划的法律地位 [J]. 东南文化,（3）：56-60.

奚雪松, 许立言, 陈义勇. 2013. 中国文物保护单位的空间分布特征 [J]. 人文地理, 28（1）：75-79.

徐吉军. 1999. 论黄河文化的概念与黄河文化区的划分 [J]. 浙江学刊,（6）：134-139.

徐建华. 2008. 计量地理学 [M]. 北京：高等教育出版社.

佚名. 2015. 全国重点文物保护单位临安城遗址保护总体规划 [J]. 城市规划, 39（S1）：151.

余中元. 2011. 我国文物旅游资源的时空特征及保护开发策略 [J]. 经济地理, 31（2）：312-316.

袁巍. 2011. 流域生态补偿与黄河流域保护 [J]. 环境保护,（18）：27-29.

张杰, 庞骏. 2011. 旅游视野下文物保护单位保护规划常态抗辩——兼论文物保护单位保护规划的制度创新 [J]. 规划师, 27（11）：102-107.

张松. 2012. 上海文物保护立法的若干问题探析——以不可移动文物为中心 [J]. 同济大学学报（社会科学版）, 23（3）：23-30, 41.

郑明辉, 李征, 刘路, 等. 2012. 黄河流域生态保护措施探讨 [J]. 水利发展研究, 12（7）：65-69.

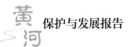

朱爱琴，周勇，陈君子，等．2016．湖北省文化遗产时空演化研究——以文物保护单位为
　　例［J］．经济地理，36（11）：184-191．

朱廷水．2018．革命旧址保护利用方面存在的突出问题及对策研究——以福建省龙岩市革
　　命旧址为例［J］．南方文物，（3）：270-272．

第二十三章
黄河流域历史文化名城名镇名村
空间分异与影响因素分析

第一节 引 言

国家历史文化名城是指保存文物特别丰富并且具有重大历史价值或革命纪念意义的城市（胡浩等，2012），中国历史文化村镇是指保存文物特别丰富且具有重大历史价值或纪念意义的、能较完整地反映一些历史时期传统风貌和地方民族特色的村镇（胡海胜和王林，2008）。无论是历史文化名城还是历史文化村镇，都是祖先智慧与文化的结晶，蕴藏丰厚的历史文化内涵。在乡村振兴战略与黄河生态经济带构建背景下，分析黄河流域历史文化村镇的空间分布与空间分异的影响因素，有助于从空间上认识黄河流域的历史文化资源，对挖掘沿黄经济带历史文化资源，增强文化软实力具有重要意义，也对村落的保护与发展规划具有指导意义。关于古村落的研究，国外多集中探讨古村镇的空间结构（Imazato，2007）、乡村旅游（Lee et al., 2013; Zhu et al., 2017; MacDonald and Jolliffe, 2003; Randelli et al., 2014）和乡村景观（Agnoletti, 2014; Gullino and Larcher, 2013）等，国内对古村落的研究以传统村落为主，如研究传统村落的时空分布（梁步青等，2018；卢松等，2018）、空间重构（杨忍等，2018）与空间分异（佟玉权，2014），关于历史文化村镇的研究较少。第一批历史文化村镇评选之前，主要对历史村镇进行调查研究（顿明明，2002），之后，学者多把名村和名镇放在一起研究，且大多以整个中国为尺度，如历史文化村镇的保护（邵甬和阿兰·马利诺斯，2011；赵勇等，2005）与评价体系（赵勇等，2006）研究、空间结构与相关性研究（吴必虎和肖金玉，2012）、空间分布与影响因素研究（陈征等，2013；李亚娟等，2013），较小尺度上以省域尺度为主展开研究（李琪等，2016），未见中观尺度如黄河流域历史文化村镇的研究。本章将历史文化名城与历史文化村镇的研究相结合，进行对比分析，探讨经济条件和自然条件对历史文化名城、名镇和名村影响因素的差异。

本研究首先结合七个批次共计 486 个的国家级历史文化名村和 312 个历史文化名镇数据（最新一批的历史文化村镇公布时间为 2018 年 12 月 18 日），以及 135 个历史文化名城数据，利用 ArcGIS 核密度工具分析历史文化名村的空间分布特征，并进一步探讨名村的地域分布规律；其次，利用最邻近指数分析黄河流域历史文化名城、名镇和名村的集聚程度，判断其空间分布类型，并对河流、道路缓冲区分析，分析不同类型缓冲区下名城、名镇和名村的数量。利用 pearson 相关系数法分析各省区历史文化名城、名镇和名村的数量与省域旅游发展状况、经济发展状况的关联程度，判断各省区历史文化名城、名镇和名村数量是否与现代经济活动存在联系。分析名村的地域分布和影响因素，有利于从空间上认识沿黄省区的历史文化资源，有助于认识历史文化资源空间分异的背后影响机制。

第二节　数据来源与研究方法

一、数据来源

因为黄河文化覆盖范围大于黄河流域的自然范围（安乾，2009）。本章所研究的黄河流域不是按黄河自然流域划分，而是以黄河流经八省区（不包括四川省）的行政区边界为研究区域。全国历史文化村镇（以下简称名村）的名称和批次来自《中国历史文化名镇名村名录》，截至 2018 年底，共有 7 个批次，798 个村镇。利用 Python 根据名村的名称向谷歌地图 API 发送请求，获得坐标信息并对坐标修正以缩小空间位置误差。八省区的国内旅游收入、国内旅游人数、地区生产总值、人均 GDP 为 2017 年数据。DEM 数据来自地理空间数据云平台 SRTMDEM 90M 分辨率原始高程数据，公路、铁路和河流等是 2015 年国家基础地理信息系统数据。

二、研究方法

1. GIS 空间分析

从宏观上看，城市或村镇可以被抽象地看做点状要素。本章将历史文化名城和名镇名村的空间位置图层与 DEM 高程图、全国行政区图、全国水系、全国公路和铁路进行叠加，并对水系、公路、铁路分别做 5 千米、10 千米、15 千米、20 千米的缓冲区，统计历史文化名城、名镇和名村在这些缓冲区的个数，对高程以 500m 为等距离间断点进行重分类，统计黄河流域中在不同高程阈值间名城、名镇和名村的数量，然后进一步分析这些要素对黄河流域历史文化名城、名镇和名村空间分异的影响。

2. 相关性分析

本文采用 pearson 积差相关系数来衡量地区的名村数量与区域经济水平和旅游条件的相关程度，并做显著性检验进行验证，公式如下：

$$\rho_{xy} = \frac{\text{cov}(x,y)}{\sigma_x \sigma_y} = \frac{E\left[\left(X-\mu_x\right)\left(Y-\mu_y\right)\right]}{\sigma_x \sigma_y}$$

式中，ρ_{xy} 表示变量 x, y 的 pearson 相关系数，是两个变量的协方差与标准差的比值。相关系数的区间为（-1,1），ρ_{xy} 小于 0 表示负相关，ρ_{xy} 大于 0 表示正相关，ρ_{xy} =0 表示变量 x、y 不相关，| ρ_{xy} |越大说明变量 x、y 的相关程度越高。

3. 最邻近距离与最邻近指数

最邻近距离是指地理空间中的点与相关要素点的邻近距离，最邻近指数的大小用于判断点的空间分布特征，分布特征有三种，分别为随机分布、均匀分布和集聚分布。最邻近指数计算公式参见第二十二章第二节。

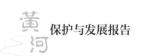

第三节　国家历史文化名城名镇名村空间分布

一、数量分布特征

国家历史文化名城在东部沿海地区集中分布，内陆地区分布比较分散，在三大阶梯上，数量由东至西呈递减状态。历史文化名镇空间分布南北差异较大，南方名镇数量明显高于北方地区。历史文化名村分布有两个集聚地区，一个位于山西省东南部，辐射了冀豫陕的晋中南古村落群，另一个以安徽省、浙江省和江苏省交界为中心。这两个核心地区以明清民居建筑广泛存在著称，但建筑风格迥异，如安徽形成了特色的徽派建筑。另外，还有两个副核心，分别位于江西省中部和湘桂粤交界地区。

黄河流域是中华文化的发源地，包含众多的历史文化名城、名镇和名村。全国拥有的历史文化名城、名镇、名村的数量分比为 135 个、312 个、487 个，其中，黄河流域拥有 36 个历史文化名城，50 个历史文化名镇、132 个历史文化名村，占全国的比例分别为 26.67%、16.03%、27.10%。这些历史文化名城、名镇、名村是黄河流域文化的重要载体，对黄河流域文化的传承具有重要作用。

由表 23-1 可知，黄河流域拥有的历史文化名城为 36 个，其中上游、中游、下游拥有历史文化名城的数量分别为 6 个、13 个、17 个，占比分别为 16.67%、36.11%、47.22%，由此可见，黄河流域下游历史文化名城数量优势突出。其次，上游地区的甘肃和中游地区的山西和陕西三个省区历史文化名城拥有量也相对较多，三个省区的历史文化名城数量占黄河流域总量的比重分别为 11.11%、16.67%、16.67%。

黄河流域国家级历史文化名镇主要分布在甘肃、山西、陕西、河南，各地区拥有量分别为 8 个、15 个、7 个、10 个，占黄河流域总量的比例分别为 16.00%、30.00%、14.00%、20.00%，其中，山西省历史文化名镇拥有量优势突出。从各区域来看，黄河流域中游地区历史文化名镇分布较多，中游地区历史文化名镇占比为 54%，超过上游和下游地区的总和。

黄河流域各省区均包含国家级历史文化名村，但主要集中分布在山西省。山西省拥有国家级历史文化名村数量为 96 个，占黄河流域总量的 72.73%。其次，除山西外，下游地区的河南和山东拥有国家级历史文化名村数量相对较多，占黄河流域总量的比例分别为 6.82% 和 8.33%。此外，虽黄河流域其他各省区有国家级历史文化名村分布，但其规模相对较小，占黄河流域总量的比例均在 5% 以下。

表 23-1 黄河流域各省区拥有的国家级历史文化名城名镇名村汇总

省区	国家历史文化名城		国家历史文化名镇		国家历史文化名村	
	数量 / 个	占比 /%	数量 / 个	占比 /%	数量 / 个	占比 /%
青海	1	2.78	1	2.00	5	3.79
甘肃	4	11.11	8	16.00	5	3.79
宁夏	1	2.78	0	0.00	1	0.76
上游合计	6	16.67	9	18.00	11	8.33
内蒙古	1	2.78	5	10.00	2	1.52
山西	6	16.67	15	30.00	96	72.73
陕西	6	16.67	7	14.00	3	2.27
中游合计	13	36.11	27	54.00	101	76.52
河南	8	22.22	10	20.00	9	6.82
山东	9	25.00	4	8.00	11	8.33
下游合计	17	47.22	14	28.00	20	15.15
黄河流域	36	100.00	50	100.00	132	100.00
全国	135	—	312	—	487	—

二、黄河流域名城名镇名村空间分布

1. 空间分布类型

黄河流域历史文化名城、名镇和名村邻近指数如表 23-2。历史文化名城平均最邻近指数为 1.03，p 值较高，说明黄河流域历史文化名城空间分布比较均匀，无明显集聚状态。历史文化名镇和历史文化名村的邻近指数都小于 1，

且 p 值均小于 0.05，说明黄河流域历史文化名镇名村空间分布的类型属于集聚分布，名村的空间分布集聚程度高于名镇。

表 23-2　黄河流域历史文化名城、名镇和名村邻近指数

类型	平均观测距离 /m	预期平均距离 /m	平均最邻近指数	Z 得分	p 值
名城	120 602	117 006	1.03	0.352 8	0.724 2
名镇	88 472	114 824	0.77	−3.073 4	0.002 1
名村	23 715	54 505	0.44	−12.369 3	0.000 0

历史文化名城及村镇作为文化地域的一个重要组成部分，其空间分布不仅会受到人类活动的影响，还受到水系、高程等自然因素的影响，是经济、社会和文化共同作用的产物。

青藏高原等高海拔地区名城、名镇和名村数量都非常少，这些高寒地区气候恶劣不适宜人类的生存，交通不便不利于经济的发展，这些是导致其数量小的主要原因。因为城市多依水而建，且位于交通主干道的交汇地区，所以历史文化名城的空间分布有一个共性，即位于河流主干道，交通便利的地带。

历史文化名镇和名村的空间分布比较相似，在内蒙古高原与秦岭和太行山脉交界的狭长地带名镇和名村较多，呈带状分布，并且分布较为集中。山东的地形相对比较平坦，历史文化名镇和名村空间分布比较分散。较好的交通条件有利于名镇和名村经济的发展，从而促进文化的发展，但公路和铁路与历史文化名镇和名村分布的相关性不大。大部分历史文化名镇和名村都沿黄河或沿其支流分布，河网密度越高的地方往往会有较多的历史文化名镇和名村，印证了河流对文明形成的重要性，但河流也可能对村镇的发展起限制作用，黄河下游的历史文化名镇和名村数量非常少，很可能与黄河下游历史时期的洪水泛滥和频繁改道有关。黄河对文明的影响是一把双刃剑，一方面，黄河作为母亲河，哺育了沿黄儿女，促进了文化的形成，另一方面，黄河的改道或泛滥会造成大规模的人口迁移，摧毁了地表的历史文化遗存，不利于历史文化的发展和传承。

2. 名村空间分布省域特色

由于名村的形成是在长期历史文化积淀下形成的，各省区往往会形成具有地方特色的历史文化名村。青海省毗邻西藏，名村形成时间较早，受藏传

佛教文化影响较深，大多具有藏传佛教文化特征，如同仁县郭日麻村的郭日麻寺，筑有安多藏区最大的佛塔，名为时轮塔。四川、甘肃、宁夏和内蒙古的历史文化名村较少，无较多共性。山西的历史文化名村的主要特征是具有许多保存较好的明、清民居，这些民居多为晋商所建，建筑时间较短是山西历史文化名村数量较多的时间因素，晋商文化是山西名村数量较多的文化因素。河南同山西相似，其大多名村具有较多以传统村落为主的民居建筑，如一斗水村的李家大院，但建筑风格与山西存在差异，主要受中原文化的影响。山东文化丰富，以齐鲁文化为主体，同时靠近大海，形成与内地差异较大的海文化和渔家文化，这些名村保存的建筑大多在明清时期建成，但这些村落的形成时间较早，如梭庄村在唐代就已建成。

第四节 影响因素分析

一、人文 - 自然因素分析

历史文化名城或历史文化名镇和名村的分布与高程、水系和交通条件存在一定的地域分布规律，因此，假设一个地区的高程、水系和交通条件影响名镇和名村的空间分布。一般来看，海拔越高的地方自然禀赋越差，人烟稀少，不利于城市或村镇的形成，因此历史文化名城或名镇和名村的数量可能就越少。提出假设1：高程越高，历史文化名城或名镇和名村数量越少。人们在建村选址的时候，要考虑生产、生活用水问题（郭晓东，2007），同时，河流对城市或村镇的形成和发展起着至关重要的作用。因此，提出假设2：历史文化名城或名镇和名村距离水系越远，数量越少。另外，良好的交通条件有利于经济交往和文化传播，有助于城市或村镇的发展，所以提出假设3：距公路或铁路越近，历史文化名城或名镇和名村的数量越多。

以500米为间断点对高程进行重分类，统计在不同高程阈值名城、名镇和名村的数量，结果如图23-1所示，其中，横坐标"1"代表500米以内，"2"代表500～1000米，以500米为间隔以此类推。可以发现，在研究区范围内海拔 3000 米以上没有历史文化名城和名镇的分布，在海拔 3500 米以上无历史文化名村。历史文化名城和名镇的数量随着海拔的增高逐渐降低，海拔在 500～1000 米名村的数量最多，随着海拔的提升，名村数量逐渐减少，但海拔过低，名村数量也会减少。所以有一个合适的海拔高度，在 500～1000 米海拔间最适宜名村的形成和发展。因此假设 1 基本成立，即海拔影响历史文化名城和名镇和名村的形成和分布，海拔越高，数量越少。

利用 ArcGIS 对水系、公路、铁路分别建立 5 千米、10 千米、15 千米、20 千米的缓冲区，统计历史文化名城名镇名村在距水系、公路、铁路 0～5 千米、5～10 千米、10～15 千米、15～20 千米和 20 千米以外的数量，结果如表 23-3。可以发现距离河流、公路和铁路的垂直距离越远，历史文化名城数量呈现逐级递减的趋势。历史文化名镇和名村呈现距离河流越远而数量越少、距离公路和铁路越远而数量越多的趋势。其中，公路对历史文化名城的影响程度最大，河流次之；河流对历史文化名镇和名村的影响程度高于铁路与公路，公路对历史文化名镇和名村的影响程度最小。因此，假设 2 成立，假设 3 对于历史文化名镇和名村不成立。

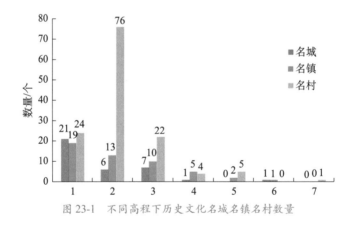

图 23-1　不同高程下历史文化名城名镇名村数量

表 23-3　不同类型缓冲区下历史文化名城、名镇和名村的数量　（单位：个）

	类型	0～5 千米	5～10 千米	10～15 千米	15～20 千米	>20 千米
名城	河流	22	9	2	0	3
	公路	27	6	1	0	2
	铁路	20	7	1	0	8

续表

类型		0～5千米	5～10千米	10～15千米	15～20千米	>20千米
名镇	河流	22	12	11	2	3
	公路	10	10	4	9	17
	铁路	7	5	5	4	29
名村	河流	53	33	22	16	8
	公路	31	30	16	16	39
	铁路	26	26	16	11	53

二、社会经济因素分析

提出假设4：旅游和经济发展状况与历史文化名城、名镇和名村数量呈正相关关系，一个地区的旅游条件越好，经济越发达，该地区的名城、名镇和名村数量越多。用国内旅游收入和国内旅游人数来代表该地区的旅游条件，用地区生产总值和人均GDP代表该地区的经济发展条件。对各省区历史文化名城、名镇和名村数量与省域旅游和经济发展状况进行相关性分析，结果如表23-4。

从表23-4中可以看出国内旅游收入和地区生产总值与该区域内历史文化名城数量存在明显的正相关关系，但人均GDP与历史文化名城数量相关系数较小。

各省或自治区的历史文化名镇名村数量与国内旅游收入、地区国内生产总值、人均GDP相关程度不大，并且p值都大于0.05，即没有通过显著性检验，说明黄河流域旅游与经济发展状况与历史文化名镇名村的数量没有显著相关关系，现代的旅游条件和经济发展水平对历史文化名镇名村的评定和形成影响不大，因为村镇多在历史时期形成，虽然较好的经济条件能够促进村落的发展，但现代经济水平无法代表古代的经济水平，行政区划也有较大变化，因此假设4对历史文化名城成立，而对历史文化名镇名村不成立。

表 23-4 *Pearson* 相关系数表

项目	名城数量	名镇数量	名村数量
国内旅游收入	0.912 475	0.526 796	0.274 663
国内旅游人数	0.655 73	0.339 106	0.419 332
地区生产总值	0.832 983	0.153 58	−0.034 55
人均 GDP	0.225 359	−0.329 21	−0.232 47

第五节　结论与讨论

一、主要结论

全国尺度上，历史文化名城数量由东至西呈递减状态，而历史文化名镇在南方地区的数量明显高于北方地区的。历史文化名村分布有两个集聚地区，一个位于山西省东南部，辐射了冀豫陕的晋中南古村落群，另一个以安徽省、浙江省和江苏省交界为中心。

从分布类型上来看，黄河流域历史文化名城空间分布无明显集聚状态，而历史文化名镇和历史文化名村空间分布的类型属于集聚分布，且名村的空间分布集聚程度高于名镇。

黄河流域名城、名镇和名村的空间分异受自然因素和人类活动的影响。海拔影响历史文化名城和村镇的形成和分布，一般情况下海拔越高，历史文化名城、名镇和名村的数量越少。距离河流、公路和铁路的垂直距离越远，历史文化名城数量呈现逐级递减的趋势。历史文化名镇和名村呈现距离河流越远而数量越少、距离公路和铁路越远而数量越多的趋势。

黄河流域旅游与经济发展状况与历史文化村镇的数量没有显著相关关系，现代的旅游条件和经济发展水平对历史文化名镇名村的评定和形成影响不大，而国内旅游收入和地区生产总值与该区域内历史文化名城数量存在明显的正相关关系。另外，不同的省区的名村具有与该省区相似的文化特征，受本土文化影响较大。

二、讨论

本章结果表明黄河流域历史文化名镇、名村的空间分布与现代旅游和经济状况没有显著相关关系，与吴必虎（吴必虎和肖金玉，2012）对整个中国的历史文化村镇相关性研究结果一致，这证明结果具有可靠性，说明黄河流域历史文化名镇、名村的形成与发展与现代经济联系不紧密。海拔在 500～1000 米的名村数量最多，说明人类聚落具有低地性，与龚胜生的研究结果（龚胜生等，2017）一致。从影响因素上来看，历史文化名城、名镇和名村的影响因素既存在一些共性，还存在一些差异。

自然因素对历史文化村镇的空间分异影响很大，因此，在新农村建设和新型城镇化建设的过程中，应当尊重自然，传承文化，保护资源，利用名镇和名村历史文化资源的先天优势，因地制宜发展旅游业，以文化资源带来地方经济增长，以经济增长促进文化资源的保护。在乡村振兴背景下，必须传承发展传统文化，历史文化村镇应结合自身文化优势，探索形成具有历史文化特色的乡村振兴之路。

参考文献

安乾. 2009. 地域文化与黄河流域经济空间开发模式选择研究——建立在晋商文化，中原文化，齐鲁文化基础上的分析［D］. 开封：河南大学.

陈征，徐莹，何峰，等. 2013. 我国历史文化村镇的空间分布特征研究［J］. 建筑学报，（S1）：14-17.

顿明明. 2002. 黔中地区典型历史村镇的调查与分析——以青岩镇、镇山村、本寨为例［J］. 城市规划汇刊，（4）：60-64.

龚胜生，李孜沫，胡娟，等. 2017. 山西省古村落的空间分布与演化研究［J］. 地理科学，37（3）：416-425.

郭晓东. 2007. 黄土丘陵区乡村聚落发展及其空间结构研究——以葫芦河流域为例［D］. 兰州：兰州大学.

胡海胜，王林. 2008. 中国历史文化名镇名村空间结构分析［J］. 地理与地理信息科学，24（3）：109-112.

胡浩，金凤君，王姣娥. 2012. 我国国家历史文化名城空间格局及时空演变研究［J］. 经济地理，32（4）：55-61，66.

李琪，叶长盛，赖正明. 2016. 基于 GIS 的江西省历史文化名镇名村空间分布特征及其影响因素［J］. 江西科学，34（5）：628-634.

李亚娟，陈田，王婧，等. 2013. 中国历史文化名村的时空分布特征及成因［J］. 地理研究，32（8）：1477-1485.

梁步青，肖大威，陶金，等. 2018. 赣州客家传统村落分布的时空格局与演化［J］. 经济地理，38（8）：196-203.

卢松，张小军，张业臣. 2018. 徽州传统村落的时空分布及其影响因素［J］. 地理科学，

38（10）：1690-1698.

邵甬，马利诺斯 A. 2011. 法国"建筑、城市和景观遗产保护区"的特征与保护方法——兼论对中国历史文化名镇名村保护的借鉴［J］. 国际城市规划，26（5）：78-84.

佟玉权. 2014. 基于 GIS 的中国传统村落空间分异研究［J］. 人文地理，29（4）：44-51.

吴必虎，肖金玉. 2012. 中国历史文化村镇空间结构与相关性研究［J］. 经济地理，32（7）：6-11.

杨忍，徐茜，周敬东，等. 2018. 基于行动者网络理论的逢简村传统村落空间转型机制解析［J］. 地理科学，38（11）：1817-1827.

赵勇，张捷，李娜，等. 2006. 历史文化村镇保护评价体系及方法研究——以中国首批历史文化名镇（村）为例［J］. 地理科学，（4）：4497-4505.

赵勇，张捷，章锦河. 2015. 我国历史文化村镇保护的内容与方法研究［J］. 人文地理，（1）：68-74.

Agnoletti M. 2014. Rural landscape, nature conservation and culture: Some notes on research trends and management approaches from a (southern) European perspective［J］. Landscape and Urban Planning, 126: 66-73.

Gullino P, Larcher F. 2013. Integrity in UNESCO World Heritage Sites. A comparative study for rural landscapes［J］. Journal of Cultural Heritage, 14(5): 389-395.

Imazato S. 2007. Semiotic structure of traditional Japanese rural space: Hagikura village, Suwa basin［J］. Public Journal of Semiotics, 1(1): 2-14.

Lee S H, Choi J Y, Yoo S H, et al. 2013. Evaluating spatial centrality for integrated tourism management in rural areas using GIS and network analysis［J］. Tourism Management, 34: 14-24.

MacDonald R, Jolliffe L. 2003. Cultural rural tourism: Evidence from Canada［J］. Annals of Ttourism Research, 30(2): 307-322.

Randelli F, Romei P, Tortora M. 2014. An evolutionary approach to the study of rural tourism: The case of Tuscany［J］. Land Use Policy, 38: 276-281.

Zhu H, Liu J, Wei Z, et al. 2017. Residents' attitudes towards sustainable tourism development in a historical-cultural village: Influence of perceived impacts, sense of place and tourism development potential［J］. Sustainability, 9(1): 61.

第二十四章
黄河文化保护传承政策实践

第一节 国家相关政策

一、加强黄河文化遗产保护，传承优秀历史文化遗产

黄河文化是中华文明的"根"与"魂"。留住历史根脉，保护历史文化遗产，是传承中华优秀传统文化的必然要求。为有效保护和传承国家级非物质文化遗产，2006 年文化部《国家级非物质文化遗产保护与管理暂行办法》出台，实行"保护为主、传承发展"的方针，设置专项经费资助，坚持对非物质文化遗产真实性和整体性保护，并要求各级文化行政部门制定好非遗保护规划。2017 年，全国人大代表大会常务委员会决定，对《中华人民共和国文物保护法》做出修改，提出文物工作应当贯彻"保护为主、合理利用"的基本原则。2018 年，中共中央办公厅、国务院办公厅印发《关于加强文物保护利用改革的若干意见》，对进一步做好文物保护利用和文化遗产保护传承工作做了具体部署，并提出要构建中华文明标识体系、创新文物价值传播推广体系、完善革命文物保护传承体系、建立健全不可移动文物保护机制、大力推进文物合理利用、完善文物保护投入机制。沿黄九省区要加强黄河文物价值的挖掘阐释和传播利用，因地制宜发挥文物资源独特优势，统筹文物保护与传承利用，强化国家站位、主动服务大局，这对于增强中华民族优秀传统文

化具有重要指导意义。2019 年，为贯彻落实习近平总书记在黄河流域生态保护和高质量发展座谈会上的重要讲话精神，研究谋划黄河文化保护传承弘扬思路，文化和旅游部于 11 月 17 日在京召开黄河文化保护传承弘扬工作推进会。会议提出，要深刻把握黄河文化保护传承弘扬的关键问题，要着重把握如何阐发黄河文化、弘扬时代价值，着重把握如何加强黄河历史文化遗产保护，着重把握如何共创新时代黄河大合唱，着重把握如何创新黄河文化传承弘扬。会议要求，要加快推进黄河文化保护传承弘扬规划编制工作，充分调动地方和专家的力量参与规划编制工作。

二、加强黄河文化资源整合，打造国家精品旅游带

面对当下国际旅游发展的新态势和旅游市场消费的新特点，黄河文化旅游资源需要加强整合，打造特色品牌。旅游品牌的塑造需要点线结合、保护利用、整体提升，跨区域、跨行业合作，共同促进黄河旅游品牌建设及黄河旅游产业发展。2017 年在国家《"十三五"旅游业发展规划》明确提出，遵循景观延续性、文化完整性、市场品牌性和产业集聚性原则，依托线性的江、河、山等自然文化廊道和交通通道，串联重点旅游城市和特色旅游功能区。重点打造包括黄河华夏文明旅游带、丝绸之路旅游带、京杭运河文化旅游带的 10 条国家精品旅游带，为具有世界性特色大河流域的黄河旅游打开了新局面。依托黄河湿地特色旅游资源，推进特色旅游目的地建设。目前黄河旅游正从点状开发向线路开发转变，但总体而言发展水平低，沿黄河旅游文化挖掘、旅游产品开发等方面仍然"单打独斗"，国内外游客对"黄河旅游"认知度较低，"黄河文化旅游带"并未真正形成。对此，2018 年沿黄河九省区发布了《中国黄河旅游大会宣言》，提出沿黄河各城市将促进资源共享，打造世界级的中华文明体验之旅，建设具有国际吸引力的中国黄河文化精品旅游带。2019 年，黄河文化保护传承弘扬工作推进会提出要着重把握如何深入推进文旅融合、发展黄河文化旅游。[1]

---

[1] 资料来源：中华人民共和国文化和旅游部，https://www.mct.gov.cn/whzx/whyw/201911/t20191118_848933.htm，2021-08-22。

三、加强黄河文化旅游宣传，积极开展国际化交流

2015 年，国家旅游局（现为文化和旅游部）统筹组织国家旅游形象的境外推广工作，建立旅游形象推广机构和网络，开展旅游国际合作与交流，制定《境外旅游宣传推广年度工作计划》，把"美丽中国 天下黄河"纳入国家旅游局年度境外宣传推广计划，陆续在新西兰、捷克、匈牙利、澳大利亚等国家开展宣传，将中华五千年文明的母亲河——黄河的沿线自然风光、风土人情和历史文化生动地呈现了给世界。推介以"天下黄河"为代表的中国旅游资源和产品，旨在提升中国旅游在国际客源市场的知名度和影响力，强化当地旅行商对中国旅游的了解和认知。青海、甘肃、内蒙古、山西、河南、山东等 8 个省、区旅游部门和企业代表分别与国际旅行商进行了业务洽谈。

2018 年 9 月 12 日，在以"同饮黄河水·共铸黄河游"为主题的中国黄河旅游大会上，发布了《2018 中国黄河旅游发展指数报告》。2019 年，沿黄九省区成立黄河流域博物馆联盟筹备会议，集体通过了《黄河流域博物馆联盟章程》，都将有助于推进黄河文化遗产系统保护，不断提高黄河文化遗产保护水平。

第二节 沿黄各地出台的相关政策

通过查阅黄河流域九省区对于黄河文化的传承保护与发展的相关研究成果，可以发现沿黄九省区都把黄河文化作为文化产业发展的重要组成部分，并各自就黄河文化的传承保护开发制定相应的政策和措施。

一、青海省

1. 深挖内涵，加强黄河文化保护传承弘扬

青海是黄河发源地，其独特的地理位置和历史脉络呈现出多元民族文化特点，境内黄河文化包括历史文化、民族文化、红色文化、生态文化、宗教

文化等，历史悠久、内涵丰富、形态多样，是发源地的象征性文化，是传承融合的多元文化。其中，藏族文化（玉树生态保护实验区）、热贡文化生态保护实验区（黄南藏族自治州）和格萨尔文化生态保护实验区（果洛藏族自治州）三个国家级文化生态保护实验区散布黄河沿线。2019年起，青海省实施了一系列黄河文化系统保护工程，围绕黄河文化保护传承弘扬，加快推进《青海省黄河文化保护传承弘扬专项规划》编制。根据文化旅游资源普查进度，已制定《青海省文化旅游资源普查技术方案》，建立资源普查联络机制，以江河文化、河湟文化、热贡文化、格萨尔文化为核心，深入挖掘沿黄地区文化内涵，在挖掘内涵中打造文化旅游品牌，推进文旅融合发展。

2. 科学谋划，打造省级黄河生态文化旅游带

青海策划实施黄河生态文化旅游带、兰西城市群文旅产业等工程，提升水文化创意能力，组织"亲近母亲河"系列活动，推出内容丰富的黄河文化旅游产品，合作共建省级黄河生态文化旅游带，加快文化和旅游产业融合发展，深度挖掘海南州深厚的黄河文化底蕴和旅游资源，提出将海南州打造成为省级黄河生态文化旅游带，推动文化资源保护利用和旅游资源的开发建设。共同支持推进龙羊峡景区转型升级开发合作，加大对龙羊峡旅游景区的投入和改造，将龙羊峡旅游景区打造成为全国知名"文旅＋"特色小镇、重点红色旅游和工业旅游景区，推进省级"龙羊峡休闲小镇"建设。

3. 加强交流，共建共享黄河文化旅游品牌

沿黄九省区以黄河文化旅游交流、文旅产业合作、市场互助、黄河文化旅游宣传营销与品牌推广为目标，沿黄九省区200多名代表参加"中国黄河旅游大会"会议，并邀请了北京、上海、广东、江苏、南京等省市文化旅游界同仁和人民日报、光明日报、今日头条等媒体参加。

二、甘肃省

1. 主动参与，聚焦黄河文化传承保护

甘肃省深入学习贯彻习近平总书记关于黄河流域生态保护和高质量发展

座谈会重要讲话和指示精神，推进黄河文化保护传承弘扬，积极组织编制《甘肃省黄河文化保护传承弘扬规划》。围绕甘肃省黄河流域的文物保护、文旅融合、高质量发展等一系列具体问题，立足贯彻落实黄河流域生态保护和高质量发展国家战略，盘点甘肃与黄河文化相关的资源，聚焦黄河文化的内涵定性研究和时代价值、黄河文化遗产的系统保护和传承利用，打造具有国际影响力的黄河文化旅游带。

2. 突出主题，唱响黄河文化旅游主旋律

创新节会模式，深入挖掘历史文化底蕴，丰富节会文化内涵，全面展示甘肃省丰富的旅游资源，促进文化旅游业快速健康发展。2011 年起，兰州市已经连续举办了八届黄河文化旅游节。2015 年，"中国·兰州黄河文化旅游节"以"重回丝绸路，又见母亲河"为主题，旨在进一步提升"中国西北游，出发在兰州"城市旅游形象，培育和打造具有兰州市独特魅力和优势的节会品牌。2019 年 8 月，又成功举办了第九届兰州黄河文化旅游节文化旅游产业博览会。

3. 推动改革，抓牢黄河文化旅游发展主线

坚持以旅游供给侧结构性改革为主线，以大力发展全域旅游为抓手，突出"一河两山"题元素，着力把兰州打造成丝绸之路经济带旅游名城、中国西北旅游集散地和国内知名旅游目的地。抢抓共建"一带一路"机遇，把文化旅游产业作为甘肃省绿色发展崛起的十大支柱性产业加快推进，着力推动旅游业优质发展。借助区位优势和资源禀赋，不断完善旅游基础配套设施，积极开发培育旅游线路，着力实施精准营销战略。丰富旅游演艺供给，充分挖掘特色旅游资源和黄河文化，推出了"夜游黄河"、黄河实景演艺等一系列夜间文旅项目，调动各级各方面的积极性和主动性共同参与发展旅游产业。

此外，甘肃省文化和旅游厅印发了《甘肃省文化旅游产业提质增效行动方案（2019）》，将发展夜间经济纳入促进文旅消费升级重要内容，提出打造兰州市黄河主题夜间消费业态，根据游客需求开发夜游黄河等个性化消费产品，最大限度发挥文化旅游产业在夜间经济发展中的重要作用。

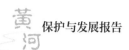

4. 加强保护，推动黄河文化传承保护创新

加强黄河文化遗产保护。河口曾是黄河上游著名的古渡口，古镇上拥有37座明清时代的古民居院落群。历经上百年风侵雨蚀，当地一些古建筑已经残损破败。为了保护河口的文化遗存，兰州市西固区投资2.6亿多元启动了河口古镇修缮的工程，对古建筑群进行了全面修缮，重现了古镇昔日的繁华。2002年，兰州市政府在金城关原址上建设大规模的文化风情仿古建筑群，设立金城关文化博览园，打造了兰州彩陶馆、黄河桥梁博物馆、兰州非物质文化遗产陈列馆等六大展馆。

三、宁夏回族自治区

1. 深挖内涵，全力释放文化新能量

宁夏黄河文化内涵丰富，形式多样，以引黄古灌区位特点的农耕文化更是富有特色。自治区主动有为，坚持将守护母亲河的健康和传承弘扬黄河文化作为两大历史使命。自治区党委政府近年来编制了《宁夏沿黄经济带发展规划》，时刻紧扣国家主题，让母亲河为宁夏文旅融合高质量发展赋能。自治区文化旅游系统联合内蒙古相关单位共同举办"宁蒙沿黄流域文化和旅游协同发展推进会"，与沿黄流域其他省区共同发起成立博物馆协作联盟等活动，开启跨区域深化协作，讲好黄河故事，书写"塞上江南，神奇宁夏"新篇章。宁夏以黄河文化为轴心，建设了中华黄河楼、中华黄河坛、青铜古镇等标志性建筑，努力打造一条"黄河文化展示线"，传承五千年的母亲河文化和近年宁夏河川治理成效。

2. 突出优势，全力推动文旅融合新高度

加快文化旅游融合发展，构建大文化大旅游新格局。坚持一体化发展，提出培育和打造贺兰山东麓生态旅游廊道、黄河文化旅游带精品等一系列重大战略任务，进一步培育、规范和提升旅游全要素的特色和品质。文化和旅游系统要准确把握全区经济社会发展新形势，把谋划文旅项目放在全局下进行，打造新的经济增长点和支柱产业。例如，青铜峡黄河大峡谷，自然资源

和人文景观资源丰富，水利工程闻名于世，集中了宁夏旅游资源的三大优势，将塞上江南风光、西夏文化等文化有机地结合起来，依托黄河的人文景观重点塑造闻名遐迩的黄河大坝等一批精品景观，以黄河水上游览的方式将这些景点联系起来，并结合民俗村镇建设和农业生产活动，充分展现具有宁夏特色和塞上江南的旖旎风光。

3. 加强协调，实施黄河文化旅游重大工程

自 2017 年起，宁夏加快推进全域旅游，全力推动黄河文化旅游带建设实施行动，加快实施黄河文化旅游带精品段建设工程。2018 年，通过了《黄河文化旅游带银川至吴忠精品段公共服务设施建设实施方案》，聚焦黄河文化旅游带银川至吴忠精品段观景平台、自行车慢行道、旅游厕所、旅游标识标牌四项旅游公共服务设施"干什么""怎么干"等核心内容。2019 年 8 月 9 日，召开黄河文化旅游精品段建设协调推进会，涉及宁夏 3 市 7 县（市、区）[①]。提出宁夏各市县要充分认识实施黄河文化旅游带精品段建设工程的重要性，要求联动发力，全力开展工程实施，全力以赴实施好黄河文化旅游带精品段建设工程，助力全域旅游示范区创建，展示美丽新宁夏。

4. 差异发展，开展黄河文化旅游节庆活动

充分挖掘宁夏丰富深厚的黄河文化，差异发展。例如，银川市 2018 年举办第二届黄河文化节，开展了黄河九省区非遗博览会、黄河青年原创音乐节、黄河艺术美食节、毗邻地区文化交流演出、"黄河经典诗词"朗诵大会等活动，以及文创作品展销会、"黄河风情"全国摄影展、花艺大赛、黄河大合唱、民族器乐展演及儿童主题乐园等 17 个具有代表性的黄河文化展示展演项目。灵武市 2019 年举办黄河金岸文化旅游节，以"灵州秦韵"秦腔票友会、"黄河金岸"杯垂钓大赛、音乐节、美丽梧桐稻香丰收游等多彩缤纷的活动为内容，展示了黄河上不同的城市面貌。

---

① 资料来源：中华人民共和国文化和旅游部，https://www.mct.gov.cn/whzx/qgwhxxlb/nx/201908/t20190819_845780.htm，2021-08-22。

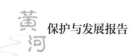

四、四川省

1. 突出保护，维护黄河文化历史文脉

四川省是黄河上游重要的水源涵养地、补给地和国家重要湿地生态功能区，是"中华水塔"的重要组成部分，自古就与黄河有着深沉而紧密的联系。四川盆地为传承华夏文明、保存中华文脉做出了重要贡献。为深入贯彻国家战略，四川省一方面加强沿黄生态治理，整体推进生态修复与保护，推动生产生活方式转变。同时，加强流域文物保护，探索建立黄河流域文物保护项目，展开文物抢救和系统保护工程，做好黄河流域博物馆可移动文物的预防性保护，把承载着沿黄地区人民共同历史记忆的文物保护好，为传承黄河文化打下坚实的基础。另一方面，四川省创新展示方式，为讲好"黄河故事"拓展多元平台，通过主办形式多样、丰富多彩的联合展览，创新展览方式、拓展展示平台，让公众了解和走近"黄河文化"，进而推动黄河文化科学化、大众化传播。

2. 加强合作，建立黄河文旅产业联盟

加强沿黄九省区合作，承办沿黄文化产业带系列活动文旅精品推介会，建立沿黄九省区文旅产业联盟，突出各自的资源优势，全力推进全域旅游发展。进一步加强文化旅游合作，围绕黄河、长江、澜沧江打造三江沿线文化旅游风光展，稳固客源市场。大力发展藏区旅游，培育地处黄河上游、沿黄河上游分布及连带周边草原、隶属安多藏区的"黄河上游大草原"生态旅游经济圈。打造精品，培育世界级旅游品牌集聚区。

3. 特色引领，建设一批旅游名镇名村

依托各地州的州政府所在地的中心城镇，建设十大特色旅游集散中心城镇。与新型城镇化建设紧密结合，建设一批旅游特色小镇。加强黄河上游生态屏障保护，推动生态环境大保护、大发展。

4. 强化协同，联动建设旅游互通机制

按照协同、联动、串联理念，联动构建"3条历史文化特色主题旅游线、

3 条生态文化景观主题旅游线、7 条最美景观自驾主题旅游线及三江源科考探险主题旅游线"四大类主题特色游览线路。建设互联互通旅游交通体系，规划建设沿黄区域重点连接线和民航机场。

五、内蒙古自治区

1. 深挖内涵，彰显多元文化传承形式

内蒙古深入贯彻落实习近平总书记在黄河流域生态保护和高质量发展座谈会上的重要讲话和党的十九届四中全会精神，加强对黄河文化的保护、传承和弘扬，突出对黄河流域史前文化、河套文化、红色文化的研究，推动与宁夏回族自治区在黄河文化资源挖掘、生态保护、文脉传承、客源共享、线路共连、共推共建等区域合作，共同讲好"黄河故事"，共同打造黄河文化旅游协同发展的品牌，全面推动两地文化和旅游高质量协同发展。

2. 挖掘资源，推动黄河文化特色旅游

充分挖掘黄河文化资源，推动产业融合。例如，巴彦淖尔市五原县投入450 万元建设黄河文化园，打造一处集展示黄河全流域重点风貌及黄河文化的微缩景观。其设计以黄河流经的青海、四川、甘肃、宁夏、内蒙古、山西、陕西、河南、山东等 9 个省区的地方特色、黄河水利枢纽工程、主要桥梁等重要地理性标志为内容，通过地形地貌、实景展示，并配以相关的图片、文字等多种表现形式，集中展现黄河流域的自然地貌、景观特色、风土人情。黄河文化园建成后，将与农耕文化博览园、民俗村、农家乐、现代农业园等形成一处集现代农业展示、旅游观光、文化传承于一体的特色园区。

3. 突出优势，拓展黄河文化旅游节庆

构建"黄河文化旅游节"品牌。例如，呼和浩特托克托县依托毗邻黄河的独特地理位置，突出地域优势，整合旅游资源，通过举办黄河文化旅游节，将云中古城与黄河文化完美结合，打造集休闲、娱乐、观光为一体的黄河旅游经济带，呈现文化快速发展与经济逐年上升的良好趋势。

六、陕西省

1. 创新驱动，积极主动融入国家战略

为深入贯彻落实习近平总书记在黄河流域生态保护和高质量发展座谈会上的讲话精神，陕西省文化和旅游厅印发《2020 年陕西省黄河文化保护传承弘扬工作计划》①，健全黄河文化保护传承弘扬规划体系，推动黄河文旅融合项目建设，完善黄河流域公共文化服务体系，实施黄河文化遗产系统保护工程。该计划要求，挖掘黄河文化内涵，高质量编制《陕西省黄河文化保护传承弘扬规划》《陕西省黄河流域非物质文化遗产保护传承弘扬专项规划》；将相关重大工程、重点项目纳入各级"十四五"发展规划；深入实施黄河文化记忆保护传承弘扬、文化和旅游融合发展、黄河文化公园群落建设、红色革命文化高地建设、黄河文化数字化创新等工程，有效保护、创新传承和创造性弘扬陕西黄河文化。

2. 抢抓机遇，大力加强旅游品牌建设

《陕西省"十三五"旅游发展规划》明确提出，将黄河旅游带和丝绸之路风情体验旅游走廊、大秦岭人文生态旅游度假圈打造成"三大旅游高地"，构筑全省旅游业发展大格局。以全域旅游为重点，抓住宝鸡、汉中、韩城和临潼、礼泉、华阴等 3 市 10 县（区）创建国家全域旅游示范区的机遇，依托黄河旅游资源，大力推进以标准化为核心的旅游品牌化建设，强化沿黄河文化旅游产品体系开发建设，一体化推进旅游产品开发、基础设施建设、宣传促销，设立特色旅游体验区，依托黄河壶口瀑布、延川乾坤湾等一系列"母亲河"形象的国家文史公园等重点景区，对陕西沿黄河区域统一规划，建设黄河国家公园，并将其打造成为中国文化旅游名片、中华文明的精神家园、晋陕旅游第一目的地、陕西省文旅融合与乡村振兴发展试验区。

---

① 资料来源：中华人民共和国文化和旅游部，https://www.mct.gov.cn/whzx/qgwhxxlb/sx_7740/202005/t20200513_853308.htm，2021-08-22。

3. 强化营销，打造知名文化旅游品牌

加强营销创新，打造世界知名的国际旅游节事品牌。推动促进秦岭与黄河两大品牌融合，通过邀请国际旅游组织、国际旅游专家、与国际性庆典事件协同组织等，提高活动的国际化水平，使其成为全国知名文化旅游品牌。促进区域联合营销，参与全国城市旅游联盟，推动黄河金三角旅游联盟、秦岭旅游联盟、黄河旅游经济带行动计划等，形成互联互通、合作共赢的局面。

4. 统筹协作，积极策划国际节庆活动

加强沿黄区域合作，推出"黄河文化旅游节"等新主题，举办"文化和自然遗产日"宣传活动，加强黄河金三角地区非遗保护宣传协作。积极举办和参与"丝绸之路国际艺术节"，将黄河文化旅游打造成为"丝绸之路经济带"沿线城市文化旅游合作交流的重要平台。

5. 文旅融合，加强沿黄基础设施建设

加强文化和旅游融合发展，《陕西省"十三五"文化和旅游融合发展规划》[①]提出，强化要素支撑推动产业融合，加快完善集创意设计、产品研发、生产销售于一体的文化旅游产品体系，发展一批文化旅游特色产品，形成一批综合性文化旅游品牌，积极融入"一带一路"倡议，以文强旅、以旅兴文，推动资源聚合、区域整合、项目结合、产业融合。

做大黄河文章，补齐交通等基础设施短板。2017 年 8 月 28 日陕西沿黄观光路建成通车仪式，全长约 828.5 千米，它将 9 条高速公路、13 条普通国道及 80 条县乡公路连接起来，并串联陕西黄河沿岸 4 市、12 县、1220 村及 50 多个景点其中 3A 级以上景区 16 个，在交通可进入性方面已经走在前面。陕西省以沿黄公路全线贯通为契机，依托黄河文化和自然景观，整合沿线旅游资源（表 24-1），培育优势旅游产品，打造特色旅游品牌，将沿黄公路旅游带建设成国际一流的复合型旅游目的地，充分发挥了旅游资源禀赋，强化差异发展，提升了黄河文化旅游发展层次。

---

① 资料来源：陕西省人民政府，http://www.shaanxi.gov.cn/zfxxgk/zfgb/2017_3991/d19q_4010/201710/t20171017_1638625.html，2021-08-22。

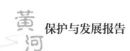

表 24-1　陕西省沿黄公路分段情况

分段	主要文化景观
渭南段	西岳华山、潼关古城、黄河滩区、丰图义仓、洽川湿地、华阴老腔
韩城段	黄河龙门、司马迁祠、韩城古城、党家村、韩城市博物馆、梁带村遗址、韩城行鼓
延安段	黄帝陵、壶口瀑布、延安革命纪念馆、安塞腰鼓
榆林段	白云山、红碱淖、榆林古城、太极湾、高家圪村、绥德党氏庄园、神木高家堡古城、二郎山、陕北民歌信天游

七、山西省

1.科学定位，谋划黄河文化旅游板块

山西的黄河文化重在保护，关键在于传承与弘扬。对此，省政府提出要进一步深入挖掘整理以"根祖文化"为代表的黄河文化，以及以运城盐湖为代表的"古中国"华夏文化的历史脉络和蕴含的时代价值，高质量推动《山西省黄河文化保护传承弘扬规划》、黄河文化保护传承项目库等专项编制工作，创意创新推出一大批以"黄河文化"为主题的特色文化产业和产品，加快文化旅游融合，持续发力黄河长城太行三大文旅品牌塑造，加快推进黄河文化旅游板块高质量发展。积极落实国家《"十三五"旅游业发展规划》发展要求，推进山西省黄河一号国家旅游专用公路项目建设，串接精品化建设的品牌景区和游线，拓展新产品，丰富新业态，发展特色旅游村镇，强固要素支撑，将山西黄河旅游板块建设成为"中国·山西黄河精品旅游带"。此外，结合当前共建"一带一路"的发展机遇，充分利用黄河孕育的厚重文化，打造世界文化旅游的卖点和品牌，将其建成"世界大河文明山西旅游目的地"。以资源整合提升、精致化建设等为手段，以将旅游业打造为牵动经济转型的战略型支柱产业为出发点，构建母亲黄河、龙腾黄河、多彩黄河、生态黄河的国家旅游精品线路，重点打造以壶口瀑布景区、黄河乾坤湾景区、碛口古渡口为核心的牵引性品牌项目，使其成为黄河中华精神展示地和世界旅游目的地。

2.突出特色，明确黄河文化旅游主题

山西黄河的旅游发展与区域品牌构建备受关注，2017 年山西省旅游发展

大会确立黄河文化旅游"乐水"品牌体系。例如，山西的临汾市突出黄河文化风情旅游，提升黄河文化旅游品牌在全国的影响力，提出打造"国家黄河公园"的口号，成功举办 2018 年山西省旅游发展大会，签约了高达 100 亿元的沿黄河现代农业文化旅游带发展项目，以打造沿黄河文化旅游带示范区。临汾市内的永和县，围绕打造"中国根·黄河魂"文化品牌，立足"黄河乾坤湾"做文章，以 4A 级景区创建和发展全域旅游为抓手，持续推进旅游体制机制改革，强化规划引领作用，推动旅游产业再上新台阶。

3. 深挖内涵，做大做强文化旅游产业

山西省的部分地区大力实施"旅游强县"战略，把文化旅游作为支柱产业，深入挖掘内涵，提升文化旅游产业开发水平。例如，忻州市的偏关县地处黄河流入山西的交汇处，立足"黄河乾坤湾"国家名片定位，突出黄河风情游特色，打造黄河风情特色旅游县。在做好旅游品牌塑造的基础上，围绕黄河文化加强宣传营销，积极开展招商引资。运城的《大河之东》大型鼓乐舞等文化艺术，都展示了黄河文化。

八、河南省

1. 找准定位，打造黄河文化独特标识

河南是黄河的地理枢纽，是黄河文化的集大成之地。河南的根脉在黄河，发展文化旅游最大优势是黄河文化，最有竞争力、号召力和吸引力的也是黄河文化。随着黄河流域生态保护和高质量发展国家战略深入实施，河南省抢抓机遇，积极谋篇布局黄河文化保护传承弘扬工作，加快打造华夏历史文明传承创新区、构筑全国重要文化高地，真正让黄河文化活起来。积极建设黄河文化遗产保护展示体系，实施黄河文化遗产本体保护工程，开展黄河历史文化资源普查工作，谋划建设三门峡—洛阳—郑州—开封—安阳世界级大遗址公园走廊，规划建设黄河文化遗产保护廊道。实施黄河文化标识工程，谋划建设黄河国家文化公园、黄河国家博物馆、黄河故道风情园，打造一批体现中华民族精神独特标识的地标体系。

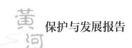

2. 利用优势，扩大黄河文化旅游知名度

围绕"黄河文化旅游"，打造黄河文化黄金旅游带，提升黄河旅游效应。共同打造推广"黄河旅游"整体品牌，扩大中原文化的影响力，形成富有河南地域特色的黄河旅游产品和精品线路，促进黄河旅游主题产品深度开发，不断提高河南旅游的知名度和影响力。例如，河南三门峡紧紧抓住"黄河"这个品牌，于1992年创办了"黄河旅游节"，弘扬了黄河文化，展示了黄河文化的魅力，进一步彰显了河南的文化软实力。2018年由郑州市旅游局主导发起，黄河沿线巩义市、荥阳市、惠济区、中牟县旅游部门和黄河风景名胜区管委会共同参与的黄河文化旅游融合发展协作体成立。成立大会结束后，协作体联合发布了沿黄旅游带5条精品线路，分别为中华文明溯源之旅、文化名人修学之旅、历史遗迹探寻之旅、大河风光体验之旅、生态养生休闲之旅，基本涵盖了沿黄山水风光、生态休闲、文化古迹类主要旅游景（区）点。2020年5月11日，河南省召开全省文化旅游大会，明确提出要打造具有国际影响力的黄河文化旅游带，打造传承弘扬华夏文明的核心展示区，打造国际国内有影响力的休闲度假旅游胜地，塑造乡土中国旅游体验地，建设红色文化旅游基地。①

3. 突出合作，不断完善黄河文化旅游线路

与沿黄九省区旅游局共同构建黄河旅游国际知名旅游线路，提升黄河流域在国际国内的影响力，扩大黄河文化旅游的知名度。在2010年第十六届三门峡国际黄河旅游节期间，山西、陕西、河南3省7市成立了"黄河之旅旅游联盟"，自此，"大黄河旅游"借助三门峡国际黄河旅游节这个平台不断发展壮大。在2011年第十七届黄河旅游节期间，由国家旅游局牵头，青海、四川、甘肃、宁夏、内蒙古、山东六省区争相加入联盟，形成了沿黄九省区"黄河之旅旅游联盟"，实现了大区域旅游合作联动。2012年，诞生"中国大黄河旅游十大精品线路"，全面促进了"黄河之旅旅游联盟"的实质性合作；2013年，沿黄九省区"黄河之旅旅游联盟"年会召开，同时成立了沿黄九省

---

① 资料来源：中华人民共和国文化和旅游部，https://www.mct.gov.cn/whzx/qgwhxxlb/hn/202005/t20200512_853269.htm. 2021-08-22。

区旅行社合作联盟，为旅行社搭建了一个新的合作交流平台；2014年，沿黄九省区"对话大黄河"旅游峰会举行，为打造"黄河之旅"品牌出谋划策。

4. 加强规划，推动黄河生态文化旅游

科学规划布局黄河文化资源，加强黄河生态文化旅游带开发。例如，2014年焦作市就启动《焦作市黄河生态文化旅游带总体规划》编制工作，黄河生态文化旅游带突出了焦作特色，成为焦作市旅游产业总体规划中的重要旅游资源区域，对黄河旅游带的旅游发展具有一定指导意义。2015年商丘市高度重视黄河故道生态文化旅游，在国家、省"大黄河之旅"精品线路的基础上，积极整合、提升和优化黄河故道沿线生态、人文资源，丰富完善休闲、体验和度假旅游产品，制定了《商丘黄河故道复合生态休闲旅游区概念性规划》，先后启动了梁园区商丘黄河故道生态保护综合旅游区项目、城乡一体化示范区贾寨镇生态旅游综合开发项目等大项目建设。以黄河故道国家森林公园建设为中心，大力发展黄河故道生态休闲度假旅游产业。

九、山东省

1. 突出特色，打造"黄河入海"文化旅游品牌

黄河催生了璀璨夺目的齐鲁文化、黄河文化与红色革命文化、儒家文化、泰山文化、运河文化、海洋文化、泉水文化等在此融合发展。随着黄河流域生态保护和高质量发展上升为重大国家战略，山东各地不断加强对黄河文化遗产的保护，深入挖掘和阐释其中蕴含的时代价值，为社会发展凝聚精神力量。目前，山东省文化遗产保护利用传承水平不断提高，逐步形成了山东经验。围绕全省区域发展战略，组织实施了"七区三带"文物片区保护（曲阜、临淄、省会、黄河三角洲、半岛、沂蒙、鲁西七个片区，大运河、齐长城、山东海疆三条文化带），集中连片文物保护模式得到国家文物局推广支持。

作为黄河入海的最后一站，山东省近年来深入挖掘、阐释、弘扬黄河文化。充分利用好黄河文化、河海交汇等特色资源，推动区域文化建设，积极拓展泰山文化、黄河文化、运河文化、水浒文化、红色文化、海洋文化等特

色文化的影响力，推动形成特色文化、区域文化竞相发展的良好局面。加强东营市黄河口生态旅游区，打造"黄河入海"文化旅游目的地品牌，提出将黄河口生态旅游区打造成"黄河入海"品牌的龙头景区，并推动全省十大文化旅游目的地品牌建设的逐一落地实施。《山东省乡村振兴战略规划（2018—2022年）》提出发展特色型村庄，推动沿黄河地区特色资源保护与村庄发展良性互促，充分彰显黄河文化内涵。近年来，东营市以打造黄河口生态旅游区为重点，丰富拓展景区业态，促进"黄河入海"产品结构升级，推出了一系列精品旅游线路产品，黄河入海品牌影响力持续扩大。

2. 规划引领，挖掘黄河故道生态文化

树立全域旅游理念，挖掘黄河文化旅游资源，大力实施黄河生态文化旅游项目开发，打造山东省文化旅游活动的名片。例如，2017年滨州编制了《黄河风情带旅游发展概念性规划》，初步形成了以西纸坊·黄河古村为代表，以黄河滩区自然风光为特色，以现代休闲农业为热点的旅游格局。推进黄河生态文化旅游大项目建设，打造黄河入海文化旅游目的地，如2016年东营市全力打造"黄河入海"文化旅游目的地品牌，深入挖掘黄河文化、河海交汇、孙子故里等独特旅游资源，重点实施"1+2+2"工程，即创建1个黄河口国家生态旅游基地、2个省级旅游度假区和2个国家5A级景区。通过创建提升，打造核心吸引物，形成南北中一体贯通的大旅游格局，为东营市经济转型升级和新旧动能转换做出新的贡献。

3. 科学谋划，打造沿黄文旅产业走廊

科学利用黄河滩区、库区、湖区资源，加快推动特色农产品基地建设，打好"黄河牌"，打响菏泽牡丹、鲁西黄牛、东阿阿胶、沾化冬枣、黄河口大闸蟹等特色品牌，打造千里黄河绿色高效农业长廊。将黄河三角洲农业高新技术产业示范区建成具有全国影响力的农业科技园区，在部分领域形成一流高科技产业。

4. 资源整合，构建文旅融合发展平台

加强资源整合，丰富旅游产品，积极推动文化与旅游融合发展。例如，

德州举办"中国旅游日"主题活动暨第十届夏津黄河故道椹果生态文化节，全面展示黄河文化和生态农业。东营市以节会活动为平台，推进"黄河入海·大美湿地"旅游品牌塑造，继续创新办好"黄河入海"旅游商品创新设计大赛、"黄河三角洲湿地槐花节"、"中国·广饶孙子国际文化旅游节"等具有东营市特色的区域性文化旅游节庆活动，满足游客体验文化、体验民俗风情的愿望，促进文化产业与旅游产业的良性互动，使系列节会活动成为传播文化的载体、宣传城市的名片。向客源城市推介"黄河入海·大美湿地"旅游品牌，加强旅游品牌的整体竞争力。

突出讲好"黄河故事"，将黄河文化与红色革命文化、儒家文化、泰山文化、运河文化、海洋文化等融合发展，在世界文明交流互鉴中把"黄河故事"讲得更精彩、更生动。加强黄河文化遗产系统保护，注重黄河文化古籍整理、民间文化搜集等工作。深化黄河文化研究，深入挖掘其蕴含的时代价值。开发好共有的文化资源，推动文旅融合发展，打造黄河沿岸文化创意产业集中区和休闲度假旅游带。

第二十五章
黄河文化保护传承的战略重点

第一节　黄河文化保护传承的重点任务

一、打造集中展示中国五千年文明的魅力文化带

　　坚持以文化为引领，按照高质量发展要求，统筹考虑文化遗产资源分布，强化对黄河文化遗产的全面保护，以黄河流域古都复兴为主轴，以黄河生态廊道为主线，构建一条主轴带动整体发展、多点联动发展的黄河魅力文化带空间格局框架，清晰构建黄河文化保护传承利用的空间布局和规划分区。深入挖掘和丰富黄河文化内涵及时代价值，充分展现黄河文化遗存承载的文化，弘扬黄河流域历史凝练的文化，推动黄河文化和旅游的融合发展，形成黄河文化旅游金名片，着力打造集中展示中国五千年文明的黄河魅力文化带，使黄河文化成为展示中华文明和彰显文化自信的国际金名片。

二、创新性构建中国特色的黄河文化价值体系

　　以"黄河学""宋学"等学科建构为引领，全面构建黄河学的学科体系和黄河文明的话语体系，创新性构建中国特色的黄河文化价值体系。梳理总结不同历史时期黄河文化精神和文明观，挖掘和阐释黄河文化中的优秀基因和现代价值，突出黄河文化遗产的当代价值阐释，探索黄河文明的发展道路及

动力模式，解读黄河文明与中华文明的内在联系，阐释黄河文明在世界文明中的独特价值和普遍价值，推进黄河文明与其他大河文明的对话互鉴，探寻中华文化全面复兴的新路径，构建具有中国特色、中国风格、中国气派的黄河文化价值体系，实现中华文化创造性转化与创新性发展。

三、对黄河流域文化遗产进行活化保护

系统性整合黄河流域各类物质文化遗产和非物质文化遗产，建设一批以古代都城文明、农耕文明、游牧文明等为主题的博物馆和展览馆，对黄河流域历史文化名城名镇名村进行修复性保护开发，以丰富多样的方式，使黄河流域各类历史文化资源和文化遗产活起来，并将其融入现代社会，推动对黄河流域文化遗产的活化性保护。支持具有独特艺术成就、代表性强、影响力大和具有重要历史文化价值的黄河流域文化遗产申报世界级文化遗产，以争取进入《世界遗产名录》。

四、融合性发展黄河流域具有地域特色的文旅产业

推动文化与旅游、生态及旅游的深度融合，培育发展具有黄河流域地域特色的文化旅游产业。依托黄河流域优质文化资源优势，统筹考虑上、中、下游不同地域的文化特色，打造上游多样化生态文化旅游区、中游中原农耕文化旅游区和下游齐鲁文化旅游区，加快建设一批特色文化旅游亚区及重点文化旅游走廊，构建沿黄地域文化的集中展示区、体验区及文化旅游产业发展的集聚区，打造一批特色鲜明、文化浓郁的高品质文旅融合型特色小镇，建设一批集休闲度假、文化创意、康体养生、文化教育等功能于一体的文化旅游综合体，打造黄河文化旅游黄金带。结合黄河文化内涵，创作更多反映黄河流域乡土气息的影视、戏曲及文艺作品，开发一批代表黄河文化的特色工艺产品，形成一批黄河文化产品品牌和特色文化产业。搭建文旅融合平台，培育打造突显黄河元素的文旅产业项目，促进黄河文化的活性化和产业化。

第二节　黄河文化保护传承的重大工程

一、黄河流域重大考古遗址的保护修复工程

黄河流域存有大量古文化遗址和夏商周考古遗址，是国家大型环壕聚落和古城密度最高的地区。通过开展重大考古文化遗址保护修复工程，建设一批考古文化遗址公园和考古遗址博物馆，提升具有代表性的已建成遗址博物馆的知名度，集中展示我国五千年灿烂辉煌的中华文明。

二、黄河文化综合展示工程

建设黄河文化国家主题公园，沿线布局建设黄河文化博物馆、黄河文化产业园、黄河展览馆、黄河文化传承展示名城等，全面启动黄河母亲地标的复兴工程，构建特色突出、互为补充的黄河文化综合展示工程。

三、黄河流域名城名镇名村保护工程

黄河流域是我国国家级（省级）历史文化名城、名镇、名村以及传统村落的重要区域。积极开展黄河流域沿岸的历史文化名城、名镇、名村及传统村落的普查工作，建立基础要素数据库，搭建多层次保护体系，研制整体保护方案。以城市双修、城市更新及乡村振兴等国家重大战略为契机，推进黄河流域历史文化名城名镇名村及古村落更新和修复性保护。

四、黄河流域多民族交融国家示范工程

黄河流域是当代中国多民族交融实践的典型区域，以民族自治区、民族自治州、民族自治县、民族乡镇、少数民族特色村寨等为核心载体，对黄河流域具有代表性的民族文化遗产、民族文化生态进行整体性保护，充分挖掘

河南焦作回汉"邗新社亲"、内蒙古赤峰市临潢家园社区等黄河流域民族交融、民族团结的典范案例区，构建各民族共有的精神家园。

五、黄河流域文化旅游融合工程

黄河流域文化旅游资源规模大、品位高，文脉相近，坚持"文化为魂、旅游为体"的宗旨，进一步加强黄河华夏文明国家精品旅游带建设，继续推进黄河流域丝绸之路旅游带和中原文化旅游区建设，深入挖掘黄河流域的文化资源，推动文化与旅游的深度融合，培育发展文化旅游产业，加快建设一批特色文化旅游亚区及重点文化旅游走廊，构建黄河流域文化黄金旅游带。

六、黄河文化典籍整理工程

中华文化的诸多元典及古代一些重大的科技成果，都诞生于黄河流域。五千年黄河文化，有说不完的故事和演义，道不完的时代变迁，留下了丰富的宝贵的历史资料。系统整理黄河文化典籍，是传承和弘扬黄河文化的主要途径。

七、黄河流域古都复兴工程

古都是黄河文化的集中代表。以西安、郑州、洛阳、开封、安阳等五大古都为重点，实施黄河流域古都复兴工程，加大对古都传统历史街区、文物遗迹的保护力度，推动古都文化产业提质升级，带动黄河文化经济高质量发展。

八、黄河文化品牌打造工程

围绕"讲好黄河故事，延续历史文脉"的主题，统筹推进黄河文化整体品牌开发，培育沿黄旅游品牌，建设一批文化旅游名城、名镇、名村、名景、名店，形成具有浓厚历史韵味的黄河母亲形象新标识。发挥节会平台窗口的作用，推出以黄河文化为主题的大型纪录片、精品剧目等，提升重点媒体传播能力，扩大黄河文化品牌影响力。

九、黄河文化国际化传播工程

着力打造以黄河文化为主题的国际艺术节、博览会、艺术公园等国际交流合作平台，鼓励和支持各类综合性国际论坛、交易会等设立黄河文化交流板块，扩大黄河文明的国际影响力。促进和世界其他国家在考古研究、文物修复、文物展览、人员培训、博物馆交流、世界遗产申报与管理等方面开展国际合作。沿黄流域各省市政府和企业共同参与国际、国内大型旅游及文化产业交易会、博览会等活动，将沿黄旅游文化黄金带整体形象与企业产品结合起来，扩大黄河旅游文化的影响力和知名度。

十、设立黄河文化研究重大科技专项

设立黄河文化研究重大科技专项，建立科研机构、定期举办学术会议（论坛），充分发挥高校的研究力量，加强对黄河文化的历史文化、经济社会及生态环境问题的研究，对黄河流域文化内涵及特色、当代价值进行深度解读，夯实黄河文化保护、传承、弘扬的智力基础，跨区域构建黄河文化的整体形象，形成黄河文化价值共同体。